基金支持

国家自然科学基金面上项目（52078315、52178023、72361137008）

江苏省建设系统科技项目（绿色建筑发展专项资金项目）（2021ZD33）

重塑姑苏繁华图

张应鹏　孙磊磊　陈　泳　著

苏州干将路古城区段缝合与复兴策略研究

Rebuild the Prosperous Suzhou

东南大学出版社·南京

目 录
Catalogue

序言一
序言二

壹
前言   009

贰
现状与问题   017

1 交通功能主导　Traffic-oriented Function   021
2 空间尺度失调　Imbalanced Spatial Scale   026
3 街巷肌理断裂　Fractured Street Texture   031
4 地域文脉消退　Faded Regional Context   035
5 空间活力缺失　Deficient Spatial Vitality   040

叁
方法与策略   047

1 梳理街道　Analyze Street Space   049
2 修复尺度　Repair Scale   056
3 缝合肌理　Suture Texture   061
4 回归传统　Return to Tradition   064
5 激活空间　Activate Space   070

肆
目标与愿景   075

1 街道上的街道　A Street on the Street   076
2 街道中的公园　Parks in the Street   083
3 交通空间与交往空间　Transportation Space and Communication Space   088
4 实体空间与媒介空间　Physical Space and Medium Space   094
5 重塑姑苏繁华图　Rebuilding the Prosperous Suzhou   099

伍
技术系统组织   105

1 街道类型　Street Types   106
2 交通组织　Traffic Organization   110
3 公共交通系统　Public Transportation System   112
4 慢行交通系统与无障碍设计　Slow Traffic System and Barrier-Free Design   116

5 消防救援与防火防撞　Fire Rescue and Collision Prevention　121
6 绿化景观与灯光照明　Greenery and Lighting　123

陆
空间节点建构　129

1 一条立体街道　A Multi-Dimensional Street　131
2 两个公共广场　Two Public Squares　135
3 三类空间连接　Three Types of Spatial Connection　144
4 四组重要节点　Four Sets of Important Nodes　159
5 五种文物关联　Five Cultural Relic Correlation　177
6 六处交叉街口　Six Intersections　199

柒
分段设计成果　219

1 仓街段　Cang Avenue Section　222
2 平江路段　Pingjiang Road Section　230
3 定慧寺双塔段　Dinghuisi Shuangta Section　238
4 临顿路段　Lindun Road Section　248
5 公园路段　Gongyuan Road Section　256
6 官巷段　Gong Alley Section　264
7 人民路段　Renmin Road Section　272
8 养育巷段　Yangyu Alley Section　280
9 学士街段　Xueshi Avenue Section　288

捌
后记　297

1 起：设计缘起，叙事起点　Origin　299
2 承：织补网络，缝合结构　Proceeding　301
3 转：街的转译，园的新生　Transformation　304
4 叠：空间层叠，功能复合　Hierarchy　307
5 串：穿街游廊，节点串联　Concatenation　308
6 合：缝合复兴，活力重塑　Integration　311

玖
附录　315

序言一
Preface 1

　　过去的几十年，是我国城市空间前所未有的快速发展阶段，城市空间与人口数量也于短期内达到了前所未有的规模。但这个阶段里的建设与发展主要采取的是扩张式模式，大都集中在老城外围的新城区或"开发区"。相比之下，很多老城区反而因为周边的拓展，内部的空间与环境等城市问题日渐凸显。当前，国家层面已将城市更新工作提升到新的战略高度："实施城市更新行动，推动城市空间结构优化和品质提升，保护和延续城市文脉"等新的战略，非常明确地希望将过去城市发展主要向外围扩张的模式转向为对内部空间的改善与提升。老城区本就是城市空间发展的根，是城市空间与城市文化最重要的组成部分！

　　张应鹏作为一个扎根苏州本地多年、多有建树的职业建筑师，也作为我们东南大学的校友与兼职教授，带领他的团队和东南大学的研究生，花多年时间完成了这项关于苏州干将路古城区段的城市更新设计研究。研究成果曾受邀参加了 2018 年第十六届威尼斯国际建筑双年展平行展。这次更是联合苏州大学孙磊磊教授与同济大学陈泳教授一起，对先前的成果进行进一步的总结与提升，整理成文并出版本书，我阅后有颇多共鸣。

　　干将路古城区段地处老城区核心地段，是苏州最重要的城市街道，并随着城外两翼新城的拓展，成为苏州最重要的交通道路，是这类城市空间发展的典型代表。后来，苏州的城市空间规划由原来向东西两翼发展升级到同时向东西南北四个方向发展，东西两个方向上的区域交通也同步转移到南环、北环甚至是南北中环上，干将路上的交通职能也已经发生了本质上的改变。如何应对快速交通穿过历史街区所带来的诸如尺度失调、肌理断裂、活力缺失等传统的空间价值问题；如何应对外围城市空间发展成熟后，位于内部的老城区在空间上需要重新梳理、功能需要重新定位等新的使用需求问题；本书以干将路为案例提出了合理的目标愿景以及相对应的创新策略。而且这种策略并不仅仅是囿于传统街道中简单的空间形态或视觉美学。研究一开始就是从街道的空间结构与城市的日常生活同时入手，将街道的空间形态与城市的日常生活方式在相互共生与彼此交融中共同研究。日常生活给城市注入天然活力，通过新建的高架系统引进安全连续的步行人流，从而希望能真正激活两侧原本已萧条多年的商业空间。新建的高架系统作为物理空间同时也修复了原本过宽、过大的街道尺度，并填补了两侧原本被割开的空间肌理。这种对复杂的城市问题进行综合性思考，又在"问题导向"的前提下，以创新性的策略与方法同时探讨古城区中的街道在空间上如何缝合与商业上如何复兴的综合性研究方法，具有一定的理论意义与实践价值。

　　纵览全书，方案具有很多技术创新。研究策略中首先提出了"街道上的街道""街道中的公园"等未来新型街道的空间类型与目标愿景，对应探索了街道更新、尺度修复、肌理缝合和传统空间激活等具体方法，并深入推敲了技术系统如何落地的现实性和可能性。比如通过立体高架的方式，将人流与车流分别组织在不同标高上，并与地下的地铁与地面公交在所有地铁出入口形成无缝对接；通过五种"关联"

方式，在空间高度、视线围合与游览路径等多种层级上，将历史遗存进行重新组织与有机串联，从而形成更加完整的空间体验与文化体验。同时，这种立体人流的组织方式还解决了中间干将河步行人流可达性的问题，从而让干将河从单一的"道路中的景观"回到了城市的日常生活空间之中。

在城市设计中，我一直比较强调的有四个方向：基因传承、自然共生、共同缔造与问题导向。城市设计者首先应该是文化的传承者，而传承中最重要的就是城市的"空间基因"，而非简单的符号和形式。在《苏州古城控制性详细规划》中提出的五个重要基因分别为"四角山水""城中园、园中城""水陆双棋盘网格""廊空间"与"粉墙黛瓦"。本书对苏州古城空间特点的理解和运用与我关于城市空间的理念基本契合，也在多个方面以不同方式传承或转译了苏州古城的空间基因。

当然，具体的设计成果理应百花齐放，展现更多的可能性和对未来人居环境的美好想象。类比于这种重要而又复杂的城市空间研究，我们还可以更加开放性地讨论城市更新问题：比如还有哪些跨学科的方法还能介入到这类城市设计的研究中去，这种设计方法落实到具体的实施阶段还会有哪些不可预见的问题，干将路的研究成果对于其他类型的城市与街道是否具有借鉴与推广的可能性。这都是这本书的作者们在今后的继续研究中可以进一步思考与完善的问题。

立足当下，我国城市已全面进入人居环境提升、高质量可持续发展的新阶段，历史文脉的修复传承与存量空间的更新再利用已经成为非常迫亟的课题。全球化浪潮带来的地域性消退与人民群众对于传统文化和历史空间中那些美好生活特质的向往，更是无时不在提醒我们兼顾发展与传承是根基性的重大问题。在此意义上，虽然张应鹏及其团队对干将路苏州古城区段的缝合与复兴研究在一定程度上还存在着一些不够完善的地方，但他们思考问题的方法与解决问题的路径还是具有非常积极的参考价值！尤其是他们这种完全出于对所生活城市的热爱而自发研究的学术态度与职业精神更是应该得到鼓励与支持。

我期待并祝愿他们的这份研究成果能为苏州的古城更新，尤其是为干将路今后的改造提升提供一份非常有价值的参考，甚至是经过必要的完善与修改后能在不久的将来真正付诸实现！

段进

东南大学教授

全国工程勘察设计大师

中国科学院院士

序言二
Preface 2

　　苏州是典型的江南水乡文化名城，是我国首批 24 个历史文化名城之一。同时，苏州还是我国城市发展史上唯一的一座从建城之初至今城址位置没有发生变化的古城。对照《平江图》可以发现，今天苏州护城河内"水陆并行，河街相邻"的城市格局，其总体框架、骨干水系甚至很多街道及路桥名胜都还与当年基本一致。苏州也是首批历史文化名城中率先提出"全面保护古城风貌"的城市。古城区域内没有一幢高层建筑，新建建筑高度都严格控制在 24 米以下，特殊区域内的建筑高度还有更加严格的管理与控制。新建建筑也大多以坡屋顶为主要形式，以黑、白、灰为主要色彩，恰当地继承并融合在传统"粉墙黛瓦"的形式与色彩基调之中。最重要的是，从 1986 年 6 月苏州第一版城市总体规划得到国务院同意的批复之后，历经近 40 年的发展，虽经过多次规划调整与修编，但古城始终是苏州的城市中心，古城保护也始终是每次调整与修编中最重要的前提。

　　过去的近 40 年是中国城市化速度与城市空间扩展速度最快的阶段。很多古城的传统空间在这种快速发展中遭遇了不可逆转的"建设性破坏"。但从最早设立"东园西区"，到后来南北方向上吴县与吴江前后分别撤县建区，苏州新的城市建设主要分布在护城河之外的古城外围。这种在四个方向上同时向外围扩展的城市增长模式，既继续维持了古城区在苏州整体空间上的核心地位，同时也避免了古城在快速发展中遭受到新城市发展的"建设性破坏"。苏州应该是近年城市快速发展中古城保护最好的案例之一，并在保护与发展中积累了很多宝贵的经验。

　　无论是工程规模还是空间规模，从 1992 年到 1994 年的"干将路拓宽改造"都算是古城区多年来单项规模最大的改造工程了。干将路的改造主要是为了解决当时已经迫在眉睫的城市功能问题。因为是在古城区进行改造，所以改造方案也是经过仔细论证后而谨慎决策的。当时国内一些著名专家学者前后多次参加过论证。之后，周干峙院士邀请齐康院士作为干将路整体改造工程的总顾问。所以我们今天来看干将路两侧，无论是建筑风格还是建筑高度都比较统一和协调。

　　此次干将路的拓宽改造工程，虽然及时解决了当时古城区亟待解决的地下市政管网问题，也同时在"东园""西区"之间直接打通了一条快速交通通道，但 50 米的空间宽度加上双向 6 车道的快速车流，对古城区的街巷肌理与空间尺度还是造成了较大的损伤。所以当 2021 年初，时任苏州市委书记许昆林邀请我到苏州设立文化名家工作室，并担任苏州市文物活化利用顾问和"文化大使"时，我首先提出的建议就是对干将路上的空间进行重新定位与思考。

　　也正是由于对干将路的共同思考，我有缘和张应鹏老师相遇。2021 年 6 月 2 日，在我的苏州工作室揭牌仪式上，同期举办了"城市遗产保护与城市发展"研讨会。会上我提出了关于干将路在苏州古城保护与发展中的一些思考。其后南京博物院龚良院长向我推荐了东南大学建筑学院的张应鹏教授，介绍说他对干将路也有一些很有意思的研究。因而我就请清华同衡规划设计研究院的张谨老师联系了张应鹏老师。张谨老师也是我国城市规划和文化遗产保护方面的专家，经常会指导我的工作。在了解了张应鹏团队关于干将路的策略研究与设计方案之后，张谨和我都认为他们的"重塑姑苏繁华图——苏州干将路古城区段缝合与复兴策略研究"在空间尺度、文化传承以及商业复兴等诸多方面都做了相当深入的思考，业已形成了一定的学术成果，且具有较强的可操作性。

与机动车交通为主的现代化城市相比，以步行为主的传统城市中街巷的宽度基本比较窄。50米宽的干将路，不仅打破了古城区宜人的街巷尺度，也直接切断了古城连续的街巷肌理，将原本完整的古城切分成为南北两个区域。张应鹏团队的研究通过在干将路上新建一个"实体空间"，对现状过宽的道路进行"缝合"与"织补"，不仅在空间上修复了过宽的道路尺度，同时也能将南北被切断的街巷肌理再次连接起来。

新建的这个"实体空间"从原型上看，其实就是一条简单的"连廊"，通过在道路南北之间不断地切换，像针线一样从东到西将干将路两侧的建筑重新"缝合"为一个整体。按照本书中的分析，连廊无论是在南侧还是在北侧，都是经过分析推敲后的精心设计。这种设计首先充分考虑了两侧建筑的高度与功能，然后考虑的是地铁出入口的位置、公交车的停靠站台，以及南北之间原有路口的位置，同时还要考虑两侧既有文物的位置及高度。新建的连廊，一方面在高度与宽度上修正了原本过大过宽的空间尺度，另一方面也通过与地面交通及地下交通的紧密结合，重新建立了更加安全而便捷的立体交通系统。原本隐藏在街道两边甚至是被隔离在沿街建筑之后的文物，也在新的高度上通过重新组织的视线与围合方向重新建立起了新的视线联系。连廊在南北切换中形成的种种"U"形围合空间，与中间的干将河一起形成了一个个尺度亲切、人流易达的园林空间。在我看来，他们的设计研究最突出的特点就是巧妙地融合了"连廊"与"园林"——这两种苏州最具有传统特色与文化象征的空间"基因"。

新建的连廊是一条架高6米的空中步行连廊。设计通过立体化组织策略，将车流与人流在不同高度上分层设置，既保证了古城核心区必要的车行交通，又为古城空间创造了丰富而多样的休闲空间及连续而安全的步行平台。古城复兴不能只是空间上的复兴，更重要的还有城市生活的复兴。"街道上的街道"与"街道中的园林"是基于干将路的特殊现状而提出的一种新型的街道类型。这种新的街道类型既包含苏州当地城市居民的日常生活空间，也是现代商业、旅游与休闲的重要场所。古城区是苏州市的几何中心，干将路则是古城区的几何中心。干将路就像是苏州古城区的大动脉，它的复兴必将激活整个古城空间的复兴。一个繁荣而充满活力的古城区才是整个苏州城市空间与文化精神上的真正核心。

干将路有足够的宽度，又有足够的长度——这一长条巨大的"空间缝隙"，在某种意义上也给予了今天再次"缝合"可以充分施展的空间。空间中保留的干将河，现在被夹在两侧的快速交通道路之间，人流无法抵达，视线上也没有太好的观赏点。空中连廊架设后，步行人流就可以从空中方便地到达河边。干将路目前仅是一条功能单一的城市交通道路，并且是交通快速路，人流与车流存在着严重的相互干扰。缝合后的干将路不仅能避免人流与车流之间的相互干扰，还在新的维度上重新回应了传统空间中"水陆并行，河街相邻"的城市形态。这种复合多元的城市街道无疑更加符合现代城市的生活方式与现代审美的品位标准，就此意义而言，干将路的缝合与复兴将可能是苏州城市发展史上的一次难得的机遇。

这份研究比较系统地梳理了干将路上需要考虑的各种问题，并逐一提出了相应的解决方案。但现实一定会更加复杂，尤其是在苏州这样已经具有2500年历史的古老城市。虽然三位作者对苏州都比较了解，但若真作为一项实施工程，一定还会有许多更加具体甚至是意想不到的问题与困难。不过，我还是非常欣赏他们这种创新求真的研究方法，以及这种完全出于社会责任的学术态度。我希望他们能不畏困难、努力前行，并祝愿他们的努力能有朝一日真正走向实现！

单霁翔

中国文物学会会长

故宫博物院学术委员会主任

壹 Chapter I

前言
Introduction

干将路古城区段

图 1-1

以苏州护城河为界,干将路可分为内外两段。一段是从干将桥以西到京杭运河之间部分,这一段是在护城河外的新城区。另一段是在护城河内的部分,从相门桥至干将桥之间的古城区段。内外两段长度接近,护城河外的新城区段长度约 3.6 公里,护城河内的古城区段(两座桥之间的距离)约 3.7 公里,从东端的仓街至西端的学士街之间的距离约 3.2 公里。本次缝合与复兴策略的研究对象主要就是从仓街到学士街之间 3.2 公里左右的古城区段(图 1-1)。

护城河外的干将路建设是随新城区的建设同步展开的。护城河内的古城区段是 1992 年 8 月左右,为了解决现代化城市生活所需要的地下管网以及地上机动车交通等市政基础设施,通过拆除沿线原有建筑拓宽改造完成的。拓宽后的机动车道路为双向 6 车道,街道总宽度约 50 米。道路中间保留的干将河,一方面作为东西方向两条车道之间的自然隔离,另一方面也成为城市道路中的绿色景观。虽然这种夹在两条快速机动车道之间的河道,和过去作为主要交通通道的河道已经完全不是一个概念,但从某种象征性意义上讲,这也是努力想在一定程度上反映出苏州传统城市空间中"河街并行"的空间特色。整个改造工程历时两年,于 1994 年 9 月 28 日建成通车[1]。

这确实是一项"苏州城市发展史上的重大工程",它"彻底改变了过去瘦削屡弱的形象","伸出有力的臂膀,和东环路、西环路紧紧携起手来"[2]。拓宽改造后的干将路有效缓解了当时古城区东西方向上的机动车交通拥堵问题及地下市政管网问题。

图 1-1

图 1-1:干将路古城区段区位图

---

1 20 世纪 90 年代初,苏州古城东西两侧分别兴建工业园区和新区,为解决古城交通拥堵问题,加速古城中段基础设施现代化、改善部分居民居住条件,1992 年 10 月干将路启动改造工程,全长 7.5 公里,横贯古城东西,联结园区和新区。古城段为 3.7 公里,1994 年 9 月竣工通车,干将路建设工程是新中国成立以来苏州最大的城市建设工程。

2 详见文献:涌三,白驼,正平,增荣 . 干将之路 [M]. 北京:人民文学出版社 ,1994

但解决问题的同时也带来了一系列新的问题。比如说，50米的街道就太宽了，在空间上直接切断了古城区原本完整的街巷肌理；机动车流量太大、速度太快，也在另一种尺度上切断了南北两边商业行为的连续性；干将路两侧新建的建筑高度按照当时的规划控制是不高于24米，街道的宽高比大于2，其空间比例也不是很好；等等。

我于1995年4月从东南大学建筑研究所硕士毕业后来苏州工作，当时干将路刚刚建成通车不久。

干将路是苏州市最重要的城市道路之一。到苏州工作后，作为职业建筑师，干将路就经常成为我需要面对的讨论话题。有时只是普通人之间茶余饭后的闲聊，有时也会是同行之间带有一些专业性的交流。对干将路的持续关注，其中当然还有另外一层原因。我的导师齐康院士是当年干将路拓宽改造方案的主要论证专家之一，同时也是拓宽改造过程中，干将路工程指挥部特别聘请的设计总顾问。1992年9月，我考入东南大学建筑研究所，师从齐康院士攻读建筑学硕士学位，到1995年4月硕士毕业来苏州工作前，在齐老师身边的两年多学习时间正好是干将路同步建设的时间。还记得当年在建筑研究所学习期间，尤其是在后半程，干将路拓宽工程也进入了关键时刻，很多事情需要现场处理，齐老师会经常到苏州出差。而更多的时候，是当时在干将路项目建设过程中具体负责建筑设计的谭颖（她也是东南大学建筑学专业毕业，后来还读了齐老师的博士）经常带着各种方案到建研所来请齐老师把关改图。那段时间，经常看到所里的老师或同学投入干将路的项目中：记得干将西路、西美巷口的民航大厦就是由齐老师带着张十庆老师负责设计完成的；齐老师对干将路建筑立面进行的修改设计，都是由陈泳绘制的效果图——20世纪90年代还没有像现在这样可以在电脑上利用专业软件绘制效果图，而是使用当时最时髦的喷笔绘制而成。

有意思的是，张十庆与陈泳都是生于斯、长于斯的苏州人。张十庆本科毕业时还回苏州工作过一段时间，后来再回到建研所读完硕士及博士，就留在所里工作了。陈泳博士毕业后去上海同济大学继续进行了两年博士后研究，之后留在了同济大学工作。而我却从南京来到了苏州。

所以，当时我虽然是刚到苏州，但对干将路上的大多数建筑都不陌生，都有一种熟悉的亲切感。也就是说在来苏州之前，我就对干将路的拓宽与改造已经有了一些零零星星的了解。因此我来苏州工作之后，作为一个苏州人，作为一个苏州的建筑师，又是齐老师的学生，自然也会对干将路多了一些关注。

对干将路开始进行比较深入的思考大概是2000年下半年。2000年6月，从浙江大学博士毕业后，我继续回到苏州工作并选择了自主创业，和王孝雄老师合作成立了苏州建筑工作室，即现在的"苏州九城都市建筑设计有限公司"的前身。当时工作室的位置就是在干将路上的乐桥附近。刚开始的两年我们工作室是在乐桥东侧、干将东路888号的宇龙楼，之后有3年是在乐桥西侧、干将西路120号的开园小区内。那时我居住的地方是在干将路东端，从古城区出相门桥不远处、护城河外的永林小区。从2000年6月到2005年4月，前后有近5年的时间，我几乎是每天早晚都要往来于相门桥与乐桥之间。这是干将路上文化信息与空间节点最密集、也最丰富的区段。回头想想，后来关于干将路的很多思考，基本都是那几年在干将路上来来回回、不断经过时，因为职业习惯或者是某种潜意识里的义务与责任，而于有意无意中逐渐形成的。

我正式准备对干将路展开研究，大约是在 2006—2007 年。那个时候，经过 11 年左右的快速发展，位于古城东侧的苏州工业园区启动区已基本建设完成，我们公司也从古城区搬到了工业园区星海街 200 号的星海国际广场。不久后，我自己的家也从原来护城河边的永林新村搬到了与星海国际广场比邻的天域花园。后来，随着新城区发展速度的不断加快，古城区外围的城市功能与商业配套也越来越完善，很多设施都比古城区更加方便。估计很多人也都和我一样，如果没有比较特殊的事情，一般也就不会专门去古城区。所以，公司与家都搬到工业园区后，经过干将路的机会也就相对比较少了。但之前 5 年多断断续续的思考，我对于干将路的缝合与复兴方案似乎已经有了一些雏形，而这种雏形还时不时会演变成某种职业的冲动，并因此逐渐发展成一种努力想要实现的愿望。

当时的计划大概是这样：以九城都市建筑设计有限公司的名义资助一笔教学经费，邀请 4—5 家有建筑学专业的高校毕业班的同学，以"苏州干将路复兴与再改造计划"作为项目案例，以课程教学与毕业设计的方式开展分析研究。当时已经联系好了三所院校，即苏州的苏州科技大学（当时还是叫苏州城建环保学院）、南京的东南大学和上海的同济大学。苏州城建环保学院是苏州的地方院校，这当然是要优先选择的（当时的苏州大学还没有建筑学专业），东南大学与同济大学都离苏州不远，又都是国内著名的建筑院校。另外还想邀请的 1—2 所是北京的清华大学或天津的天津大学。当时的研究经费也不是太高，因为这并不是一个有经济来源的具体委托项目，计划中的经费主要是两部分，一部分是用于对指导老师的鼓励与补贴，还有一部分是老师与同学们往来苏州现场的差旅费用。我们公司至今规模都不大，肯定不能与那些规模大、效益又好的公司相比。我是想能够连续资助 3 年，争取通过 3 年的教学与思考，看看能否在这个教学基础上整理并形成一个相对完整的研究成果。这项计划当时也得到了公司两位主要合作伙伴陈泳和于雷的支持。我们公司 3 位主要合伙人都是博士，公司在日常工作中一直也带有一定的学术性与研究性。陈泳本身就是同济大学的老师，我和于雷平时也都一直以兼职教授的身份参加一些高校的教学活动。所以，如果当时这个计划能顺利开展的话，我们 3 个也都有可能会参与到这个教学活动之中。

九城都市本就是起步并成长于苏州的建筑设计公司，很长一段时间内，尤其是公司成立的初期，我们的主要项目也都在苏州。利用自己的专业知识为自己所在的城市尽一份努力，对我们来说是情理之中的事。

2008 年 5 月四川汶川地区发生特大地震灾害。同年 8 月，跟随江苏省及苏州市援建指挥部，我们公司与苏州的其他几家主要设计机构一起，开始参与到汶川地区的灾后重建活动中。原计划于 2008 年下半年启动的"干将路教学计划"也因此暂时搁浅。

再一次启动这项计划是 9 年后。2017 年 9 月，受母校邀请，我以兼职教授的身份回到东南大学建筑学院，担任硕士研究生一年级设计课程的指导老师，合同期限 3 年。上课的同学已经完成了本科阶段的基本训练，有一些本科毕业后还有过短期的工作与实践经历。在硕士研究生阶段，同学们的设计能力要比本科阶段更加成熟，设计课程的教学目标也会比本科阶段更加全面。所以，我就将已经搁浅了几年的"干将路计划"作为我这个教学组的课程选题，正式开展"苏州干将路古城区段缝合与复兴"策略研究。因为前面就有了十几年的思考，加上同学们也都很认真，经过一个学期努力，2017年底，我们第一次初步完成了干将路古城区段3.7公里长范围内的缝合与复兴城市设计。2018年5—11月，时逢威尼斯举办每两年一届的第十六届国际建筑双年展³，吴文一老师是这一届双年展中主宾城市苏州方的总策展人。2018年1月，经黄居正（时任《建筑师》杂志主编、现为《建筑学报》主编）老师介绍，吴文一老师来苏州与我碰头。他此行的目的一方面是按计划与苏州政府相关部门正常对接展览事项，另一方面也想继续寻找一些能够代表苏州、又能切合展览主题的设计作品。当年的展览主题是"自由空间——建构空间共同体"。吴老师和他的策展团队在看了我们关于"苏州干将路古城区段缝合与复兴"的初步成果后，认为这个方案的设计思路与展览主题完全一致，干将路上新建的高架系统就是典型的"自由空间"，并因此"建构"了一条苏州古城核心区最活跃的"空间共同体"。这样，我们第一次初步完成的初步成果，就非常荣幸地被邀请参加了当年的威尼斯国际建筑双年展。这也是对我们设计研究的很大鼓励。

2017年的教学过程中，我的课程组里有12位中国学生和3位留学生。根据干将路上各个点位上的综合信息，我将需要研究的古城区段按不同特点分成了6个连续的空间节点。从相门桥到乐桥是干将东路，这个区段上的信息点比较多，从东到西共分为4个节点，依次为仓街、平江路、凤凰广场与干将坊。乐桥是人民路跨越干将路的立交桥，是古城区最核心处的十字交叉路口，紧邻的北侧有过云楼、怡园与言子祠等，南侧还有干将广场。所以这个位置专门作为一个节点。养育巷以西到干将桥段的干将西路上信息点相对较少，这一段作为专门一个节点。12位中国学生每两人一组，共分为6组，每组完成一个节点。留学生是按每个人独立工作，教学节点是干将路两端的相门桥或干将桥任选一个。2017年的课程计划还是偏向于传统的设计教学。除了总体上对交通组织、空间逻辑与高度控制等有统一要求，各组需要相互照应外，在建筑形式、空间结构与材料选择上，各组同学相互之间并没有强制性的统一要求。教学的目标也是鼓励同学们可以有更多的独立思考。

2019年9月，我再次把干将路计划作为我课程组的选题。与2017年的教学计划有所不同的是，2017年的教学是偏向于传统教学方法中的"假题假做"，2019年的教学则完全是"假题真做"。2017年的教学计划包含两端护城河上的两座桥，6个区段作为6个相对独立的课程作业分6个小组独立完成，各个区段的设计成果并不强调完整的统一性。2019年的教学计划中没有包含两端的相门桥与干将桥，教学内容聚焦在从东端的仓街到西端的学士街之间的区段，全长约3.2公里。按地段特点与工作量大小，我将这3.2公里分成了更有针对性的9个节点，课程组的9位同学每人完成一个节点。课程具体任务是将这3.2公里作为一个整体项目，按照可以实施的实际工程进行方案设计。在这样的教学目标下，同学们在形式与空间上独立发挥的余地可能会受一些影响，且设

---

3 2018年5月26日，第十六届威尼斯国际建筑双年展在水城威尼斯开幕。本届展览总主题设定为"自由空间"（Freespace）。苏州成为双年展中国城市馆主宾城市，"苏州市干将路古城区段缝合复兴"案例入选中国城市馆主要展品。

计深度与教学难度都相对更大，相互之间还必须紧密配合、协同工作。与本科阶段的设计课程相比，研究生阶段适当增加一些与实际工程相关的技术知识，是较为重要的教学目标，这也是我作为职业建筑师的教学优势。以实施与协同工作为目标是 2019 年我再次将干将路作为课程案例时新的教学要求。协同工作是职业建筑师最基本的工作方式，是与设计能力同样重要的工作能力。通过第二次教学，我也希望能更加完整地做出一套阶段性的设计成果。以第一次的教学成果为基础，加上第二次非常明确的教学深化，所以，2019 年底我们完成了一套相对完整的干将路城市设计。

这本书主要是以 2019 年底的这次教学成果为基础，进行修正并补充完成的。

20 世纪 90 年代初，中国城市化进程逐渐进入快速发展阶段，但快速发展初期往往也会伴随着各方面建设经验的不足。尤其是像苏州这种拥有 2500 年建城历史的传统城市，在保护与发展之间所要面对的问题就更为复杂！一方面，随着社会经济的不断发展与城市化程度的日益提高，城市需要更新迭代，人们的认知能力也在不断提升，解决问题的方法也愈渐成熟。另一方面，经过这三十多年的迅猛发展，人们已经开始重新审视历史文脉和传统文化的价值与意义，古城复兴与既有城区的改造已成为当下城市更新阶段中新的重要命题。这也是我们重新思考干将路何去何从的主要原因。

为了能进一步完善通过教学实践所完成的初步研究成果，2021 年 2 月，我正式邀请了苏州大学建筑学院孙磊磊老师的团队与同济大学建筑与城规学院陈泳老师的团队一起加入了干将路课题研究计划。孙磊磊老师在读博士前曾有过多年在建筑设计公司工作的经历，有比较强的实践能力与研究能力，城市更新与历史环境的保护再生也是她重要的学术研究方向。陈泳老师虽然在上海工作，却是地道的苏州人。他在硕士、博士和博士后研究期间，主要的研究方向就是苏州城市形态的演化与发展。陈泳的主要研究领域本就是城市设计，近年来在城市更新、慢行交通与活力街区等方面的研究都取得了很好的成绩。

我们三个还有一个共同的身份，我们都是齐康老师的学生。

虽然说"干将路古城段缝合与复兴策略"是一项完全没有委托方的义务研究，但换一个角度看，这其实也有一定的好处。因为没有利益上的关联，研究就自然地更倾向于纯粹性和学术性。但这项工作的技术难度的确是非常大，综合信息也非常复杂。这可能也是很多人明知目前的干将路古城区段存在非常突出的问题，但一直还没有人愿意正视它的原因。

事实上，这也正是我们想提前做一些研究的根本原因。

因为终归有一天，干将路会以一种新的空间形式重新回到古城的日常生活中来。到那个时候，我们今天的研究一定会或多或少地提供某些参考。而更值得期待的是，大家能通过我们的研究成果看到一种全新的可能，并在此基础上向前推动干将路缝合与复兴。

张应鹏

2022 年 12 月

于苏州九城都市建筑设计有限公司

贰 Chapter II

现状与问题

Current Situation and Problems

1. 交通功能主导

2. 空间尺度失调

3. 街巷肌理断裂

4. 地域文脉消退

5. 空间活力缺失

图2-1（a）

图2-1（b）

图2-1

图2-1：（a）干将路总体区位
　　　　（b）干将路航拍总平面

图 2-1

图 2-2

图 2-2： （a）陈枚等，清院本《清明上河图》局部
　　　　 （b）徐扬，《姑苏繁华图》局部

图 2-2（a）

图 2-2（b）

1 交通功能主导
Traffic-oriented Function（图 2-1）

　　作为城市生活最重要的空间，街道从一开始就既是公共的户外活动场所，又是最基本的交通通道。只是在过去还没有汽车的年代，街道虽然同时也是交通空间，但因为交通方式主要是步行，速度比较慢，所以步行与其他日常活动之间在行为方式上没有安全方面的冲突。当时用于步行的通道与公共活动的户外场所之间没有明显的空间界线，也不需要有明确的空间界定。中国有两幅著名的描绘街道生活与空间形态的古画。一幅是北宋时期张择端的《清明上河图》（清院本由陈枚等五位宫廷画师合作完成），一幅是清朝乾隆年间徐扬的《姑苏繁华图》。这两幅画（图 2-2）详实地描绘了两个不同历史时期，中国南北两个不同城市的真实生活状态。《清明上河图》描绘的是北方城市，即当时的都城东京汴梁（现为河南开封）。《姑苏繁华图》描绘的是南方城市，正是著名的江南水乡城市苏州。两幅画总体上都是以全景式的画面，从郊野到城市详细记录了当时中国城市整体性的生活状态。其中在城市部分，呈现的都是描绘人物最多、内容最丰富、活动场景最多元的街道空间。这两幅写实的长卷，不仅真实地记录了当时生活中的各种日常与习俗，同时也具象地描摹出当时的街道形态与建筑形式。从画中可以清楚地看到，在过去没有汽车的时代，街道就是城市日常活动最重要的场所，且为大多数城市生活和公共活动的主要空间。街道中没有专门用于交通的通道，交通功能仅为街道众多的公共活动功能之一，甚至连相对主要一点的功能都不能算，而只能算是穿插其间的辅助功能。街道作为重要的户外公共活动场所，与两侧建筑的室内空间一起，共同构成完整的"街道"，并同时承担着城市中鲜活的日常生活功能。

图 2-2

汽车被发明之后，不仅彻底改变了人们的出行方式，也从根本上改变了城市的空间形态。其中最为直接也是最先被改变的就是街道。街道越来越宽、笔直通长，这也是现代城市空间与传统城市空间最大的区别。完全可以说，现代城市是在以汽车交通为基础的"道路网格"上建立起来的。在现代城市中，街道首先是机动车行驶的道路。虽然机动车交通与步行交通同样都属于交通行为，都是通过物理性的移动将身体从城市中的一个空间转移到另一个空间，但这两种交通方式有着本质上的不同。速度当然是机动车最大的优点，车行速度要比步行速度快很多，同样的距离（如果不堵的话），开车要比步行节约更多用于路上的时间。但机动车交通同时也因速度而带来了新的问题，显然，快速行驶的汽车不能像步行行为那样无差别地、灵活自在地融入街道的日常生活之中。机动车交通直接带来了行为方式与生活方式的变革。在以步行为主导交通方式的年代，交通行为属于日常生活行为，交通行为与生活行为之间没有明显的行为界线。举一个典型例子，过去的考生进京赶考，因为距离遥远，路途中要走很长的时间，因此行走的过程同时也是继续读书的过程。汽车交通的时代则完全不同，机动车的高速和高效将交通功能从原本的日常生活中完全独立了出来，成为纯粹的"交通"。反映到我们日常生活的街道形态中，即机动车道从慢行系统及街道上其他的公共活动场地中完全独立出来，成为专门设置的快速通道。机动车道占用了街道空间，以单一功能存在于城市整体结构中，它不能兼容城市生活，也无法容纳丰富的空间功能。没有机动车的时代，街道还是完整自洽的公共空间；当机动车占据街道最核心的空间后，人们被剥夺了在街道中漫游、活动、穿梭的自由，只能在一定距的特定路口、在红绿灯的间隙中快速通过[1]。快速行驶的车流实际上是割裂了两侧街道之间原本连续的商业行为。

汽车占据的空间也大，行驶的汽车相互之间还必须要有足够的安全距离。同样的人数，假定是 200 人，平均每辆车上载 2 人，汽车所占用的街道空间，要比步行所占用的街道空间大很多。步行时，人们可以随时停留，行驶中的汽车则不能在路上随便停靠；步行的人，因为相互间没有物理障碍，人与人之间就可以产生交流的机会。偶遇、发呆或闲逛在步行的街道中都属于随时可以发生的空间行为，并因此形成非常丰富的街道生活。汽车是一个完全向内封闭的空间，汽车与汽车之间不会产生相互交流的机会（图 2-3）。

图 2-3

道路名称	现状宽度(m)	长度（km）	达到此宽度的改造年代
干将路	50	3.7	1990
人民路	32	4.7	1990
临顿路	30	1.625	2000
凤凰街	30	1.065	2000
道前街	21	1.1	1980
养育巷	8-30	1.072	2000
司前街	10	0.375	1980
竹辉路	12	0.42	2010
十全街	8-9	2.0	1990
十梓街	8-11	1.60	1980
中街路	8	0.67	1980
白塔路	9-14	0.846	2000
莫邪路	40	4.6	2000
皮市街	5-6	1.34	1990
观前街	9-13	0.77	1980
学士街	5-9	0.7	1980

干将路历史影像　　干将路现状照片

人民路历史影像　　人民路现状照片

十全街历史影像　　十全街现状照片

图2-4（a）　　　　　　　　　　图2-4（b）

图2-4

图2-3

图2-3：汽车、人与街道尺度关系比较
图2-4：（a）古城区主要道路信息表
　　　　（b）古城区部分道路今昔影像对比

可以这样说，机动车交通确实解决了城市（尤其是大中型城市）日常生活中快速运转的交通功能，但机动车道路及快速行驶的车流也同时削弱了传统街道生活的丰富性与活力。

还有一个越来越明显的悖论。现代化城市的规模越建越大，城市中的道路也越建越宽，大型城市中还有大量的立体高架和一圈又一圈向外不断扩张的快速环线，但城市交通环境并没有像当初预想的那样变得越来越方便。事实上，通常是恰恰相反，随着城市中的机动车数量越来越多，街道上的交通就越来越堵。这也是现代城市空间发展过程中，在新阶段所面临的新问题。

当年，干将路拓宽改造的主要动因是为了解决古城区的机动车交通问题。如今，我们再次讨论干将路的原因是为了重新缝合与复兴，这也可以说是苏州古城区在两个不同发展阶段所面临的两个必然的命题。当年干将路在拓宽改造时需要解决的机动车交通问题包含两个方面。一方面是古城区内部的交通问题。当时，苏州古城区南北方向有3条主要街道，中间是最宽也是最主要的人民路，东侧是临顿路与凤凰街，西侧是养育巷与司前街。南北方向的机动车交通相对好一些，但东西向的机动车交通空间明显不足。南侧新开的竹辉路还比较宽，但十全街、十梓街以及北侧的东中市、西中市、北塔东路、北塔西路、东北街等都是相对比较传统的老街，不仅路幅宽度窄，很多道路还因为各种历史原因无法向东与东环路连接。十梓街东端是苏州大学老校区；竹辉路东端只能止于莫邪路；北塔东路也需要向北拐到东北街才能继续向东与东环路连接（图2-4）[2]。另一方面，当时苏州的城市空间规划是以古城为中心向东西两端发展。干将路的拓宽改造不仅要解决古城区内部东西方向的机动车交通问题，更重要的还是需要成为连通西侧苏州高新区与东侧（随后不久即发展成为中新两国联合开发的苏州工业园区）之间的主要交通干道。

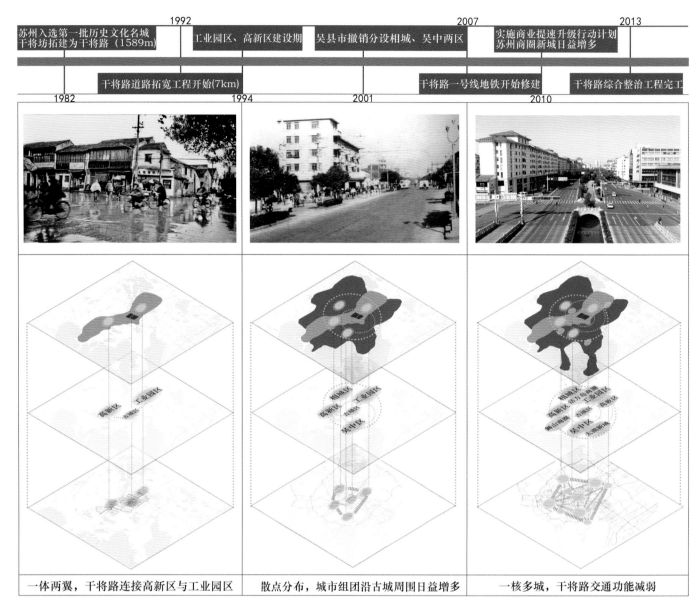

	1992		2007		2013

苏州入选第一批历史文化名城
干将坊拓建为干将路（1589m）　　　工业园区、高新区建设期　　　吴县市撤销分设相城、吴中两区　　　实施商业提速升级行动计划
苏州商圈新城日益增多

干将路道路拓宽工程开始(7km)　　　干将路一号线地铁开始修建　　　干将路综合整治工程完工

| 1982 | | 1994 | 2001 | | 2010 |

一体两翼，干将路连接高新区与工业园区　　　散点分布，城市组团沿古城周围日益增多　　　一核多城，干将路交通功能减弱

图 2-5

今天，上述两项功能的前提条件都发生了根本性变化（图 2-5）。一是客观上的外围条件已与当初迥然不同。首先是古城区之外的外围城市空间发生了巨大改变。当年苏州是以古城区为中心，一体两翼地向东西两个方向发展。后来，苏州的城市空间规划经过多轮调整与不断地动态发展后，原本的行政区划也已发生很大变化。在吴县与吴江撤县为区后，苏州在东西南北四个方向上同时都在发展。伴随着四个方向上的空间拓展，古城区外的内环、中环与外环快速道路等相继建成并已投入使用，古城区外部各个区域之间的交通联系早已转移到古城区外围的各条环路，干将路现在主要承担的是古城区内部的交通功能。也就是说，不再承担东西之间的过境交通功能后，干将路上的交通流量就可以大幅减少（图 2-6）。其次，古城区的内部交通环境也已发生变化。古城区原有的很多职能部门已陆续外迁到外部新城区，同时地铁的开通与运行，对古城区内部的机动车交通需求也产生相应影响。二是主观上认知态度上的转变。随着经济上的发展，同

干将路

图 2-6

图例

古城区及周边交
通网络拥堵情况

—— 畅通

—— 基本畅通

—— 轻度拥堵

—— 中度拥堵

—— 严重拥堵

图 2-6

图 2-5 ｜ 图 2-6

图 2-5：城市演进过程中干将路作为交
通职能的变化

图 2-6：苏州古城区及周边部分道路交
通拥堵分析图（ArcGis 绘制）

时必然也伴随着文化的进步，最明显的转变就是，与改革开放之初相比，今天我们已经越来越认识到传统文化的价值与意义。我们甚至可以这么假设，如果当年干将路没有被这么"建设性"地拓宽，今天的苏州古城将拥有更加整体性的结构和肌理。如果因为需要适应现代化的生活方式，依然需要对干将路进行必要的改造，我们今天也一定不会选择当初那种简单拆除、直接拓宽的解决方法。苏州是中国第一批历史文化名城，是著名的、极具特色的江南水乡城市，但苏州至今只有部分园林与部分古镇入选联合国教科文组织的世界文化遗产名录。苏州古城区一直很难以整体空间入选。这其中有多种不同原因，但 50 米宽的干将路对古城空间所造成的影响肯定是最大的因素之一。

当然，历史从来不能被简单假设。在各个不同的历史阶段，既有主观上文化认知方面的局限，也有客观上当时必须解决的具体问题。我们能做的只能是在不同的历史阶段，面对不同现实并重新解决新的、不同的问题。

干将路与仓街交叉口航拍总平面图

干将路与仓街交叉口航拍鸟瞰图

干将路总体航拍鸟瞰图

2 空间尺度失调　Imbalanced Spatial Scale

　　空间尺度，首先是指人与空间的尺度。传统城市大都是在以步行为主要交通方式的基础上建立起来的，步行是以人的身体为尺度的交通方式。所以，相比于高楼林立的现代化城市，传统城市中的空间尺度更接近人的身体尺度，也更加亲切。也因为这个原因，传统城市的空间规模一般也都不会太大。苏州护城河内的古城区面积约 14 平方公里，这在古代已经算是规模比较大的城市。因为主要是依靠步行交通，传统城市中街道的宽度也相对较窄，像山塘街、平江路等，街道宽度在 3-5 米，这在当时都已经是比较主要的街道。巷或弄的宽度就更窄，有的只有 1-2 米或更小。有些比较窄的巷道，遇到有两人相向行走时，经常是需要侧身相让才能彼此通过。过去城市中街道两侧的房屋也都不高，大多数为 1-2 层，高度也就 4-7 米。在传统城市中，生活其中或行走其中，人与空间在一个相对接近的尺度中彼此共生。

干将路与平江路交叉口航拍总平面图

干将路南侧凤凰广场航拍鸟瞰图

干将路与人民路交叉口航拍鸟瞰图

图 2-7

尺度不同于尺寸，尺寸是物体自身几何尺寸的绝对大小，尺度是物体与物体几何尺寸之间的相对关系。根据目前已知的资料记载，人的身高基本没变，至少近几千年变化不大。但城市在变，尤其是近200 年进入现代化快速发展以来。一是空间规模变大了，而且变得越来越大；二是建筑高度也变高了，并变得越来越高。第三个变化，可能也算最大的变化，就是交通方式的改变，这就是机动车交通代替步行成为街道上最主要的交通方式。一个车道的宽度大约是 3 米，即使是单向行驶的街道，考虑到车辆故障或临时避让，道路宽度需要控制在 5 米左右，两侧一般还会有各 1 米宽的步行空间。也就是说，一个最窄的仅满足单向行驶的街道，也至少需要 7 米左右的宽度。如果是双向行驶的街道，车道宽度是 7 米，加上两侧的人行道（有时还有非机动车道），街道两侧建筑之间的宽度大概是 12-15 米。当交通级别再高一点时，两侧建筑之间的宽度大概是 18-20 米，这是绝大多数现代化城市中最基本也是最普遍的街道宽度[3]。

因而在现代化城市中，人与空间环境之间的尺度关系发生了巨大的变化。

干将路东西两个方向都有 3 条机动车车道，两侧的机动车道路平均宽度都为 9 米左右。中间干将河的平均宽度为 8-10 米，加上两侧的非机动车车道和步行通道，干将路两侧建筑之间的平均宽度大约为50 米。根据中国城市交通规划中关于道路等级的定义[1]，45-55 米是城市主要干道的宽度。所以，干将路本质上已经不再是一条具有商业空间前提的城市"街道"，而只是一条优先满足机动车通行的城市交通"道路"，而且还是快速机动车交通干道（图 2-7）。

50 米的宽度与快速行驶的速度都已经不再是传统的、人的身体尺度。

干将路两侧新建建筑的高度控制是不超过 24 米。按照我国建筑设计规范，24 米是多层建筑在高度上的上限：24 米以下是多层建筑，超过 24 米就是高层建筑。高度控制对古城保护的重要性毋庸置疑。古城区内的项目，无论是新建还是更新改造，设计与建造都要比在新城区要复杂得多。基地周围通常没有充足的腾挪空间，很难组织基本功能上的消防与物流通道；有时候基地紧邻着文保或控保建筑，而这些古城区内需要重点保护的建筑对新建项目在建筑高度、建筑风格以及间距等诸多方面都会有各种苛刻的限制与要求。与高层建筑相比，多层建筑的技术要求相对要低很多，且与古城原有的传统建筑在体量

图 2-7

图 2-7：干将路机动交通现状航拍图

1　参考《城市综合交通体系规划标准》（GB/T51328-2018）中第 12 章《城市道路一般规定》。

与尺度上的差距也相对小一些。这些可能都是最后选择 24 米作为高度控制线的综合理由。从绝对的几何尺寸上讲，24 米本也不算多么高大，干将路沿线的建筑大多在 4-5 层，只有局部位置上有较小体量的 6 层阁楼；而且两侧建筑物因考虑到古城区整体的建筑风貌，屋顶基本都是坡屋顶形式。这样的高度和形态，若是在以高层建筑为背景的现代城市空间中，都只能算是较小尺度的建筑了。但即使是这样，在古城区还是有些不一样，古城区内严格控高，不得新建高层建筑，与 1-2 层、5-7 米的传统民居相比，24 米在尺度上依然是较大的突变。

干将河是干将路拓宽改造时保留在道路中间的原有河道，平均宽度为 8-10 米。这种宽度在传统城市空间中一点都不窄，就像我们今天还能看到的平江路、山塘街等传统城市街巷内的原有河道，宽度大多数也只有 3-5 米。在平江路和山塘街上，人们并没有觉得河道狭窄，是因为河边街道的宽度也不宽阔，两侧的建筑也是相对较为低矮的传统民居，河道、街道与建筑在同一种尺度中整体协调、相互呼应。但干将河位于 50 米宽的道路中间，两侧是来来往往、穿梭如织的车流，河景不可看、不能达；干将河从尺度与行为上都被隔离在城市的公共空间之外（图 2-8）。

同时存在的问题还有街道空间过于单调。因为现代车行道是机动车交通优先，简单的道路更便于快速通行。3.7 公里长的干将路以 50 米的齐整宽度从东至西笔直地贯穿古城。3.7 公里的距离对于机动车行驶来讲并不算很长，这在任何一个新的现代化城区，都不是太大的问题。但干将路穿越古城，这就又是一个尺度上的巨大突变。显然，干将路古城区段过宽、过长、过直。过于简单的街道是乏味的；乏味的空间就会缺少生机。生动的街道最忌讳的就是在空间上一览无余；生动的街道需要在空间与节奏上富有变化，这样才可能激发行人停留活动，从而培育鲜活的街道生活。

干将路的宽度是 50 米，两侧建筑高度不超过 24 米。这两个控制尺寸的来源有很多种说法。笔者猜想，在当时决策的过程中，可能也曾是一个两难的选择。有客观上需要立刻解决的交通问题与地下市政管网问题，也有主观上需要面对的传统文化传承及古城保护问题。即使是时隔 20 多年后的今天，笔者也能猜想到当时一定是和今天一样，需要面对各种必须面对的复杂现实。需要解决的问题很多，需要面对的挑战同样也很多。最终的方案只能是在综合平衡各种不同利益与价值后，对不同问题分别采用了不同的解决方法。首先是宽度上的选择，需要满足日益增长的机动车交通流量需求。作为古城中心区的主要城市干道，同时又是联系东侧与西侧新城区的重要快速通道，所以干将路机动车道通行宽度选择的是双向 6 车道设计方案。笔者学的不是交通专业，不敢妄加评论。但可以肯定，这个宽度一定是结合了当时已经存在的交通现状，并充分考虑到后期可能的发展，由交通专业人员根据相关数据计算，并以"最克制"的宽度最终确定的。为什么要强调说是"最克制"呢？因为当时所有参加决策的人一定都非常清楚干将路的拓宽会对古城空间产生什么样的影响与后果，一定是非常谨慎地在最大限度上选择了对古城空间影响最小、最克制的宽度。所以，和当时理论上的需要相比，这个宽度可能还是偏向保守的。其次是高度上的限制，两侧的建筑高度不能超过24米[2]。这应该有两方面原因，一方面，道路宽度增加了，两侧建筑的高度可以相应增加。不然，两侧都是1-2层高的建筑，与中间50米的宽度更不成比例。另一方面，城市开发，尤其是在古城保护区域中对既有城区进行改造与更新，需要综合平衡各种经济技术指标。前期就需要投入大量的拆迁资金与建设成本，后期需要有足够的新建建筑空间，需要容纳各种新的城市功能，从而在城市空间更新完成后，能迅速带动经济上的快速发展与商业上的经营运行。所以，所有的城市更新与改造都需要能有一定的扩建容量。高度控制在24米，应该也是在综合平衡各种价值后相对折中的选择[4]。建筑高度过低，新建的建筑面积就少，前期投入的资金就很难平衡。同时，没有相应的空间规模，建成后的街道也很难形成规模化的商业空间与集聚效应。这一直也是古城区更新改造与发展所要同时面对的共同挑战。但在古城区，建筑肯定不能太高，与风格或色彩等形式语言相比，建筑高度对历史街区的风貌在物理空间上的影响最大，也最难协调。因此，既需要增加一定的建筑空间以提供足够的建筑面积，又不能让增加的高度对古城风貌产生太大的影响，最后以24米这个多层建筑在高度的上限作为建筑的最高控制点。

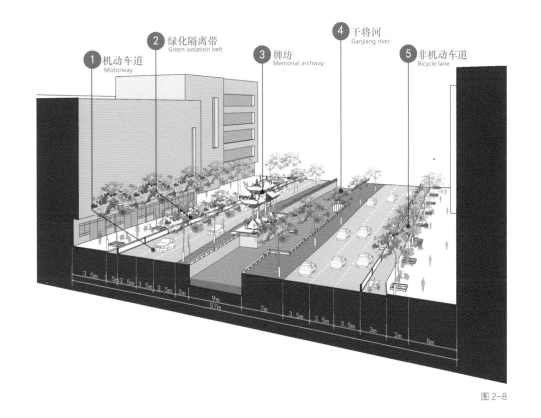

图 2-8

图 2-8：干将路典型路段现状剖透视图
（"句吴神冶"牌坊路段）

图 2-8

---

2 《苏州市城市规划若干强制性内容的暂行规定》（2003年4月市政府出台）中规定，干将路、人民路两侧50米范围内新建建筑檐口高度不超过20米，建筑高度最高不超过24米。

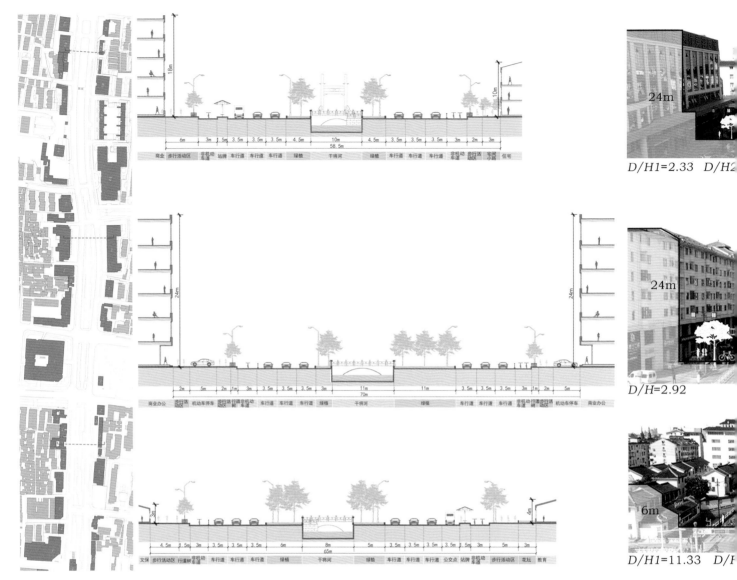

商业｜步行活动区｜非机动车道｜站牌｜车行道｜车行道｜车行道｜绿植｜干将河｜绿植｜车行道｜车行道｜车行道｜非机动车道｜步行活动区｜车园小路｜住宅

商业办公｜步行活动区｜机动车停车｜非机动车道｜车行道｜车行道｜车行道｜绿植｜干将河｜绿植｜车行道｜车行道｜车行道｜非机动车道｜机动车停车｜商业办公

文保｜步行活动区｜行道树｜非机动车道｜车行道｜车行道｜车行道｜绿植｜干将河｜绿植｜车行道｜车行道｜车行道｜公交点｜站牌｜步行活动区｜花坛｜教育

$D/H1=2.33$ $D/H2$

$D/H=2.92$

$D/H1=11.33$ D/H

图 2-9（a）

　　50 米宽、24 米高，这样的宽高比，在街道空间中并不是合适的空间比例。按照日本建筑师芦原义信在其著名的《街道的美学》一书中的讨论，街道两侧建筑的高度与其间的街道宽度之间的比例关系以 1：1 为相对适中，并"存在某种均匀感"[5]。当两侧的建筑高度大于之间的街道宽度时，街道的空间尺度比较亲切，人漫步其中，会产生愉快感。当两侧的建筑高度小于之间的街道宽度时，两侧的建筑会产生游离感，并随着这种差距的增大，街道会显得更加空旷而萧条。

　　干将路两侧建筑的高度与中间道路的比例几乎是 1：2，而且两侧还有很多比 24 米更低矮的建筑。这种不太友好的比例关系，使干将路从拓宽开始就一直显得过于空旷（图2-9）。这种不恰当的空间尺度，最终导致干将路无法形成当初人们所期待的街道空间体验，也就同样无法组织起人们当初所期待的丰富的街道生活。

图 2-9（b）

3 街巷肌理断裂　Fractured Street Texture

　　肌理一般是指某种物体所特有的结构或构造形式在空间上所呈现出的一种同质化、均匀且连续展开的绵延状态。大到自然界的山峦、湖泊，或沙漠、草原等，以肉眼能见的方式所呈现出来的地理、地貌，小到生物界的动物或植物的细胞组织，在显微镜下所呈现出来的各种不同的特征，世间万物都有着自己独特的肌理结构。自然界的肌理特征大多是在外围自然环境的影响下逐渐形成，生物界的肌理特征则决定于不同生物内在的遗传基因。不同的肌理结构都有各自不同的成因条件，并因此形成各自不同的特点。

　　城市空间同样也有着自身独特的肌理结构，不仅有宏观上的肌理结构，还有微观上的肌理单元。首先，不同的城市在宏观上就有不同的空间肌理结构。山地上的城市肌理与平原上的城市肌理不一样，陆地上的城市肌理与水网中的城市肌理也不一样。不同的生活方式、不同的宗教习俗也都会有与之对应的空间形式，反映在与之相对应的城市肌理之中（图 2-10）。其次，是微观中的肌理单元。宏观上的肌理结构主要呈现为城市空间中交通网络所形成的整体结构状态，宏观肌理往往与外部的自然环境，如山川地貌或交通结构有关。微观的肌理单元则一般指的是巷弄或院落等微型空间单元或生活单元。微观肌理更接近人们的日常生活与宗教习俗。整体上的空间状态固然是第一重要的空间特征，但微观中的空间肌理更接近生活。与北京的胡同或上海的里弄不同，苏州的街巷空间经过上千年的演变，已经形成了自己独特的空间肌理。一方面，苏州在建城之初就是吴国都城，街巷空间呈现出非常规整理性的空间形式。另一方面，苏州地处河网密布的江南水乡，形成了水网与陆路相互并行的双路网结构。而且，苏州还是中国 5 个仅存的古城[3] 中唯一一个位置及范围（护城河内的古城区范围）至今没有改变过的古城。经过2500 多年的生长与发展，苏州已经形成了一个完整的、传承有序的、具有统一街巷肌理特征的城市空间（图 2-11）。

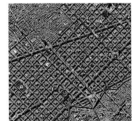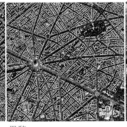

巴塞罗那　　　　巴黎　　　　　洛杉矶　　　　苏州

图 2-10

图 2-9
　　图 2-10
　　　图 2-11

图 2-9：（a）干将路典型区段现状道路断面
　　　　（b）空间尺度分析图
图 2-10：各大城市典型肌理对比：巴塞罗那、巴黎、洛杉矶、苏州
图 2-11：苏州古城区街巷网络肌理与建筑肌理

图 2-11

3　联合国教科文组织发布的世界遗产城市名录，中国有 5 座城市入选，分别是承德、都江堰、丽江、澳门、苏州，来源 https://www.ovpm.org/members/cities/

肌理健康与完整的第一个重要前提是同质化与均匀性，肌理不宜发生突变。

在步行为主的年代，城市中也有主要街道与次要街道之分，巷弄的长度与宽度也会大大小小、各不相同。有些是因为礼仪或功能上的需要，有些是因为位置上的不同。一般来说，有礼仪需要的街道会宽一些，核心区域的街道会宽一些，主要的商业街道会宽一些；而其他位置或边缘区域的街巷会窄一些。但因为都是以步行交通为主，所以在传统的城市空间中，不同功能或不同位置上的街巷在宽度上也都没有太大的差距。即使在空间等级上有所区别，比如街一般比巷宽，巷一般比弄宽；但在传统城市空间中，从街到巷、从巷到弄、再从弄进入各自更加私密的空间——宅或院，街巷在宽度上也不会突然发生很大的突变。传统街巷在宽度上的变化只是顺应空间功能在渐次过渡中微妙变化，呈现出一种自然生长的均匀性特征 [6]。

相比于原本均匀的街巷肌理，突然拓宽至 50 米的干将路，毫无疑问是一个剧烈的变化，直接切开了苏州古城原有空间的完整性。更加严重的是，这种突变不只是位于远离城市中心的某个边缘上的局部变化。如果只是某个边缘上的局部变化一般不会产生很大的影响，哪怕同样是比较大的突变，如果只发生在城市边缘某个局部区域，也不会导致古城的肌理结构的整体性破坏。同样严重的是，这种突变还不只是某几个局部地区或点状范围上的变异。如果点状范围没有达到足够大的规模，或者说点状变化同时覆盖的范围也没有达到足够广，即使是在几个不同部位同时产生了不同的突变，也不会对原有的肌理系统产生颠覆性的影响。但干将路是苏州古城空间中绝对的核心位置，以 50 米的宽度、3.7 公里的长度东西全程贯通，这种巨大的突变是贯穿的、线性连续的，一下子就在同质性上切断了苏州古城区原有街巷肌理的均匀性。

肌理健康与完整的第二个重要前提是连续性，肌理不能断裂。

我们知道，建筑都有内部空间与外部空间，但郊野中建筑的外部空间与城市中建筑的外部空间不同。因为外部之外没有另外的边界，郊野中建筑的外部空间是向四周弥散的外部空间。所以，郊野之中，建筑的外部空间就是纯粹的外部空间。但是在城市中，建筑的对面还是建筑，"建筑的外墙"事实上又可以说同时是街巷空间的"内墙"。在城市空间中，作为建筑外部空间的"街道"或"街巷"，同时又是城市最重要的"内部"活动场所。城市中的"内部"活动场所与建筑中的内部使用空间有两个不同特点。第一个不同之处在于建筑内部的使用空间是有"顶"的封闭空间，城市的"内部"活动场所是露天的开放场所。第二个不同之处在于建筑的内部使用空间是被建筑外墙向内围合的独立空间，而城市的"内部"活动场所是建筑外墙向外围合的、连续开放的街道、街巷和广场。

如果说宏观肌理结构中的道路就好比人身体结构中的动脉或静脉血管的话，那么，微观肌理结构中的巷弄就是更细、但分布更密的毛细血管。大小不同的街道与巷弄连接着城市中各种不同的功能区域，渗透到任何一个只要有人活动的角落，就像是城市这个庞大肌体中大大小小的血管，连通着身体中的每一个器官，在不停地运转与循环中维持着城市的生命与活力。街巷肌理的连续性不能断裂，就像血管供血的连续性一样。

但 50 米宽的干将路从物理空间与行驶速度上同时切断了这种街巷肌理在空间与行为上的连续性（图 2-12）。

图 2-12

图 2-13

图 2-12：干将路沿线街巷网络与建筑肌理

图 2-13：古城区道路与水系网络变迁：宋、清、近现代

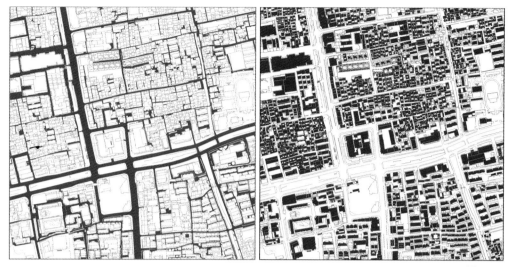

图 2-12

　　被同时切断的还有南北相连的水网河流。水网系统是苏州古城区最有特点的传统自然网络，是从一开始就与街巷交织生长的空间肌理（图2-13）。在过去没有汽车的年代，水上交通是非常重要的交通方式之一，尤其是货物运输的主要方式。当年的船只就相当于今天的汽车，当年的河道就如同今天的道路。河道与街道一样，既是连续的交通通道，又是开放的公共空间。今天拓宽后的干将路主要是机动车道路——非常宽的快速机动车道路，虽然还保留了中间的干将河，但南北连续的河道因为机动车行驶而被完全切断。

　　肌理健康与完整的第三个重要前提是形式上的自然形态。肌理在形式上具有丰富而复杂的自然属性，所以很多时候，我们在描述肌理特征时都习惯性地称其为自然肌理。

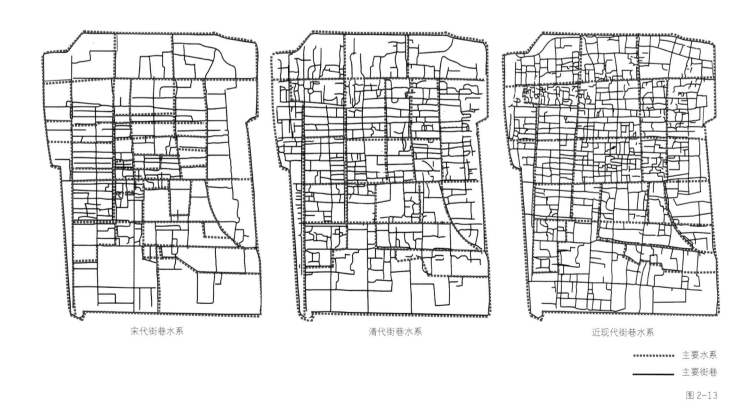

宋代街巷水系　　　　　　　　清代街巷水系　　　　　　　　近现代街巷水系

············· 主要水系

———— 主要街巷

图 2-13

这里还牵涉一个很有意思的现象，城市是由建筑构成的，"城市有时就像一座放大了的建筑"，但是城市又并不完全是一座放大了的建筑。建筑是"人工建造物"，有明显的人工建造的痕迹，而城市却具有自然生长的复杂性与丰富性。这种区别应该是时间因子作用于无机的物理学空间后，在城市空间经过漫长的演变与成长后留下的"生物学"特征。建筑的建造周期相对较短，所以建筑是过程可见的人工建造物，而城市发生与成长需要经过漫长的历史发展过程，因而会表现出某种程度上如同生物自然成长的、深具时间特征的自然属性与自然状态。这种现象非常明显地呈现在两种不同的空间状态之中。作为最基本的空间单元，每一幢建筑，或每一座院落，都是简单而具体的，而由这些单元组成的街巷，再由这些街巷进而继续组合成为的城市，却因为丰富而精彩，因为复杂而自然。

作为交通干道的干将路，则在空间上缺少变化，形态上趋于简单。过于简单的空间无法形成连续的肌理。

这也与当时快速建造、快速完成的建设方式有关。快速建造很难形成随时间自然生长出的肌理。

比较一下已经有很长发展历史的传统城市和近年快速建造完成的城市（比如苏州工业园区），不难发现，传统的城市街巷都具有良好的空间肌理，而新型的城市空间都比较简单而直接。理论上讲，新建城市在建设过程中所受到的环境约束条件更少，新型的建筑材料种类更多，建造技术更加先进，新型城市在空间建造上应该具有更多的可能性，应该能够创造出更加丰富多元的建筑形式并因此形成更有机、更自然的城市形态。但事实上，大多数现代化城市空间都不如传统城市空间那么自然。这一方面是由于交通方式发生了变化，机动车交通进入街道后，对街道宽度与街道长度都产生了巨大影响，街道不再是传统空间中人的身体尺度，而是快速行驶过程中的机动车尺度。另一方面，过去建造房子的速度要比现在慢得多，过去城市增长的速度更慢，而现在现代化技术的发展越来越快，建筑的建造速度比过去要快很多，城市形成的速度也快很多。

但放在更长的历史之中，把时间维度拉长看，任何的"快与慢"最后都会消融在无限与无形的时间流变之中。单体建筑都有可能会因为各种原因重建，而城市更多的情况下是会在不断地自我修复与自我完善中不断发展。这也是城市比建筑更具有自然属性的原因之一。在短期的时间节点上看，干将路彼时的拓宽改造与此刻的重新缝合复兴就都明显是由人为主导，其实本质上讲，都是比较典型的"自我"修复与"自我"完善。

也许再经过足够长的时间，经过不同时代人们的持续努力，今天还是比较简单的干将路最终会在不断"自我"修复与"自我"完善中生长得更为自然与自在。

图 2-14

图 2-14：干将路沿线园林遗产与文保建筑分布图

4 地域文脉消退　Faded Regional Context

　　地域文脉是基于特定的地域环境所形成的特定文化特征。传统的农耕时代，交通不发达，信息传播也不方便，经济与文化上的交流渠道都没有今天这么通畅。有学者认为，正是因为这些客观上的原因，不同的地区或不同的民族才在相对独立的系统内，形成了各具特色的地域文化特征：有的是在地理环境上有差异，有的是在气候特征上有差异，有的是在民族习俗或宗教信仰上同时都有所不同。这些差异与不同都会以各自的空间形式或建筑符号反映到城市空间与建筑形式之中，并因此形成不同的城市形态与不同的建筑风格。

　　苏州是我国典型的江南水乡城市，粉墙黛瓦与小桥流水是其最具地域特色的建筑风格与城市空间特征。但现在的干将路上，这两种原本最典型的地域特征都已经非常淡化了（图2-14）。

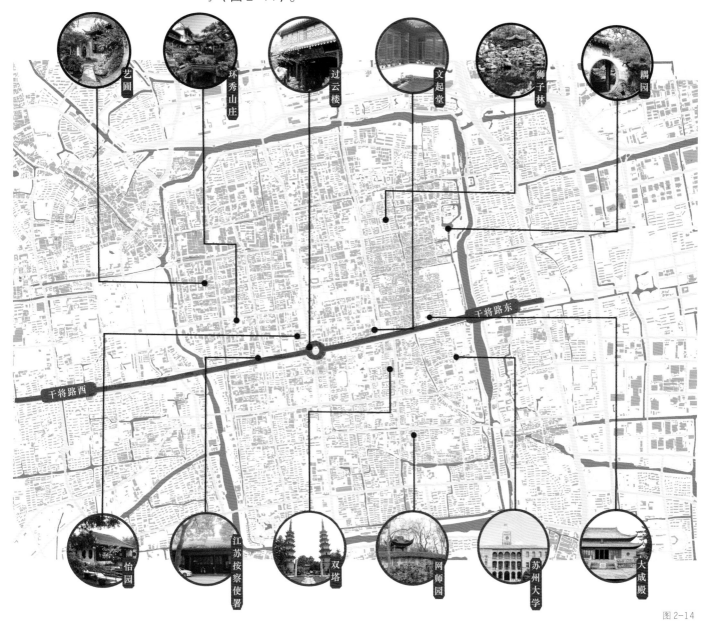

图2-14

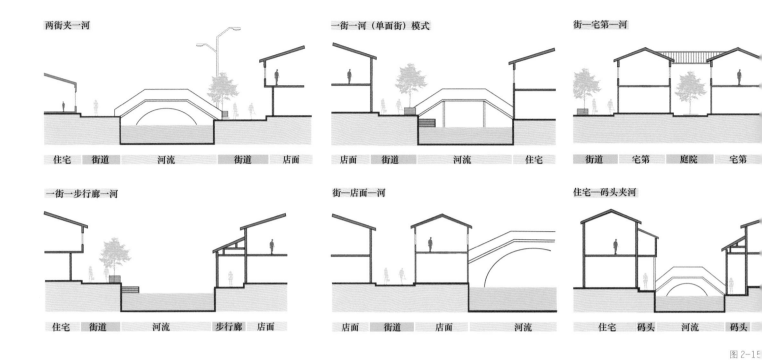

两街夹一河

住宅　街道　　河流　　街道　店面

一街一河（单面街）模式

店面　街道　　河流　　住宅

街一宅第一河

街道　宅第　庭院　宅第

一街一步行廊一河

住宅　街道　　河流　步行廊　店面

街一店面一河

店面　街道　　店面　　河流

住宅一码头夹河

住宅　码头　河流　码头

图 2-15

图 2-15
图 2-16

图 2-15：苏州传统河街类型示意图
图 2-16：干将路区域现状问题拼贴

首先是街道空间变得过于简单。

在传统小桥流水的城市空间中，街道与河道都是重要的城市交通通道，同样也都是重要的城市公共空间。人在街上走，船在水中行，人船并行，河街一体，河道与街道一起共同形成层次丰富而空间多变的水巷空间。河面上的桥梁大多是拱桥，其材质多为石头。石头是原生态的自然材料，抗压性能好。拱桥是石材抗压的力学性能与圆拱状空间形式的完美结合。拱桥拱起的空间还能同时保证下方河道船只通行，陆地上方的人行交通与桥下的水上交通因此成为两条互不干扰的交通体系，上下并行，同街共存。船在水中行，人在岸上或桥上走，船上的人与桥上的人彼此都是对方的风景。桥不仅是连接两岸之间的人行通道，也是街道中最重要的空间节点与"建筑"形式。"君到姑苏见，人家皆枕河""绿浪东西南北水，红栏三百九十桥"。与北方陆地城市中的街巷空间不同，桥与河，一个以拱的形式赋予城市空间更加立体的变化，一个以水的灵动赋予城市生活更加感性的情调（图 2-15）。

干将路拓宽改造为机动车道路后，中间的干将河不再需要（事实上也不能够）继续承担交通功能。干将河事实上已经退位为一条简单的景观沟渠。同时还因为无法到达，河道空间的公共性也事实上消失在两条快速机动车道的车流之中。同时消失的还有那些凌空跨越在两街之间，年代不同、形式各异的一座座拱桥。因为有行驶速度与视野安全等机动车交通规范上的要求，干将路古城区段中的桥梁全部都是平桥。平桥是没有立体"空间"的。平桥就是简单的交通道路，并直接消失在机动交通车道之中。虽然还保留有水，但水中已经没有了船；虽然河还在，但河上已经没有了拱桥。作为机动车道路的干将路，已经失去了江南水乡城市最重要的空间特征与生活氛围。

其次，干将路两侧的新建建筑并不是简单的"复古"建筑，而是比较简约的"仿古"建筑。这些建筑虽然在形式上还是坡屋顶，但屋顶形式进行了简化，比较简洁。色彩上也尽最大可能保留了以传统的黑白灰为主要色调。但这种既想在形式上有所创新，又在

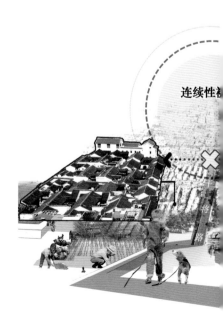

连续性视

符号上简单模拟传统的折中做法，在今天看来又有点两头都不讨好。与平江路、山塘街两侧的传统建筑相比，干将路两侧新建的建筑基本都是直接呈现出简单粗犷的混凝土框架结构体系的建筑形式，既缺少材料与细节上的表现，也缺少形式与空间上的丰富性。24 米的高度已经不再是传统建筑的正常尺度，这个高度已经是现代建筑的基本高度了。但作为现代主义建筑，因为受制于古城保护在风格与形式上的多重制约，干将路两侧的新建建筑又明显地显得创新性不足。

现代化带来了全球化，从而促进了文化上的广泛交流与技术上的共同发展。但这种改变也打破了文化体系之间原本相对独立的自组织系统。交流与交换是信息彼此补充的过程，同时也是信息彼此渗透的过程。从工业革命到信息革命，交通越来越发达，信息传播也越来越方便。原本地域文脉在相对封闭的环境内自我成长与自我完善的形成机制消失了。在信息共享、技术共享的全球化背景中，同样的建筑材料、同样的建造方式，导致城市形态与建筑形式也越来越趋同[7]。这也是我们今天所面对的全球化带来的文化现象。苏州新建的建筑与上海新建的建筑基本相同，上海新建的建筑与纽约新建的建筑也基本相同。

此外，原来很多建筑的地域特征都是在特定的气候条件或特定的地理环境中，顺应自然形成的，现在，这种顺应自然的建造机制也已经被现代技术发展彻底改变。依靠科学技术的不断进步，新型的建筑材料与建筑设备为建筑设计提供了更强大的技术支持，人类的建造活动也不再需要像早年那样简单被动地依赖外围的原始条件。

全球化发展带来的技术共享，客观上推动了人类的共同进步，但同时也带来了文化趋同后地域文脉的消退，千城一面已经成为全球化发展中同步产生的文化代价。在这样的社会背景与技术条件下，干将路拓宽改造也必然会受到同样的影响（这种风险在干将路的再次改造时依然会继续存在）（图 2-16）。

图 2-16

干将路的拓宽改造与平江路、山塘街等历史街区的保护和利用方法不一样。平江路与山塘街上的建筑是原本遗存的历史建筑，虽然都已经从原本的居住功能改造为后来的商业功能，但建筑形式与街巷空间都还比较完整地保留了苏州传统空间文脉的基本特征。干将路两侧大多数是5-6层新造的建筑。这些"新建筑"，面对的是新的使用功能与新的生活方式，因此，在学理上也不支持简单化的复古主义。所有"新"建的"老"街在设计源头上就违背了艺术创作中最基本的创新逻辑。除了创新逻辑之外，当然还有改造范围的大小。如果只是局部地块上的某一幢单体建筑，虽然在整体的历史街区背景之中，新的设计还是可以尝试以全新的方式重新建构一种价值标准更高的文脉关系。贝聿铭先生设计的拙政园旁边的苏州博物馆与法国卢浮宫广场上的玻璃金字塔都是这种创新逻辑下非常成功的建筑案例。类似的案例有很多，如同样也位于卢浮宫附近，由R.罗杰斯和R.皮亚诺设计完成的蓬皮杜艺术中心，弗兰克·盖瑞在布拉格街头设计完成的"跳舞"大楼，还有扎哈·哈迪德在罗马古城区设计完成的罗马MAXXI博物馆等（图2-17）。当传统环境背景的范围足够大时，其中局部位置上的改变有时不仅不会影响整体的空间肌理，相反，局部的创新还能通过新旧对比的反差给古老的城市空间增添新的活力。但在东西方向上有3.7公里长的干将路全程贯穿了古城区，在这么大的范围内，过于强调创新的风险很大，一旦没有把握好，则直接会影响到古城区的整体风貌。换一个角度说，创新虽然在学理逻辑上是成立的，但落实到具体的现实工程中，还存在着各方面的综合因素考量。这不只是光有胆量就行，最重要的是要有能力。

图2-18

图2-17

图2-17：（a）卢浮宫广场玻璃金字塔透视图
（b）"跳舞"大楼主立面透视图
（c）蓬皮杜艺术中心主立面图
（d）MAXXI博物馆鸟瞰图
图2-18：干将路车道改造策略

图2-17

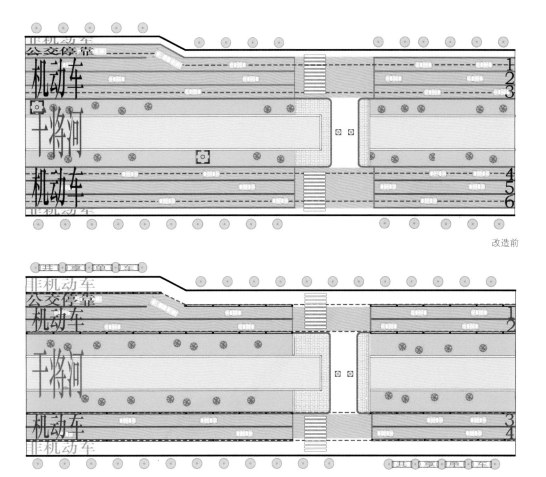

图 2-18

改造前

改造后

所以，有时候适当的妥协也是一种两全其美的策略，至少可以为将来留下继续努力的空间。就像当时保留了干将河，虽然不再是可以船行的交通空间，但至少还是给街道中留下了一道景观，并为这次的缝合与复兴留下了创作上更多的可能。建筑最高控制不超过24米，这虽然比原本1-2层的传统建筑高出不少，但整个古城区没有一幢高层建筑，从而在最大限度上控制住了古城在整体上的空间轮廓。虽然已经没有了小桥流水的空间形态，虽然已经是新的建筑形式与使用功能，但在形式与色彩上都非常克制，从而在一定程度上延续了古城粉墙黛瓦的朴素特征。所以，干将路拓宽与改造后，虽然地域文脉都有所消退，但并没有完全消失。

不仅没有完全消失，而且，当年这个50米宽的拓宽宽度还给今天的再次改造留下了意外的、在宽度上可以再次腾挪的空间。正是有了这样一段足够的宽度，才让我们有可能将双向6车道改为双向4车道（图2-18），才让我们的立体步行高架系统有足够的地面建设空间，从而才让我们这个立体缝合与立体分层系统最终得以成立。

干将路这次的改造只有缝合与复兴，而没有任何拆迁。这也是当年的这个"问题"宽度给今天的我们留下的先天"优势"。

5 空间活力缺失　Deficient Spatial Vitality

生活服务兴趣点分布

餐饮零售兴趣点分布

风景名胜兴趣点分布

体育休闲兴趣点分布

图2-19

当年，干将路拓宽改造一方面是为了解决古城区东西方向上机动车的地面交通问题，另一方面，也是为了能够在道路建设的同时，利用拓宽的空间解决现代化城市所必需的地下市政管网问题。这两项都是现代化城市最基本的基础设施。但街道的首要身份还是公共空间与商业功能，干将路拓宽改造最重要的目标还是提升空间活力与商业活力。就像时任苏州市委书记王敏生在干将路拓宽改造完成后，在《干将之路》[8]的序言中所写："改造后的干将路既保持着古城风貌的特色，又改善了城市公共设施与环境；既是交通干道，又是集金融、贸易、商业、文化、娱乐、办公等多功能的综合性道路。"

因为苏州后来所有新的城市空间基本上都是以古城区为中心向四周均匀发展的，所以，苏州古城区就是整个苏州大城区的几何中心。同时，干将路又是古城区的核心，所以，完全可以这么说，干将路是苏州整个大城区中核心区中的核心。一般来说，城市核心区都是城市空间中最具活力的地区。但事实上，20多年过去了，干将路却并没有形成预期的、与其空间核心位置相匹配的城市活力（图2-19）。

这有很多原因。其中最重要的一个原因就是干将路拓宽改造完成后不久，苏州的城市建设与经济发展的重心都同时发生了转移。90年代中期之后，中国经济与城市化发展几乎同步进入快速发展时期。苏州属于江南沿海发达地区，城市化发展速度更快。从公元前500多年建城开始，一直到20世纪60-70年代，2500多年间，苏州的城市范围主要还是在最初的护城河范围之内。直到1990年前后，苏州西侧的高新技术开发区才开始启动建设。1994年干将路改造完成，同年，苏州东侧的工业园区也正式启动建设[4]。再后来，吴县与吴江先后撤县改区，从市管县变为吴中区与吴江区。在这种快速发展过程中，随着各个板块城市功能的日臻完善，原本位于古城区内的很多行政机关与企事业单位也陆续向外转移到各个新城区。居民，尤其是年轻人也更多地选择在外围新城区就业并居住。各个新城区都有自己配套更加完善的商业中心、金融中心、公共文化设施以及大量的生活居住小区。也就是说，干将路刚刚改造完成，还没有来得及发展与成长，苏州的城市建设重心与经济发展重心就开始向古城区之外不断转移。

图 2-19

图 2-19：干将路周边活力分布图：基于
生活服务、餐饮零售、风景名
胜、体育休闲的 poi 分析

4　苏州工业园区的建设工程于1994年5月启动，行政区划面积278平方公里，是中国和新加坡两国政府间的重要合作项目，被誉为"中国改革开放的重要窗口"和"国际合作的成功范例"。

虽然占据着优越的空间区位，但两侧没有规模化的公共空间，缺少重要的公共建筑，这也是干将路缺少活力的重要原因。干将路上没有一个有代表性的商业中心。古城区仅有的两个比较高端一点的商业中心，一个是美罗商城，一个是泰华商城，它们也都位于早年拓宽改造完成的人民路上。美罗商城位于人民路北侧、观前街街口，泰华商城有两幢楼，位于人民路南端，东西相向而对，一幢在人民路东侧，一幢在人民路西侧。这两个商场至今还是古城区乃至苏州市比较重要的商业中心。从那之后，苏州新建的大型商业建筑几乎全部都在古城区之外。干将路上也没有一个有代表性的高端酒店。干将东路上的美居酒店与温德姆酒店都是标准相对较低的经济型酒店，唯一一个比较好一点的吴宫泛太平洋酒店还是在西南角靠盘门处的新市路。干将路上也没有一个有代表性的文化建筑，没有美术馆与文化馆（苏州美术馆与文化馆都在人民路上），没有博物馆（苏州博物馆在东北街靠临顿路上），没有图书馆（苏州图书馆在人民路上），没有大剧院（苏州昆剧院在人民路西侧的校场桥路，其他几个大剧院分别都在工业园区、高新区、吴中区与太湖新城等新城区），没有会议中心（苏州会议中心在道前街上）或电影院之类的较大公共建筑。干将路上也没有一个有代表性的城市广场或公共公园。干将路上有开放空间，有中间平均宽度8-10米的自然河道，有干将路与人民路交叉口的干将广场，还有干将路与凤凰街交叉口的凤凰广场，但这些非常优越的空间资源，都被快速行驶的机动车车流包围，都没有回到原本应该属于的公共空间之中。

干将路之所以缺少日常街道应有的空间活力，是因为本质上它就是一条"道"和"路"，而不是一条空间意义上的"街"。我们曾经错误地认为街道的宽度代表着城市的发达程度。我们也曾经同样错误地认为街道上的车辆数量与行驶速度等同于城市活力与繁荣的评价指标。所以在干将路拓宽改造时，我们也是同样认为足够的车流一定会带来足够的人流，并很快会带来商业上的繁华。后来才发现在城市发展的不同阶段，车流与人流的相互关系完全不是等同的概念。在汽车进入城市的初期阶段，当机动车流量还不是太多时，车与人在街道上还可以暂时友好相处。这个时候，街道既是作为商业空间的"街"，同时也是作为交通空间的"道"。所以我们的街道有时候叫"某某街"，如十全街、道前街、十梓街；有时候又叫"某某路"，如人民路、南京路，还有中山路等等。在现代城市中，只要街道不是太宽，不是城市中的主要交通干道，车行速度不是太快，人与车还能继续和谐相处在同一条街道之中。但当道路超过一定的宽度、机动车流量过大，再加上行驶速度过快后，街道空间的性质就会发生根本性的变化。在这种情况下，车流不仅不能带来人流，而是完全相反。因为快速行驶的车流会直接影响行人的安全，并占据街道最有效的空间。车流实际上就已经将人流挤出了日常的街道空间（图2-20）。50米宽双向6车道的干将路就是这种空间性质已经完全改变的、以车行交通为主的快速城市道路。

空间活力本质上是人的活力——有人，空间才有活力。干将路目前最大的问题是有车流但没人流。干将路路幅很宽，机动车通行流量又很大，实际上人流的可达性很差。因为路幅宽，路面可通行机动车的流量大，往往会误导去干将路或古城区的人开车前往。而干将路南北两侧的其他街道并不是很宽（当然也不应该很宽），古城区也没有（当然也不应该有）足够的停车场所。所以虽然开车经过干将路没问题，但因为没有足够的停

图 2-20

图 2-21

图 2-20：苏州古城车行流量热力图：
工作日与休息日时段
图 2-21：干将路沿线人群流量热力图
及节点放大图

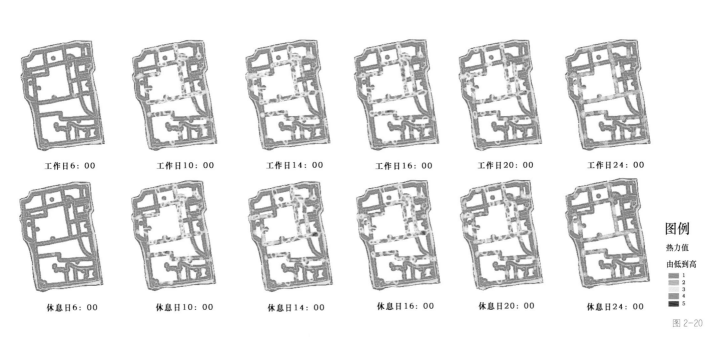

工作日6: 00　　　工作日10: 00　　　工作日14: 00　　　工作日16: 00　　　工作日20: 00　　　工作日24: 00

休息日6: 00　　　休息日10: 00　　　休息日14: 00　　　休息日16: 00　　　休息日20: 00　　　休息日24: 00

图例

热力值

由低到高

1
2
3
4
5

图 2-20

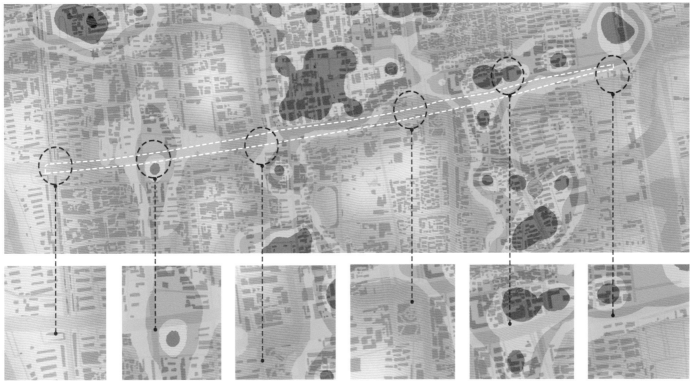

学士街沿河活力不足　　养育巷地铁站活力较好　　乐桥广场活力不足　　凤凰广场活力不足　　平江路尽端活力断裂　　古城入口活力不足

图 2-21

车场所，所以抵达时停车很不方便。因路幅宽、车流量大，车的行驶速度就会相应比较快。路边又缺少可以临时停留的缓冲空间，路边上下车很不安全，就像流水速度过快的河边也不方便船只停靠岸边一样，干将路上两侧的沿街空间也不方便车辆停留。即便公交车与出租车也都同样面临这个问题。机动车每一次短暂的路边停泊都会造成临时的交通拥堵。

乐桥是干将路与人民路的交叉点，是古城区的几何中心。这样的位置原本应该是城市公共功能与公共空间最全面、最发达的区域，应该是交通最方便到达之处，应该是整个城市最繁华、最具活力的地段。而事实上，乐桥周围既没有与城市中心相匹配的比较重要的功能空间，也没有与城市中心相匹配的比较重要的公共空间。乐桥立体交叉的交通系统只是为机动车快速通过设计的"立交桥"而已。作为整个苏州最核心的几何中心，乐桥居然是整个苏州大市区最难到达和最无法停留的场所（图2-21）。这当然既不合情，更不合理。

良好的活力街区一定要有连续完整的商业界面，一定要有连续完整的慢行系统。干将路虽然道路总宽度很宽，但路面的有效宽度只为机动车服务。干将路两侧建筑离路都很近，建筑与道路之间没有足够的缓冲距离，无法形成充分的慢行空间。两侧建筑之间距离又很远，两侧仅有的人流还被中间的河道与快速交通完全切断，导致目前的干将路上无法形成独立安全的步行系统。

干将路的断面形式也过于简单。南北建筑之间的距离过宽，从东到西宽度基本相同，街道空旷而缺少空间张力。3.7公里，没有南北跨越道路的空中连接；街道空间形式单一，在长度方向上缺少节奏上的变化。其实，在以车行交通为主的现代化城市中，街道两侧完全可以建设过街天桥或骑楼。一方面，行人可以通过上方天桥穿越街道，从而避免了车行与人行在地面交叉产生的相互干扰。另一方面，骑楼和传统河道上的拱桥类似，增加的横向连接在形式上富有节奏地丰富了街道空间。街道最终是用来组织人的活动的空间，而不应只是简单满足汽车通行的道路。

参考文献：

[1] 扬·盖尔. 交往与空间 [M]. 何人可，译. 北京：中国建筑工业出版社,2002.

[2] 谭颖,齐康. 历史文化名城保护中的道路开拓与建设：以苏州干将路为例 [J]. 城市规划,1997(6):32-34.

[3] 付帅,扈万泰,章征涛. 城市街道空间尺度设计的城市主义思考 [J]. 国际城市规划,2014,29(2):111-117.

[4] 陈泳. 当代苏州城市形态演化研究 [J]. 城市规划学刊,2006(3):36-44.

[5] 芦原义信. 街道的美学：上 [M]. 伊培桐，译. 南京：江苏凤凰文艺出版社,2019.

[6] 童明. 城市肌理如何激发城市活力 [J]. 城市规划学刊,2014(3):85-96.

[7] 吴良镛. 基本理念·地域文化·时代模式——对中国建筑发展道路的探索 [J]. 建筑学报,2002(2):65-66.

[8] 涌三,白驼,正平,增荣. 干将之路 [M]. 北京：人民文学出版社,1994.

图片来源：

图 2-1：（a）干将路总体区位、（b）干将路航拍总平面

图 2-2：（a）陈枚等，清院本《清明上河图》局部；（b）徐扬，《姑苏繁华图》局部 [图片来源：（a）（清）陈枚、孙祜、金昆、戴洪、程志道. 清明上河图.1736. 收录台湾地区台北故宫博物院.（b）（清）徐扬，绘，杨东胜，主编. 姑苏繁华图：珍藏版 [M]. 天津：天津人民美术出版社,2008.]

图 2-3：汽车、人与街道尺度关系比较（图片来源：国际可持续发展研究所：https://www.iisd.org/）

图 2-4：（a）古城区主要道路信息表、（b）古城区部分道路今昔影像对比 [（b）中历史影像图片来源：徐刚毅，苏州旧街巷图录 [M]. 扬州：广陵书社，2005）

图 2-5：城市演进过程中干将路作为交通职能的变化

图 2-6：苏州古城区及周边部分道路交通拥堵分析图（ArcGis 绘制）

图 2-7：干将路机动交通现状航拍图

图 2-8：干将路典型路段现状剖透视图（"句吴神冶"牌坊路段）

图 2-9：（a）干将路典型区段现状道路断面、（b）空间尺度分析图

图 2-10：各大城市典型肌理对比：巴塞罗那、巴黎、洛杉矶、苏州

图 2-11：苏州古城区街巷网络肌理与建筑肌理

图 2-12：干将路沿线街巷网络与建筑肌理

图 2-13：古城区道路与水系网络变迁：宋、清、近现代

图 2-14：干将路沿线园林遗产与文保建筑分布图

图 2-15：苏州传统河街类型示意图

图 2-16：干将路区域现状问题拼贴

图 2-17：（a）卢浮宫广场玻璃金字塔透视图、（b）"跳舞"大楼主立面透视图、（c）蓬皮杜艺术中心主立面鸟瞰图、（d）MAXXI 博物馆鸟瞰图 [图片来源：（c）蓬皮杜艺术中心主立面鸟瞰图 ©matteobenedetti，（d）MAXXI 博物馆鸟瞰图 ©Zaha Hadid Architects]

图 2-18：干将路车道改造策略

图 2-19：干将路周边活力分布图：基于生活服务、餐饮零售、风景名胜、体育休闲的 poi 分析

图 2-20：苏州古城车行流量热力图：工作日与休息日时段（图片来源：詹思琦. 苏州古城滨水空间活力特征及影响因素探究 [D]. 天津大学,2019.DOI:10.27356/d.cnki.gtjdu.2019.004197.）

图 2-21：干将路沿线人群流量热力图及节点放大图

除标明图片来源以外，其余图片均为作者绘制、拍摄。

叁 Chapter III

方法与策略
Methods and Strategies

1. 梳理街道

2. 修复尺度

3. 缝合肌理

4. 回归传统

5. 激活空间

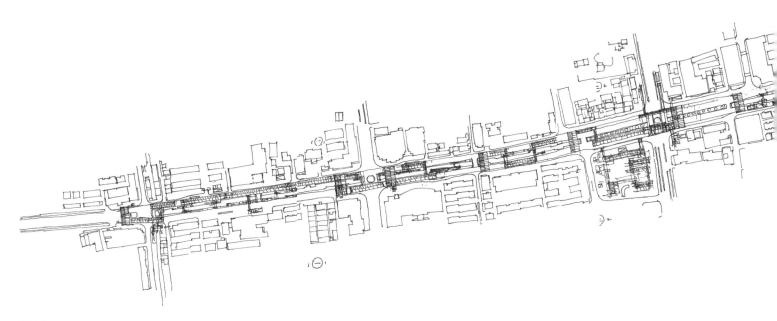

图 3-1

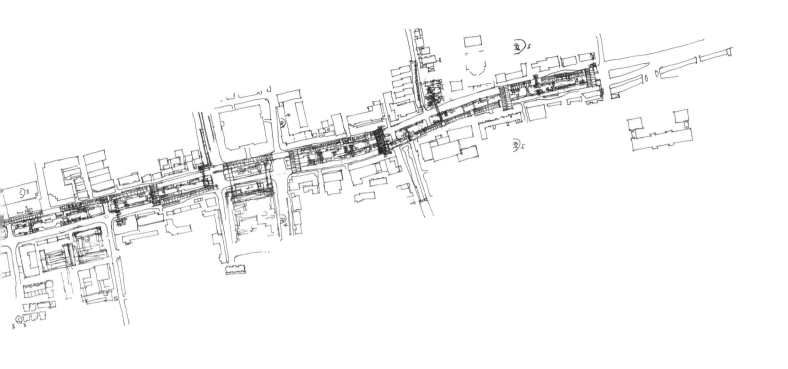

1 梳理街道 Analyze Street Space（图 3-1）

干将路目前最大的问题是有车流没人流，没有充分的步行空间与公共活动空间。所以，通过梳理交通类型，重新组织步行空间与公共活动空间，是干将路此次缝合与复兴的重要目标。

干将路是古城区主要的交通干道，机动车交通将依然是其最主要功能之一。干将路不可能是只有步行交通的步行街。步行街有两个基本前提，首先，它不能是城市的主要（车行）交通道路。其次，它的周围一定要有便捷通达的车行道路（一般都是主要车行交通道路）。观前街与平江路可以作为步行街[1]，就是因为它们都不是主要的交通道路。更重要的是它们周边就是人民路、临顿路与干将路等城市主要车行干道，为步行街区的人流提供了最可靠的交通支撑。作为古城核心区东西方向最重要的机动车交通道路，干将路要承担本身道路（或街道）上的机动车交通功能，同时也是整个古城区重要的交通转换枢纽。从东西方向进入古城区南北区域的车辆，有很大一部分都是从干将路两端进入，然后再在干将路上向南或向北分流进入南北两侧街道。

---

1 观前街于 1982 年 6 月改为步行街，现为集商店、餐饮业为一体的传统风格商业步行街区；平江路及其周边历史街区在 1986 年《苏州市城市总体规划》中就被列为历史文化保护对象，经过多年改造，形成了沿平江河沿岸布局的传统风貌文化街区，堪称古城缩影。

干将路现今所需要承担的交通功能与当初拓宽改造时已不可同日而语。正如上文所述，古城区外围城市空间格局已经发生了很大变化。当年，苏州的城市发展方向是以古城区为中心，向东、西双向发展。后来，苏州的国土空间总体规划是向东、西、南、北四个方向同时发展。当初的"一体两翼"的横向发展模式，转变为现在的"四角山水"型生态空间格局（图3-2）。90年代中后期，即干将路拓宽改造完成后不久，苏州启动了南环、北环建设，南环与北环高架通车后，干将路东西方向上的过境车辆逐渐转移到了南北高架。随着苏州城市空间不断地向外围继续扩大，中环与外环也随即同步建设并不断完善。于是，古城区外围各城区之间的机动车交通基本都会选择走外围更加便捷快速的交通环路，干将路如今保留的主要交通功能则是承担古城区内部的机动车交通[1]。同时，随着外围城市空间功能的不断成熟，原本位于古城区内的众多行政机关与职能部门，包括银行、医院、学校等公共配套，以及部分居民（尤其是一些年轻居民）陆续外迁到交通更方便、空间更宽裕的新城区。与世界上很多类似的城市空间发展模式一样，姑苏古城区的功能渐渐转型为以旅游和文化产业为主；为了方便出行、减少车流拥堵，以文旅为主要产业的古城区更加鼓励发展城市公共交通系统。

　　不再承担过境交通，加上公共交通系统的不断完善（尤其是轨道交通），干将路上的机动车流量就可以大幅减少。如此，干将路上的机动车道数量可以减少，相应的路幅宽度可以变窄；路幅宽度减小，也会反过来进一步限制机动车流量。减少机动车流量恰是提升城市空间品质的重要策略之一。

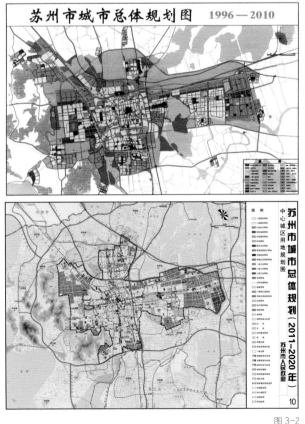

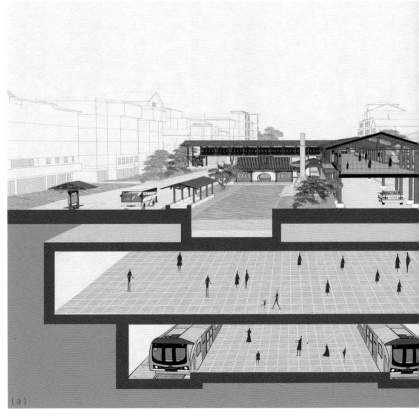

图3-2

干将路上需要增加步行活动空间。但此次的缝合与复兴方案并没有在平面上利用减少车道腾挪出的空间组织步行活动空间。这是因为干将路还是古城区主要交通干道。在主干道上，人车混行实际上对彼此的影响都很大。快速行驶的机动车必然会对步行人员造成安全隐患，步行与车行相互交叉也会反过来影响机动车的行驶速度。干将路古城区段约3.7公里，从东端的相门桥到西端的干将桥，有多处与南北方向的道路相互交叉的路口。如果步行流线还是在地面上组织，那么在每一个路口，步行流线都会被横贯的机动车流线临时切断。干将路的路幅虽宽，但因为干将河夹在两条快速行驶的机动车车道中间，在平面空间里，人流很难穿越车流到达干将河边。这样一处非常优越的公共空间无法成为真正有效的公共场所资源。干将路两侧建筑之间有50米宽，两侧的步行人流穿过街道也很不方便。干将路上的步行人流实际上在纵向与横向方向上都很难形成连续、完整的步行网络系统。

作为城市核心区的干将路，交通功能与建筑功能都比较复杂，很难在同一个平面中同时组织各种不同的交通流线与功能。我们的方案将双向6车道改为双向4车道，利用现有车道减窄后腾出的空间，向上在空中建设了一条高6米（净高4.5米）、宽9米（下部两排柱子之间净宽8米）的立体步行高架系统。这样既保留了地面必要的车行交通，又增加了空中安全的步行系统。此次干将路的缝合与复兴策略的第一步就是通过新建的高架步道，在不同高度上以立体交通的方式重新组织街道的车行空间与步行空间（图3-3）。

图3-2 ┃ 图3-3

图3-2：1996年版苏州总体规划："四角山水，一体两翼"和2011年版总体规划："三心五楔，T轴多点"

图3-3：干将路立体交通改造剖透视图：
（a）学士街节点
（b）养育巷节点

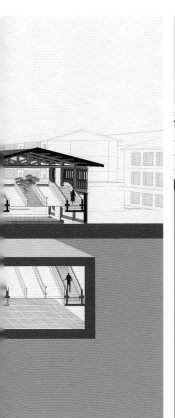

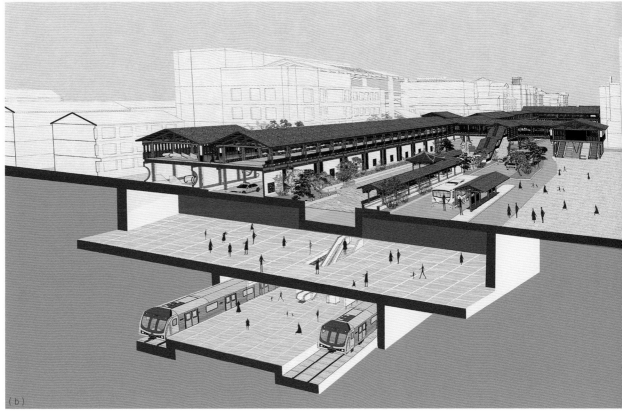

（b）

图3-3

立体交通本也是惯常的交通解决策略。传统城市中河道上的拱桥，就是水乡城市中最典型的立体交通方式。船在水中走，人在桥上过——两种不同的交通行为在不同高度上彼此独立通行，互不干扰，且互为风景。现代城市中的过街天桥也有点像过去的拱桥，车从下方通过，人在上方步行。立交桥是最常见，也是最简便直接的立体交通方式。乐桥就是立交桥，人民路从上面通过，干将路从下面穿行。立体交通主要就是利用空中高度避免不同方向上交通行为在同一个平面上产生交叉和干扰。城市中的地铁与高架也都是常见的立体交通方式。地铁在地下，是目前城市空间里最高效、最优质的公共交通系统。地铁不仅速度快、运载容量大，最重要的是除了独立的出入口之外基本不占用地面资源。很多地铁的出入口还与一些大型公共建筑的地下空间直接相连，发展出地铁上盖TOD的高效空间模式（图3-4）[2]。高架也是空中交通系统，只是大多数高架都是城市区域间的快速交通与过境交通通路。苏州的内环、中环与外环都是快速高架系统。

所不同的是，无论是地下，还是地上，大多数常见的立体交通系统都是机动车交通系统，或者是优先服务于机动车通行的立体交通设施。但干将路上的立体高架将是步行交通系统，是为步行服务的新式空中公共活动空间。

选择这一方案作为干将路重新缝合与复兴的首要策略，主要是基于以下理由：

1. 干将路不再是过境道路，不需要为机动车行驶建设高架。而且作为机动车行驶的高架，尺度必然会很大，巨大而简陋的混凝土结构将粗暴地挤压街道空间，与古城尺度会更不协调。同时，高架上快速行驶的机动车所产生的噪声很大，对街道空间的环境品质影响也很大。

2. 步行高架避开了在地面上与机动车交通之间的直接交叉，在空间维度的上方层次上能够形成连续、完整的步行空间系统。连续性是步行空间最重要的性能指标。高架有时是在南侧，有时又是在北侧，连续的高架同时也将干将路两侧的空间在空中连成一个完整的整体。

3. 地铁1号线在干将路古城区3.7公里区段内一共有4个出入口，每个出入口位置都同时是新建步行高架的重要空间节点。地铁从地下出来的垂直交通在经过改造后，可以直接到达高架的上部平台。地铁出入口的位置，现状中也是地面公交车的主要停靠站点与共享单车的停放点。地下的地铁、地面的公交和近年兴起的共享单车、高架上部空间的步行漫游系统——这些传统的和新型的交通方式将在统一的立体网络里得到融汇和合力，一起将干将路构建为一整套立体连续、网络通达的整体性交通空间（图3-5）。

4. 除了机动车车道减窄，从原有的双向6车道减少为双向4车道外，干将路原有地面上的机动车交通系统基本没有改变。这一点对于维系干将路原有的机动车通行功能非常重要。

2　TOD(Transit-oriented Development) 意为以公共交通为导向的城市开发模式，区别于传统的以小汽车为导向的模式，TOD依托于公共交通尤其是轨道交通与土地利用相耦合，强调站点地区紧凑的、便捷的、混合的土地利用方式。

图 3-4

图3-4：地铁、公交、步行：复合立体交通系统分解轴测图

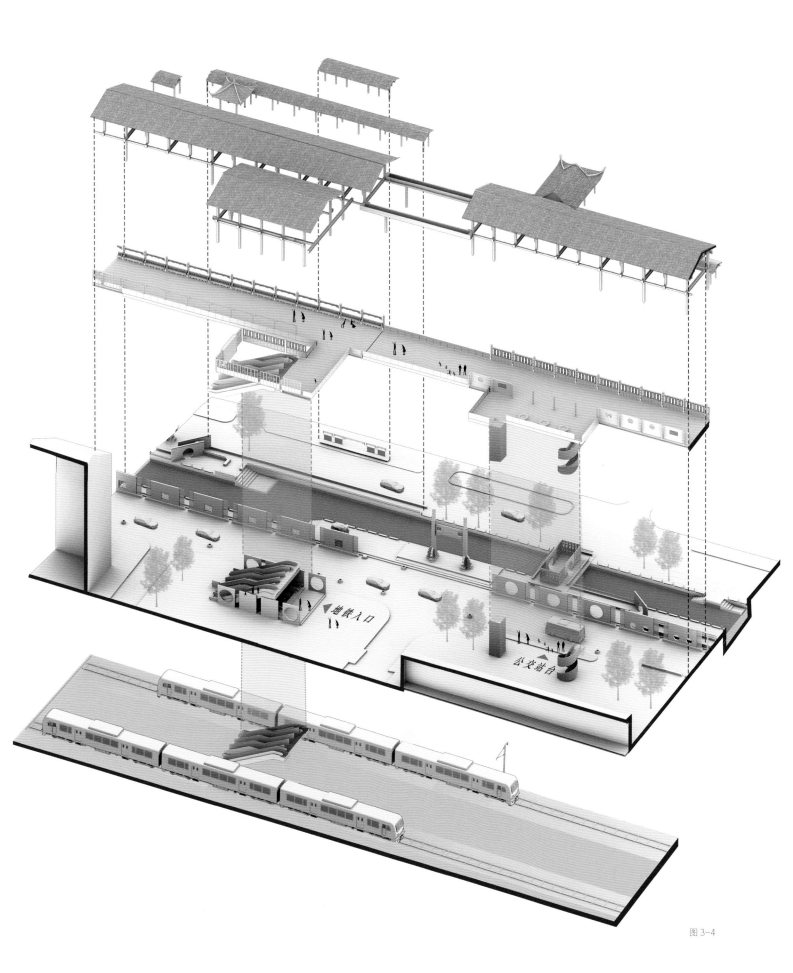

图 3-4

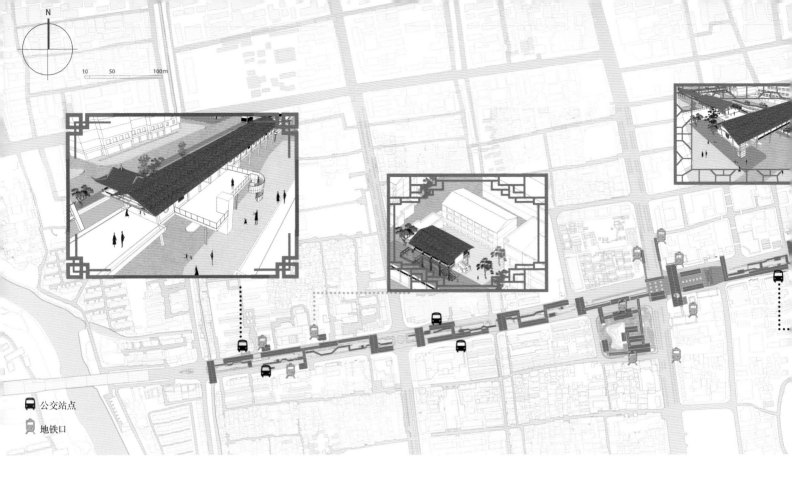

5. 人比汽车的重量轻,步行也不会像机动车行驶会产生很大的动力荷载。干将路地下是已经建成通车的地铁 1 号线,新增高架若荷载过重也会直接影响到方案的可行性。因为仅仅只有步行人流,虽然部分位置上还有建筑,但荷载还是会比机动车行驶的要求要低。而且高架没有采用传统的混凝土结构,而是利用钢木复合结构来减轻自重。传统的混凝土结构巨大,钢木结构体系的自重相对就要轻得多。干将路是古城区主要的通行道路,完全封闭施工的可能性不大,要在施工过程中能同时保证正常通行。钢木结构体系的主要结构构件都可以在工厂提前预制加工完成,再运至现场快速组合安装。这种结构体系对施工现场的空间要求比现浇混凝土结构体系简便得多,建造速度也会快很多(图3-6)。

6. 机动车通行的高架本质上还是道路,形式上也比较单一。而步行高架就比较灵活,步行高架上有线性的行走空间,也会有点状的停留空间;有开放空间,也有围合空间。步行的高架本质上更像是一条底层架空的建筑,或者更像是一条架在上部的街道,以立体的方式融入两侧原有的街道之中 [2]。

图 3-5

图 3-6

图 3-5: 立体连续的交通:干将路公共交通节点分布示意图

图 3-6: 干将路公共交通站点钢木结构改造策略示意图

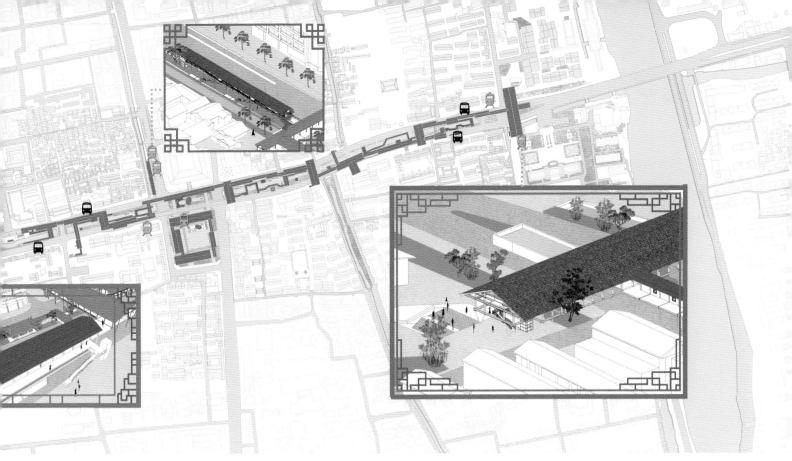

图 3-5

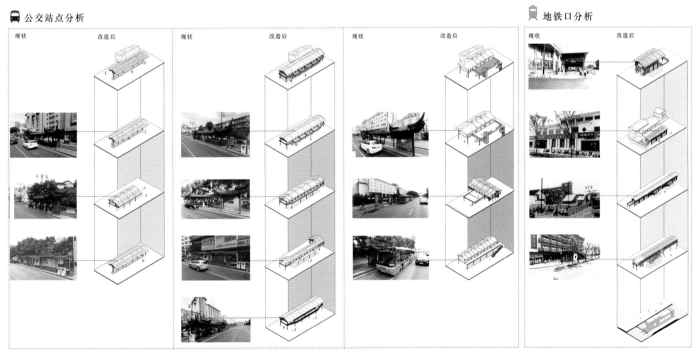

图 3-6

2 修复尺度 Repair Scale

步行空间在上面，机动车车道在下面，这种立体分层的方式，既避免了两种不同类型的交通流线在同一个平面上因为过多的交叉而产生的相互干扰，又同时融合了快速交通与慢行流线这两种既相互有影响又需要彼此支撑的交通方式继续共存在同一个空间之中。高架上部是"街"，高架下方是"道"。植入的步行高架通过立体交通系统，在以汽车为主要交通工具的现代化城市空间中，再次实现了完整意义上融合一体的"街道"空间。与此同时，立体的高架系统也可以在空间上重新修复干将路上曾经被"建设性破坏"的空间比例与空间尺度。

利用现状的街道宽度，在平面（地面）上通过减少机动车通行流量，扩大步行空间，让城市重新回归慢行生活，已经成为很多城市在新阶段新的发展目标。从谷歌街景地图我们都能搜索到很多这样的改造案例。这样，一方面可以通过减小道路宽度直接减少机动车通行流量，另一方面，还可以将这些多余出来的空间在平面上进行重新分配，扩大两侧的步行空间，并相应增加各种可供停留与活动的公共开放空间（**图 3-7**）。但干将路的断面结构比较特殊。干将路在平面上并不是一个完整的连续空间，50 米的宽度被中间的干将河沿纵向分开成南北 3 个相对独立的空间。中间河道的平均宽度是 8-10 米，加上河道两侧还有 3-5 米的绿化，两条机动车道之间的平均宽度是 15-20 米 [3-4]。

图 3-7

图 3-7：车行改步行：谷歌街景对比图

改造前

改造后

因为机动车通行流量减少是南北两个方向上同时在减少，这样，机动车流量减少后，南北两侧的机动车车道同时都在减小。双向 6 车道改为双向 4 车道，也就是每侧都能腾出 1 个机动车车道的宽度。一个机动车车道的宽约为 3 米，2 个车道就腾出了 6 米的额外空间。但因为两条道路被隔离在干将河两侧，这两个 3 米的宽度在干将路的平面空间里不能进行有效合并，它们只能以两种方式合并到两侧的既有空间之中。一种是向内合并到中间河道的两侧。这样虽然河道两侧的绿化宽度可以加大，或者也可以适当拓宽河道宽度，但因为两侧都是快速行驶的机动车道路，河道依然是被孤立在道路中间无法到达的消极空间。另一种就是向外合并到外侧南北原有的步行空间中。但这也只是在平面上简单地增加了两侧步行空间的宽度，并不能在根本上提升干将路的空间形式与空间品质。也就是说，基于干将路这种特殊的现状条件，如果仅仅是局限于平面上的解决方案，中间河道与绿化位置无法改变，两侧的机动车车道位置无法改变，街道的结构断面形式也无法改变，步行与机动车的交通方式基本上也没有本质上的改变。最重要的是，街道的整体宽度与高度也没有改变，干将路还是原来的空间比例与原有的空间尺度。

　　新的缝合策略是植入一条连续的步行高架系统，就从结构上改变了干将路简单而空旷的空间状态。但干将路也不能被全部填满，还必须同时保证街道空间的丰富性与开敞性。从横向断面上看，在每个区段上步行高架要么沿着街道的北侧，要么紧随街道的南侧（图 3-8）。但无论怎样，步行高架都只能建在街道的一侧，而相对应的另外一侧则

图 3-7

必须是完全露天开放的原有状态。这不仅是为了视线上与空间上的需要，也有建筑的防火救援与道路上的交通救援等多种需要。高架的平台高度为 6 米，平台上方很多位置上还有一层建筑。东西方向上部平台的宽度约 9 米，这个宽度基本上就是将干将路原本地面车行道路的宽度。高架建成后，高架上部的平台就成为主要的步行空间，也因此成为主要的街道空间。也就是说，从地面机动车交通系统中独立出来以后，步行高架系统在道路上方重新建立了一个连续的步行通廊。通过这个二楼平台，人们既可以方便地到达干将路两侧的任何一幢建筑，也可以非常方便地到达中间的干将河及河道两侧的公共绿化空间。河边有可供游赏的连廊，有可供停留的平台，有可供休闲的亭台水榭，也有适当围合空间的围墙，围墙上还有精致多样的景窗。原有河道的不同区段，在新增设的高架系统中都被充分挖掘和利用：有的被直接设计成一座精致的小型园林；有的又被间接当作视觉背景，在紧邻的高架上方就是一段亲切的临空水街。这些改造后的园林与水街都营造出尺度友好的新型公共空间形态，赋予了城市新的生活活力。

干将路中间 15-20 米的宽度实际上是一个比较宽的景观空间。只是这个空间原本位于两条快速机动车道路之间，步行人流无法到达。大多数时候都只有在开车或坐车经过干将路时，才可能偶尔通过车窗在水平视线上隐约体会到它的存在。步行高架建成后，这个原本隔离在两条机动车道路之间的消极空间就可以名正言顺地回到新建的步行系统之中，成为干将路立体交通系统中重要的公共活动空间。这里的名正言顺至少包含两方面的意义，一是指行为上可以到达，二是指视线上可以临空观察。临空俯瞰的视野要比平视好得多，而且步行中的观察，或停留中的观察，当然也要比在快速行驶的汽车内偶尔透过车窗一瞥的空间体验好得多。

一侧是在现有路面上空新建的步行高架或临空水街，中间是利用保留的干将河及两岸绿化设计成的小型园林，剩下的一侧是现状保留的原有路面。这就是此次缝合与复兴

图 3-9

图 3-8

图 3-8：干将路尺度修复策略示意图
图 3-9：干将路尺度修复剖面示意图

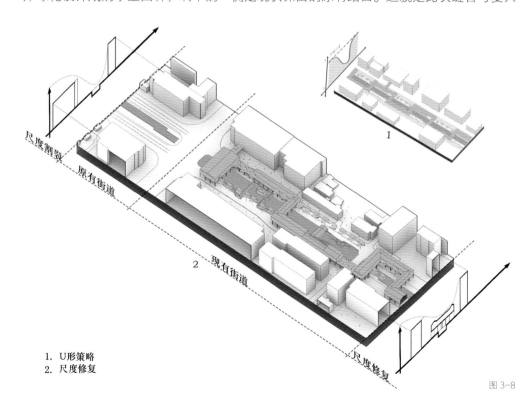

1. U形策略
2. 尺度修复

图 3-8

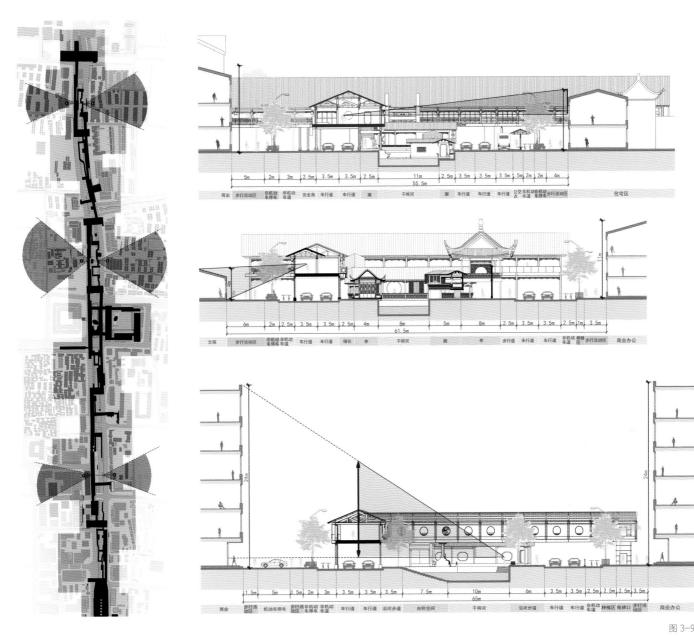

图 3-9

方案中最典型的横向空间剖面（**图 3-9**）。没有新建高架的一侧还是原有 9 米宽左右的街道空间（其中车行道为 7 米的双车道，剩下的 2 米按每侧各 1 米与高架柱的位置一致并入道路两侧的河边景观与沿街建筑边的步行系统之中了），这显然是一种更为友好、更为人性化的街道尺度。干将路上基本都是当年拓宽改造时新建的建筑。有些是苏州政府的职能部门，产权归属于政府，比如位于乐桥东南角、锦帆路口上的苏州住房与建设局，位于干将西路上的中国银行、税务大厦、人力资源大楼等。而其他大多数建筑应该都是私人的私有物业。它们当年也都是在当时的规划规定范围之内，按相关规划条件合法建造。虽然高度控制没有超过 24 米，但与原本 1-2 层的传统建筑相比，5-6 层的高度在体量与尺度上依然是比较高大的建筑。但这些建筑从建成到现在也不过才 20 多年，现在也都还在正常的使用年限中。所以，虽然我们认为它们在尺度上有些大，风格上也多少有些不合时宜，但也不可能简单粗暴地拆除重建。这不仅会带来行政管理与执行上的巨大压力，也会带来协调工作上的巨大困难，而且必然还需要额外的、巨大的资金投入。

好在尺度不同于尺寸。除了在数学上的几何尺寸外，建筑的空间尺度还与其自身的体型状态以及周围的空间环境有关[5]。一般而言，直接临街的建筑往往比较显高。如果沿街道有后退，建筑对街道所造成的压迫感则会明显变小；而且后退的距离越远，尺度会变得越亲切。有些情况下，虽然建筑的主体部分尺度有些大，但主体部分前面有裙房，主体部分的尺度会因为视觉透视的关系而减弱，甚至有时候会消失在裙房的高度之后。当主体建筑前面有临街的裙房，裙房和后面的主体建筑高度或体量也不是特别大时，裙房的尺度会优先成为从街道视觉方向上的第一尺度。

在干将路上架设高架系统，虽然首先是为了解决空中步行交通系统问题，其实也在平面宽度上减小了干将路过宽的空间尺度；但最重要的还是在高度上调节了两侧建筑原来过高的尺度关系。高架平台高度6米，部分平台上还有建筑，加上上部建筑的高度后，高架廊桥的总高度有9-11米。植入的高架就像是在那些24米高的建筑前面新增设的裙房，能有效改善当初新建24米控高的建筑在干将路空间中过于压迫的空间尺度体验（图3-10）。

这也是大部分高架选择增设在较大体量建筑前面的主要原因，比如北疆饭店、美居酒店、康美整形医院等。所以相反的是，在平江路路口、文启堂、过云楼、言子祠等原本就是低矮的建筑前[3]，方案就没有增设高架。

高架在空中新建了一个步行空间，实际上也就将街道空间转移到了空中。常规的街道都是指地面上的街道，人主要也是在地面上活动，所以通常我们所说的街道上的空间尺度，指的也是地面视野中的空间尺度。而当街道空间从地面转移到空中平台上，人视点的高度也同时升高到平台之上。以空中平台作为新的参考高度，就相当于街道两侧建筑的相对高度也相应减少了6米。高架上方的平台并不是一条简单开放的"地面"，平台上还有很多新建的建筑。这些建筑不仅提供了新的商业空间，也同时创造了空间上的变化，并继续在高度与宽度上进一步修正了干将路的空间尺度。高架平台中的"空中街道"在上中下的三维视野中，让尺度体验都变得更加亲切。

图 3-10   图 3-11

图 3-10：干将路高架修复街道尺度典型剖面图

图 3-11：肌理的织补缝合意向：棉布的织补与混凝土的缝合

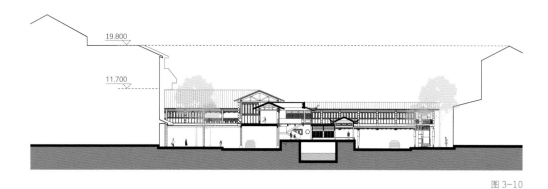

图 3-10

---

3   平江路、文启堂、过云楼、言子祠及其周边建筑等皆为1-2层保持完好的历史文化风貌建筑，有着连绵起伏的传统形态双坡屋顶肌理。

3 缝合肌理 Suture Texture

对苏州古城区而言，干将路当年的拓宽与改造不只是被"一刀"切开的裂缝，50米的宽度就相当于是间隔50米连续切了"两刀"，然后再将这50米之内的建筑全部拆除抹平了。50米宽的距离事实上已经将古城区切分成了南北两个完全断裂开来的空间。这样大的缺损不可能通过简单的方法就能够修复完成，而是需要有足够的、额外的填充材料。就像是一件衣服或一块钢板，如果仅仅只是裂开了一条缝，那可能只需要简单地用针线把它缝起来，或用焊条把它焊起来，修复结果是好还是坏，主要是看针脚在形式上是否漂亮，或焊缝在质量上是否可靠（图3-11）。但如果是衣服上破了一个很大的洞，或者是钢板上断开的不只是裂缝，而是直接就缺了很大一块，那么简单依靠针线或焊条已经不能解决问题。在这种情况下，就需要在中间先填上一块布，或增加一块钢板，然后，再在它周边或两侧用针线缝起来，或者用焊条焊起来。这样做的前提就是填充的材料与两侧的原始材料要尽量一致，肌理特征也要越接近越好。如此填补缝合，才有可能尽量保证缝补或焊接后的完整性。如果仅仅是想简单地通过在平面上重新梳理交通功能，或者像人民路上的改造那样，仅仅是"装修"一下两侧建筑的外墙立面，很难在空间上真正完成干将路的缝合。不从根本上改变干将路的空间结构，也就谈不上干将路上的商业复兴。没有足够的物理空间在中间填充，干将路依然还是一个巨大的空间"空缺"，古城区依然还是被南北分开的两个物理空间。

干将路位于苏州古城区最核心位置，理论上也应该是古城区最繁华的公共空间。也有学者提出，是否可以将地面上的机动车交通全部转入到路面以下，然后将干将路上的路面部分全部改造成步行活动空间。这个想法初听起来很有诱惑力，北环高架在经过苏州火车站南侧广场时就是从地下穿过的，因此保证了在地面上从站房到护城河边成为一个比较完整的站前广场，并与护城河对岸的齐门形成了很好的空间对景。

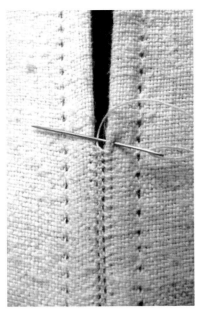

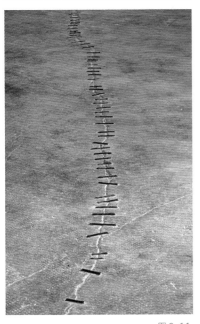

但这种方案在干将路上可能很难实施。第一，干将路下部有已经建成通车的地铁1号线，地面上还有干将河道，没有足够的空间建设地下机动车通道。第二，北环路穿越火车站广场下方的车流大部分是过境车流。但干将路的车流已经不再是过境车流，干将路上车辆进入地下以后，如何才能进入南北城市空间？第三，与干将路垂直的南北方向的机动车如何穿过干将路？如果没有可能从地下通过，那就还是需要从地面穿行，还是会影响干将路地面空间的完整性。

干将路上的步行高架是连续的高架系统。这个高架系统包含两种主要的结构单元。一种是南北方向跨越干将路的结构单元。这种结构单元有两个功能，一是作为交通转换空间，连接南北两侧街道上的步行人流；二是在空间上将干将路在东西纵向方向分隔成尺度与长度更加亲切的围合空间。这种结构单元分开单独观察时，就像是跨越街道上方的人行天桥，但事实上并不是普通的过街天桥，而更像是廊桥。廊桥与桥在空间属性与功能属性上可以说完全不同。桥是经过性交通空间，交通空间不鼓励停留。廊桥则不同，廊桥虽然首先是交通空间，但同时还是一处公共交往场所。廊桥不只是在上面简单加个屋顶的"桥"，同时是一幢建筑，甚至首先就是一座建筑物，是兼顾通行功能的建筑物。所以，一般情况下，廊桥比普通桥的宽度要宽，除了中间有足够的交通通行宽度以外，

图3-11

061

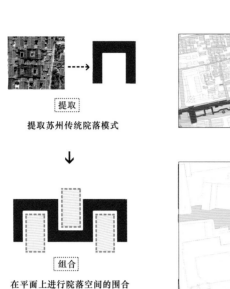

提取

提取苏州传统院落模式

↓

组合

在平面上进行院落空间的围合

↓

置入

将苏州园林植入到院落空间中

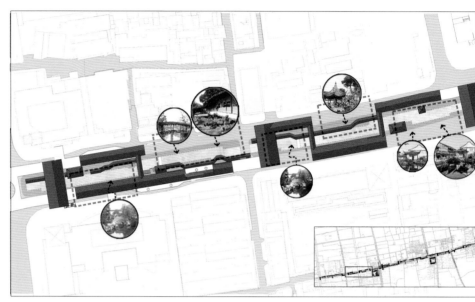

大尺度——缝合城市肌理

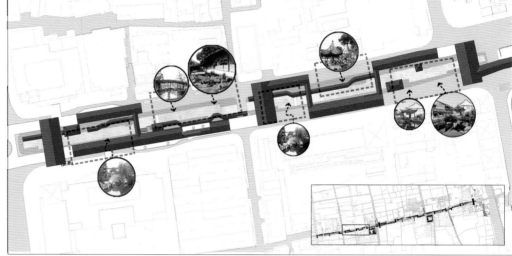

小尺度——回应园林空间

图 3-12

图 3-12

图 3-13

图 3-12：干将路街道空间的缝合织补策略
图 3-13：干将路高架位置应对策略示意图

两侧还有加宽的、可以满足停留活动的公共空间。步行高架系统的第二种结构单元是沿着干将路方向架设在原有机动车车道上方的元素。这种结构单元有时是在北侧道路上方，有时是在南侧道路上方，形式上有时候只是简单的高架平台，有时候上部也像廊桥一样带有屋顶的建筑空间，宽的地方还有可以围合出适量的室内或半室内公共空间。廊桥同时包含交通空间与交往空间，甚至还可以有商业空间。干将路上的高架就是这样融合了公共空间的步行系统，是一组连续的空中廊道，以空间的方式缝合了当年被分隔在道路两侧的古城空间（图 3-12）。

两组结构单元在位置上的布置是有一定的内在逻辑。东西向高架的位置基本上是优先选择靠近有高大建筑的位置。而低矮建筑的位置，或有既有文物的位置一般就不建高架。而南北过街廊桥的位置基本选择在主要街道的交叉路口，这些交叉路口往往也正好是地铁的出入口位置。这样，步行高架不断在南北两侧来回穿插建设，就同时将南北的地面步行人流与地下的地铁人流完全组织在一个完整的系统之内了。

干将路上需要有填充空间，但也不能填满，要有足够的开敞空间满足各种功能上的需要。高架的形式当然也很重要，空间需要推敲恰当的节奏与变化，才能营造出更好的空间体验与街道生活（图 3-13）。

高架部分首先在道路上针对"空缺"部分进行填充与缝合，其次还在有可能和需要的地方向两侧街道继续渗透。高架系统的主体部分基本都是控制在街道两侧建筑之间当年拓宽的 50 米范围之内，并沿着干将路上既有的东西向机动车车道方向拓展。但在很多重要节点上，高架空间会有意向两侧街道深处继续渗透。乐桥北侧，人民路上的两个地铁出入口，东侧的在古旧书店门口，西侧的接近怡园出入口处，这两个出口离干将路都有一定的距离。在这种情况下，步行高架系统并没有在干将路上原地消极等待，而是在人民路方向向北继续延伸，与两个地铁出入口立体连接。这样从这两个地铁出口出来的人流，从地面进入干将路时，上面的高架就成了地面上有顶的连廊。人们还可以通过垂直交通直接到达上部的步行平台。当上部的步行平台可以非常方便地到达时，上部平台就不再是需要专门攀登的"二层楼面"，而只是不同标高的"第二地面"。临顿路上的地铁出入口也在干将路北侧，在一条很窄的路边空地中，一边是河，一边是路。这里辨识度很不好，周围的缓冲空间也比较小。与在乐桥北侧人民路上所采用的空间策略一样，向北伸出的高架像温暖的手臂将这个河边孤单的功能，友好地揽入干将路整体的步行高架系统之中。

　　渗透范围最大的是干将广场与凤凰广场。这两块用地规模都不小，而且都紧靠干将路。干将广场还是干将路与人民路交叉口最核心位置。但事实上，两个广场在现状中都没有发挥到城市公共空间应有的积极作用。因此新增的高架系统在这两个位置上都进行了针对性的专门设计，通过空中连接将干将广场与凤凰广场融入整体的步行系统之中。或者也可以反过来看，是干将路上新增设的步行高架系统向两个广场空间楔形渗透，在边界相互交错与渗透中更加紧密地完成了南北空间在肌理上的融合。

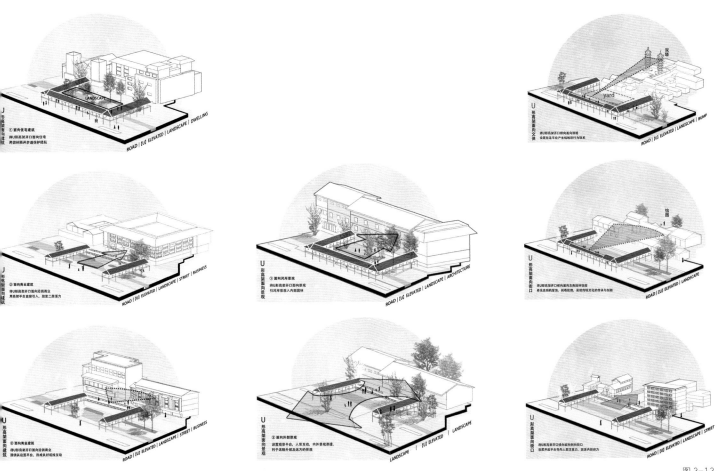

图 3-13

4 回归传统 Return to Tradition

苏州有非常传统的古城区，同样也有非常发达的新城区。古城区在护城河内，代表着悠久的传统文化；新城区在护城河外，代表着时尚发达的现代文明。这是一幅典型的城市空间"双面绣"，在传统与现代之间苏州有着清晰的空间界面。

这个界面就是护城河。

从 20 世纪 60 年代到 80 年代左右，姑苏护城河外围的发展速度还是比较慢的。东侧很少，主要发展规模集中在西侧护城河与运河之间的桐泾路与石路区域。大规模的快速发展是 90 年代之后。首先是运河西侧的苏州高新技术开发区，从狮山桥到长江路之间的狮山路是高新区最早开发建设的启动区。经过 30 多年的发展，狮山路现在已经是非常成熟的现代化商业街区。东环路以东的工业园区虽然起步时间比西侧的高新区稍晚，但发展速度更快。从东环路到金鸡湖边约 8 平方公里是工业园区第一阶段的重点建设区域。目前这个区域已全部建设完成，形成了以东方之门为区域核心标志，集金融、贸易、商务办公与休闲居住为一体的超级城市"CBD"。而紧随其后就同步开始规划建设的金鸡湖东侧的二期、三期空间范围比西侧的启动区还要大出很多，文化、体育以及各种商务金融等城市功能更加完善。在狮山路启动区建设完成之后，苏州高新区也同样同步向西继续在不断扩展。现在，苏州科技城已初具规模，再往西还有苏州生态城及太湖科学城等。与此同时，北部还有相城区、高铁新城，南部还有吴中区、吴江区，还有位于太湖湾的太湖新城与天虹旅游度假区。以古城区为中心，苏州已经发展成为一个多中心同步发展的现代化大都市。

现代化发展程度能直接反映出一个城市当下或面向未来的发展活力。而文化与传统则能从另一个维度间接呈现出一个城市经过历史的沉淀积累下来的精神内核。记得当年新加坡准备在中国选址合作建设工业园区时，开始的首选之地并不是苏州。当时的江苏省省长陈焕友首先安排李光耀先生的考察地点是无锡，这其实也是有一定道理的。因为无锡是我国近代快速发展起来的新型工业城市，有着良好的经济基础，也有良好的工业基础。在从无锡到上海准备乘飞机回新加坡时，李光耀夫妇只是顺路在苏州停留了一下，停留的时间也很短。据说，李光耀先生后来之所以将合作建设工业园区的选址定在苏州，其中最重要的原因之一就是被苏州深厚的文化传统所吸引。当时苏州市的市长是章新胜。章新胜先生大学时学的是英语专业，毕业后一直在旅游部门工作。在担任苏州市市长前，章新胜先生已经是国家旅游局（现文化和旅游部）副局长。因为有这样的文化背景与工作经历，他非常清楚传统文化的魅力与价值。所以，他没有按照当时的常规惯例选择在政府的行政中心接待李光耀夫妇，也没有安排在比较商务的高端酒店（那个时候，中国经济刚刚开始复苏，政府的接待条件普遍都不是太好，很多比较重要的外事活动都会安排在一些刚刚建成不久的涉外酒店，当时苏州就已经有了比较好的竹辉饭店），而是精心安排在最能代表苏州传统文化的江南园林——网师园内。这显然是一次比较有策略的接待安排，至少是间接影响了李光耀先生最终决定将选址落在了苏州。因为 9 个月之后，中新两国正式举办了联合开发苏州工业园区签字仪式，签字仪式的地点就是在 9 个月之前接待李光耀先生的网师园内。

图 3-14

图 3-14：苏州典型传统空间拼贴

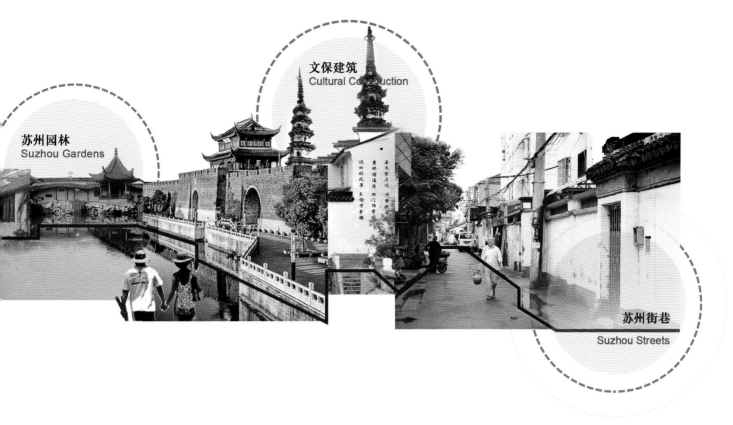

苏州园林
Suzhou Gardens

文保建筑
Cultural Construction

苏州街巷
Suzhou Streets

图 3-14

　　新城区可以继续走向更加发达的现代化。但古城区需要回归传统，苏州需要进一步保护自己的传统文化。文化同样也是生产力，而且是更加内在、更加持久的生产力。

　　我们的缝合策略同样参考了苏州传统城市空间中历史悠久、最为典型的几种空间类型（图 3-14）。

　　首先是水街。姑苏古城的水街有的是前街后河，有的是河街并行，因为水资源丰厚，古代姑苏又是水路与陆路并行的双交通网络系统，水街就成了苏州最具特色的复合型街道空间 [6]。当年干将路拓宽改造时保留了中间的干将河，但河道在两条机动车交通道路中间，步行人流很难到达，河道两侧也只是简单的路（河）边绿化，也没有可以专门供游人停留的活动空间。步行高架建成后，高架上方的步行平台是今后干将路上的主要人行活动空间。高架一侧可以直接临空观河，也可以从高架上通过爬山廊或楼梯向下直接到达河边。步行高架是建在机动车车道上方的步行街道，同时也是干将河河边新建的临水建筑。河道的一侧是立体的步行高架，河道的另一侧是按现状保留的机动车通行道路，这是干将路缝合与复兴改造方案中最典型的空间断面，也类似于苏州传统水街中最典型的空间断面。干将河与高架重新建构了一种与传统水街相似但又不完全相同的新型街道空间系统。

　　其次是园林。干将河水面加上两侧的绿化空间，宽度在 15-20 米。这个宽度对一般城市空间来说可能不算太大，但对传统的苏州园林空间来说就已经是一处很可观的场地，况且河道还有长度上的足够优势。一座亭或一座榭、一条连廊或一空景墙，再适当点缀一组石块或几株芭蕉就已经可以独立成景。苏州园林的精髓就是如此，即使在很小的空间中依然可以收放自如、腾挪有度（图3-15）。这也就是我们经常所引以为豪的"咫尺乾坤，小中见大"的苏州园林的典型设计手法[7]。步行高架在干将路东西方向上是连续围合的"U"形空间，每一个"U"形围合之内就是一座小型的精致苏州园林（图3-16）。高架平台不仅利用原有道路在上方建立了一条连续的步行街道，也同时激活了中间河道，并将苏州传统文化中最经典的私家园林空间融入了最日常的城市公共空间之中。

　　干将路两侧大多数都是1992—1994年拓宽改造时新建的建筑，但在多处节点上也保留（或移建）了不少原有建筑。如干将东路临顿路口的文启堂，乐桥东北侧的言子祠、干将坊，乐桥西北侧的过云楼，以及干将西路富郎中巷南侧的吴宅等。传统建筑包含的传统信息最多，具有新建建筑无法替代的文化价值。所以在这些有传统建筑的空间节点上，步行高架基本都是设置在远离这些保留建筑的另外一侧。这样一方面避免了新建的高架对保留建筑产生不必要的干扰，另一方面也因为适当增加了观赏距离而增大了观赏视野。在高架的"U"形围合单元中，这些被保留建筑基本都是在"U"形空间开口方向的一侧，这样被保留的传统建筑就成为这个围合空间中的视觉中心。还有一些重要的传统建筑，像平江实验学校内部的大成殿、定慧寺中的双塔以及乐桥西北角附近的怡园等，

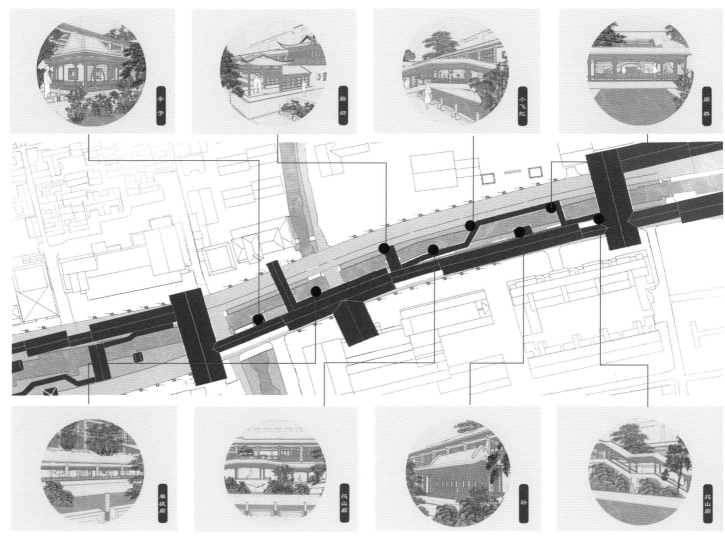

图3-16

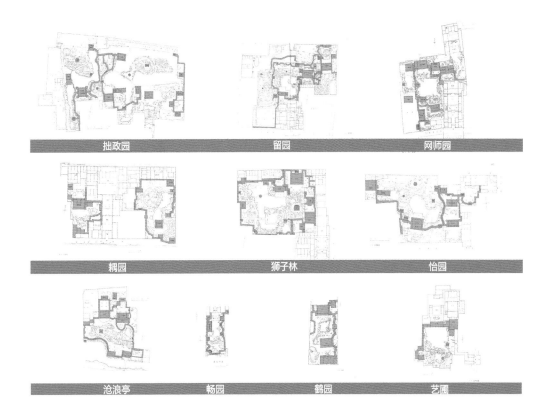

图 3-15

图 3-16

图 3-15：苏州传统园林转译策略
图 3-16：干将路园林造景植入策略

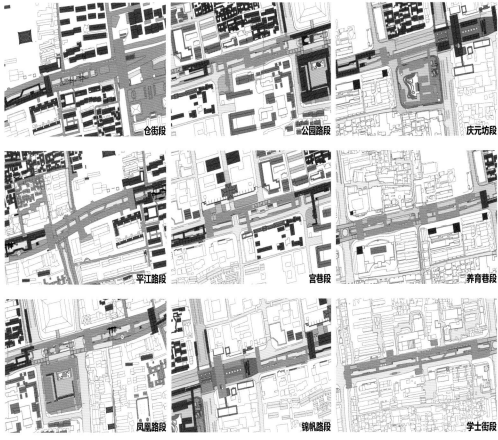

图 3-15

它们有的离干将路有些远（如大成殿），有些被临街保留的建筑遮挡（如怡园、定慧寺双塔等）。这些都是苏州古城区内非常有代表性的传统建筑，但它们在原干将路上的地面视野中基本上都看不到。但步行高架的高度是6米，相当于将人的视点同时升高了6米。在6米高的空中平台上，这些传统建筑就重新回到了"日常"街道空间的视野之中。还有很多传统建筑都是比较低矮的单层建筑，比如过云楼与怡园，比如吴都会馆与文启堂等。因为过去人们主要只是在地面上行走，所以过去的日常视野中人们能看到的主要也只是建筑的檐口和局部范围的屋顶，很难看到传统街区中连续的屋顶状态。视点升高以后，在6米以上的视界上，我们就可以欣赏到传统建筑连绵起伏的屋顶形态和肌理（图3-17）。现代建筑大都是有女儿墙的平屋顶，大多形式平庸单调。但传统建筑的坡屋顶无论是形式还是肌理都很漂亮，尤其是成片连续的坡屋顶，也是中国传统建筑最有特色的空间形式。空中步行高架不仅在另一个高度上打开了一个更新的空间视野，而且通过空间围合或视线通廊上的组织与规划，将干将路上这些分散的、片段的传统信息进行了再一次的重新整合和编译，从而在整体上进一步加强了干将路在传统风格与历史信息上的丰富性、完整性。

这也是让干将路重新回归传统最重要的空间策略之一。

当然不可能再回到最早的干将路，最早的干将路从1992年拆除的那一天就已经不复存在了。但干将路还是可以再次回归到传统的城市空间中的。回归不是简单地回到过去，理论上也不可能回到过去。高架廊道采用的是钢木结构体系，近人的形式与风格和苏州传统建筑在尺度与色彩上可以达到和谐一致，在具体的形式语言上也可以气韵相通，但材料、结构与施工工艺都已完全不同，传统木结构的防火性能与结构性能也都满足不了今天的防火规范或结构安全要求。

经历了时间，必然就同时包含了发展，回归必然是在另一个高度上对传统文化的重新诠释。

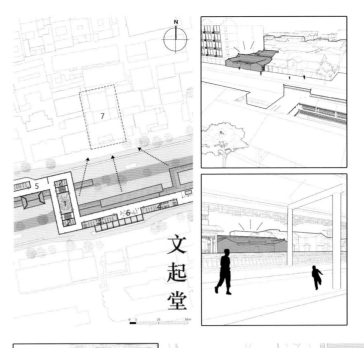

1　旅游售卖
2　零食售卖
3　早晚餐店
4　零食店
5　过厅
6　公共娱乐
7　文起堂
8　书店
9　茶馆
10　檐下空间
11　室外空间
12　连廊
13　过云楼
🚇 地铁口
🚌 公交站台

图 3-17

图 3-17：干将路传统建筑视线应对策略

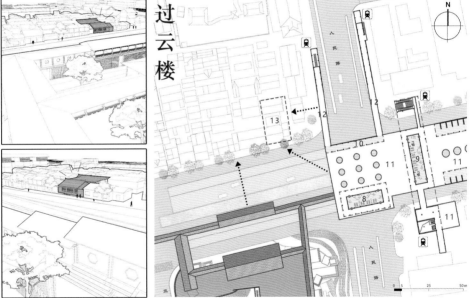

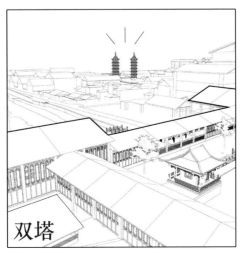

图 3-17

5 激活空间 Activate Space

当代城市迅猛发展所面临的问题，一方面是新的城市空间在外围快速增长，另一方面却是城市中心区域的空间活力明显衰退。尤其是城市中心区域同时还是传统街区时，这种中心区域的衰落现象往往会更加突出。

1995 年初我刚到苏州工作时，当时苏州有 3 个比较主要的商业中心，一个是干将路北侧，人民路与临顿路之间的观前商业街区。西端是位于人民路路口的美罗商场，紧邻的是人民商场及大光明电影院，东端与观前街隔街相对的是位于临顿路上的长发商厦，它们与观前街两侧的其他建筑，包含松鹤楼、得月楼等老字号饭店，一起构成当时苏州最大、也是最成熟的商业街区。一个是人民路南端的泰华商城，泰华商城共有东西两幢楼，分别位于人民路两侧，相向而对，共同构成南门商业中心。还有一个就是阊门外，靠近山塘街的石路国际商城。观前街与泰华都在护城河内的老城区，石路国际商城已经是在护城河外的新城区了。

值得注意的是，美罗、泰华、长发商场以及石路国际都是比较大型的综合商业中心，都是新型的现代主义建筑，代表着当时苏州最现代、最时尚的城市文化。而与这些新型商业中心紧邻的就是比较破旧的传统历史街区。这就是当时苏州古城区最典型的现实状况，并真实地反映着当时城市的客观状态与人们对城市现状的主观认知。这首先当然有客观上的原因。传统建筑空间体量都比较小，大多数传统建筑当年都是居民居住的日常生活空间，这些空间很难直接满足现代商业功能在空间的需要。传统建筑很多都已年久失修，保护与修复的技术难度很大。修复与改造需要的资金较多，受原有空间及保护条例的限制，能额外增加的空间也有限。传统街区建筑与建筑之间的间距比较小，周围经常还没有能满足简单交通条件与防火规范的基本空间。相比之下，现代主义建筑体量与空间规模都可以扩大很多，平面布局也更灵活，可以完全按照新的功能进行设计布局，能够更好地满足现代城市生活的多种需要。此外，也有主观上的认知态度原因。那个时候，刚刚改革开放不久，社会经济开始有所复苏，人们对传统文化价值的认识也完全没有达到今天这样的高度。我们可以尝试做这样一种假想，假如这几幢建筑当时并没有建，而换在今天我们再建，我们还会选择当初的那种设计方案吗？干将路更是这样，如果没有在 1992 年被拓宽改造，我们今天一定也会采用更加科学、更加谨慎的方法进行改造。

好在苏州更大规模的城市建设很快就转移到了护城河之外。选择古城外围建设新城区，既有利于对既有古城区的保护，也有利于新城区的快速发展。这也是大多数传统城市在进入现代化快速发展后所采用的空间发展模式。当年梁思成与林徽因提出的北京古城保护方案，也是建议在古城外另建新城[4]。比较遗憾的是这个建议当时没有被采纳，否则，今天的北京也会像巴黎一样。巴黎老城区保护得非常完整，巴黎新的城市发展空间全部集中在其西侧的拉德芳斯新城。

4　梁思成、林徽因在 19 世纪 50 年代为北京的规划建设提出了许多宝贵意见和方案，虽未被接受，但后来越来越证明其前瞻性和价值。其规划方案的核心是保留北京古城墙、城楼，在古城外建新城。

有人说苏州东侧的工业园区就有点类似巴黎西侧的拉德芳斯新城。其实苏州新城与古城的相互关系与巴黎也不完全相同。巴黎的老城与新城分踞东西两侧。苏州则不仅在东侧有苏州工业园区，围绕古城区，在其他三个方向上都有相对均衡的发展。苏州的新城区不只是在古城一侧的"边上"，不只是向一侧单边发展，苏州的新城区是以古城为中心向四周同时发展。巴黎的古城与新城在空间上是彼此并列的关系；而苏州古城区在城市空间大幅度扩大后依然还是整个苏州城市的几何中心（图3-18）。

很多优秀的传统城市空间都在快速发展过程中遭遇过不同程度的"建设性破坏"。如同样是历史文化名城，北京、南京、西安、洛阳等，包括同为江南水乡古城的绍兴，古城区内都建设有大量的现代建筑，包括大量的现代高层建筑。因为传统城市中大多都是体量较小的低层建筑，与传统建筑的风格和形式相比，高度对传统的城市空间的破坏力最大。苏州古城区在护城河范围之内至今没有一幢高度超过24米的现代建筑，这对古城的空间保护实际上已经是一项非常大的贡献。因为有了充分的外围发展空间，1995年后苏州古城区内的发展速度也相对减慢，新建的建筑，在高度、体量与风格上也都有着更加严格的控制与管理，尤其是没有再新建像美罗与泰华这样体量相对较大的、比较纯粹的现代主义建筑。对古城区而言，建设速度慢一点在某种程度上不失为一件好事。

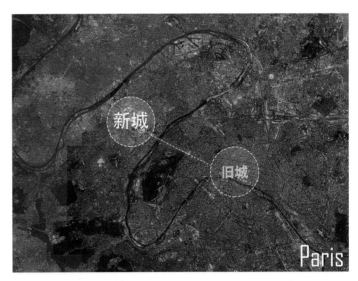

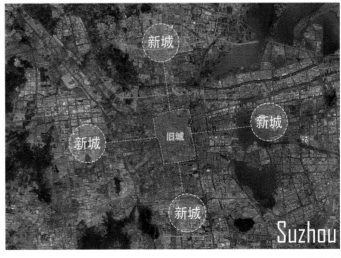

图 3-18

图3-18：巴黎和苏州新旧城区空间关系比较

图 3-18

在1994年干将路拓宽改造完成后，苏州古城区范围内虽然并没有完全停止过建设，但除了部分位置上建设零星单体建筑之外，大多数都是范围较小的街坊改造与历史街区保护更新。最早进行街坊改造比较成功的案例有桐芳巷与狮林苑小区等。后来开始启动历史街区保护，比较有代表性的案例是山塘街历史街区、平江历史街区以及桃花坞历史街区等。山塘街历史街区改造时，当时的金阊区政府走的是引进民间资本一起合作开发模式。其中一家是浙江的嘉业房地产开发公司。嘉业房地产开发公司进入苏州开发的第一个项目是位于西环路的嘉业阳光城，其地块属于当时的金阊区，山塘街就属于金阊区。另外一家是苏州本地的广大置业有限责任公司，松鹤楼、得月楼这两个老字号饭店有很长一段时间就属于广大置业。这两家公司碰巧都是笔者的客户，所以笔者也就都比较熟悉。嘉业公司在湖州太湖边上的雷迪森酒店、南京的嘉业国际城以及位于苏州人民路南端护城河外的苏纶场都是由我们公司设计完成的。广大置业在山塘街东端靠北浩弄的山塘九邸也是他们委托笔者，并同时邀请了成都的建筑师刘家琨及南京大学建筑学院的张雷一起设计完成的。所以笔者也知道他们之后又陆续都从山塘街这个项目里退出。这其实也同时说明了古城改造中两个比较现实的问题。一是需要投入的资金问题。不像在外围的开发区，有充分的土地资源与工业产业。古城区没有充分的土地资源，没有规模化的工业产业，旅游业的收入也有限。古城区的公共财政收入有限，所以政府不得不借助民营资本。二是古城保护更新的工程难度大，但商业利润空间不大，而且回收周期也不像房地产或商业地产那样快。所以纯粹的商业资本在不能很快得到利润回报的时候，就会选择退出。桃花坞片区有很大一部分是拆除重建的，而且主要也是依靠房地产开发。拆除重建的建设难度低，还能充分开发地下空间。古城区不能只有旅游人群，一定要同时有相应的居住空间，保留原居民才能保持城市日常生活的活力。平江历史街区的活化利用主要是由政府主导，在空间形式、文化风貌上都管理得不错，业态控制与后期管理也都不错。除了一些常规的餐饮与休闲之外，还兼容了评弹、昆曲、刺绣、丝绸等苏州地方传统文化产品。平江历史街区应该是苏州古城近期比较成功的保护更新案例。

苏州古城区内已经陆陆续续完成了多处街坊改造与街区更新，但各个片区相互隔离，商业人流与商业行为没有形成相互依托并彼此支撑的共生关系。作为古城核心区最主要的空间资源，干将路不应该只是一条消极的机动车交通道路，两侧的现有空间严重缺乏文化活力与商业活力。干将路上没有大型的文化空间与商业空间，也不需要新建大型的文化空间与商业空间，但新的缝合与复兴策略可以通过链接激活两侧既有空间，并进而从几何中心位出发，去激活整个古城（图3-19）。

在我们的方案中，架空连廊将干将路两侧所有的单体建筑在6米高度的空中平台位置从东到西串联为一个完整的整体。缝合后的干将路将拥有一条3.2公里长半露天花园中庭的独特城市带形广场，成为古城区乃至苏州、甚至是迄今世界上最为壮观的市民广场与商业中心。

图 3-19

图3-19：干将路重塑人群、功能、营商、时段活力四项维度分析

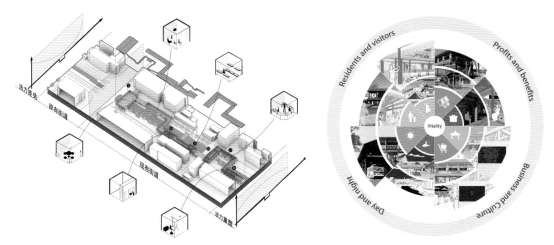

图 3-19

参考文献：

[1] 樊钧,李锋,潘铁,李新佳,王昊,范巍巍.基于历史文化名城保护的苏州古城交通规划研究[C]// 新型城
    镇化与交通发展:2013 年中国城市交通规划年会暨第 27 次学术研讨会论文集,2014.

[2] 黄莉.城市中心区立体步行交通系统建设策略和实施机制研究[J].城市发展研究,2012,19(8):95-101.

[3] 谭颖,齐康.历史文化名城保护中的道路开拓与建设:以苏州干将路为例[J].城市规划,1997(6):32-34.

[4] 陈泳.苏州干将路更新设计评析[J].东南大学学报,1999(1):89-94.

[5] 芦原义信.外部空间设计[M].伊培桐,译.北京:中国建筑工业出版社,1988.

[6] 相秉军,顾卫东.苏州古城传统街巷及整体空间形态分析[J].现代城市研究,2000(3):26-27+63.

[7] 陈英.苏州园林的空间意识和空间美感[J].中国园林,1994(4):16-17+15.

图片来源：

图 3-1：干将路缝合与复兴，张应鹏手绘稿

图 3-2：1996 年版苏州总体规划"四角山水，一体两翼"和 2011 年版总体规划"三心五楔，T 轴多点"（图
片来源：苏州市自然资源和规划局官网 http://zrzy.jiangsu.gov.cn/sz/）

图 3-3：干将路立体交通改造剖透视图：（a）学士街节点、（b）养育巷节点

图 3-4：地铁、公交、步行：复合立体交通系统分解轴测图

图 3-5：立体连续的交通：干将路公共交通节点分布示意

图 3-6：干将路公共交通站点钢木结构改造策略示意图

图 3-7：车行改步行：谷歌街景对比图（图片来源：谷歌街景地图 https://www.google.com/maps/）

图 3-8：干将路尺度修复策略示意图

图 3-9：干将路尺度修复剖面示意图

图 3-10：干将路高架修复街道尺度典型剖面图

图 3-11：肌理的织补缝合意向：棉布的织补与混凝土的缝合（图片来源：https://zairastudio.wordpress.com/
page/4/ 和 https://afasiaarchzine.com/2016/01/kader-attia-3/traditional-repair-immaterial-
injury/）

图 3-12：干将路街道空间的缝合织补策略

图 3-13：干将路高架位置应对策略示意图

图 3-14：苏州典型传统空间拼贴

图 3-15：苏州传统园林转译策略

图 3-16：干将路园林造景植入策略

图 3-17：干将路传统建筑视线应对策略

图 3-18：巴黎和苏州新旧城区空间关系比较（图片来源：根据微软卫星图改绘）

图 3-19：干将路重塑人群、功能、营商、时段活力四项维度分析

除标明图片来源以外，其余图片均为作者绘制。

肆 Chapter IV

目标与愿景
Goals and Visions

1. 街道上的街道

2. 街道中的公园

3. 交通空间与交往空间

4. 实体空间与媒介空间

5. 重塑姑苏繁华图

1 街道上的街道　A Street on the Street（图4-1）

　　事实上，世界上很多名城都有比较成熟的空中步行（连廊）系统。比较著名的有：美国明尼阿波利斯的空中步行系统、法国拉德芳斯空中步行系统、加拿大卡尔加里空中步行系统以及我国香港的空中步行系统等。美国明尼阿波利斯的空中步行系统建于2002年，跨越80个街区，总长度约18公里。其步行系统与汽车站、地铁及公交站等公共交

图 4-1

图 4-1：重塑"姑苏繁华图"
　　　　——干将路古风长卷

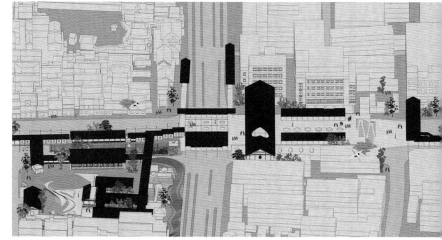

图 4-1

通系统紧密相连，并同时连接到城市会展中心、大型购物商场、图书馆、市政厅以及中心公园与城市滨水公园等公共活动空间。法国拉德芳斯的空中步行系统也是采用空中平台的方式与地面机动车交通彻底分开。该步行系统建于 2004 年，总建筑面积约 67 万平方米，平台上为步行道与屋顶花园，然后与各幢建筑在二楼的出入口直接相连。加拿大卡尔加里的空中步行系统建设的比较早，1970 年就已经完成并投入使用。该步行通道距离地面约 4.5 米，总长度约 16 公里，在二楼将主要的商业空间与办公空间连成一个

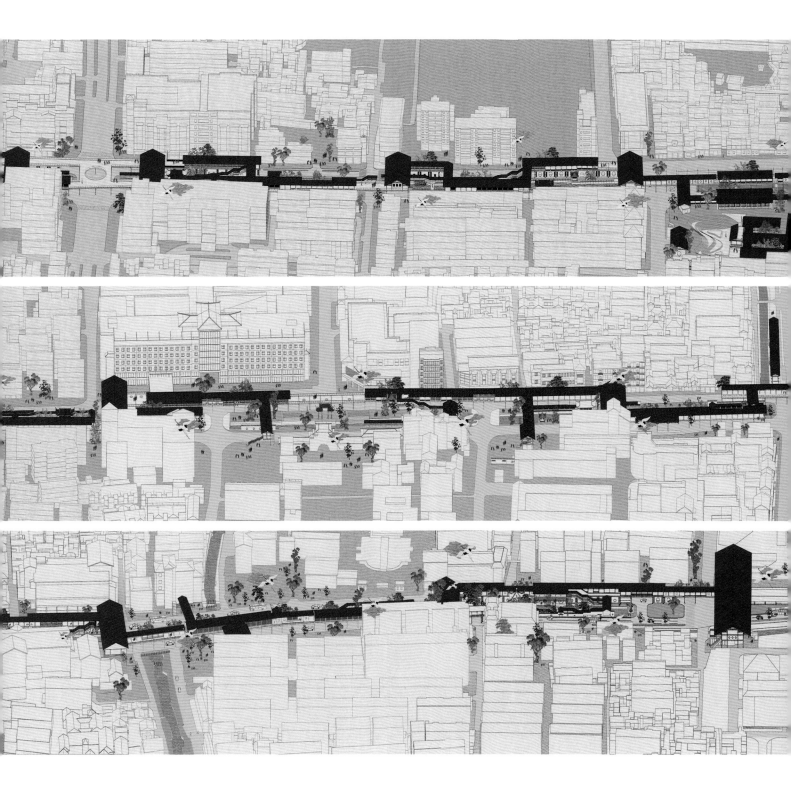

连续而完整的空中立体街道。香港的空中步行系统主要采用的是并联式组织方式，在二楼位置结合过街天桥与建筑中位于二层的公共走廊将建筑以及各个建筑内部的零售商业完全连接在一起；在一楼与街头路口或地铁出入口直接连接。步行系统一层的链接位置为建筑一楼的出入口；二层的链接处恰当地接入建筑二楼的出入口。甚至更多的时候，二楼还是更主要的进入方式，直接进入后就是（位于二楼的）上部酒店或商业和写字楼的共享大堂或门厅（表4-1）[1]。

纽约的高线公园也是很好的参考案例。这是位于纽约曼哈顿西区的一条线形空中步道，它的前身是1930年代建设完成的货运铁路。就像我们今天很多城市中的高架一样，因为地面相互交叉的路口过多，所以就将货运铁路建在空中，全长约2.4公里，离地面高度约9.1米，最宽处有18.3米。后来随着城市发展，新的交通设施不断完善，1980年代后它就已经不再承担货运交通功能。刚开始的时候，大多数人的观点是建议拆除，这是最简单直接的方法，也是最容易首先想到的办法。但最后纽约还是选择保留这条高架并重新改造成了现在的空中花园（图4-2）[2]。这样不仅保存了城市发展过程中特定阶段的历史记忆，同时还改善了城市的空间品质，并重新激活了周边地区的文化价值与商业价值。根据相关数据记载："高线公园改建开始后，临近高架的项目明显增多，建设许可签发数量同比增加一倍以上，至少有29个大型开发项目动工。这29个项目总投资超过20亿美元，产生12 000个工作岗位，新建2 558套居住单元，1 000间酒店客房，超过424 000平方英尺的办公室和85 000平方英尺的艺术展示空间。"

图4-2

案例名称	系统分析图	图示
明尼阿波利斯的空中步行系统（美国）	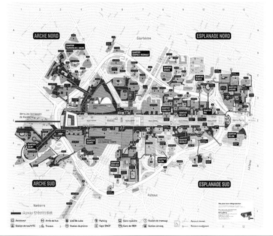	
拉德芳斯复合步行系统（法国）	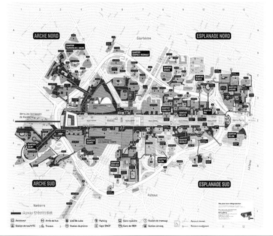	
卡尔加里空中步行系统（加拿大）	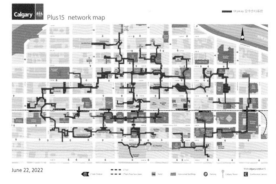	
香港中区空中步行系统（中国）	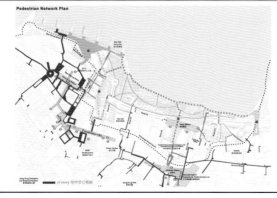	

表 4-1

图 4-2

表 4-1：空中步行系统典型案例

图 4-2：纽约高线公园

表 4-1

立体交通在建筑设计中是常用的利用空间组织流线的方法。尤其是功能比较复杂、相互之间联系错综的综合性公共建筑。比如学校，空间的功能类型就比较多，相互关系也比较复杂，仅仅教学空间就有普通教室、专业教室以及各种不同的实验室等。学校还有各种比较特殊的公共空间，如图书馆、体育馆、报告厅、学生活动中心等，还要涵盖行政办公、后勤管理以及餐厅与厨房等；大学或寄宿制中小学还需要宿舍。这些功能各不相同，联系还都非常紧密。在传统校园中，上述大多数功能都还是相对独立的单体建筑，不同的建筑承担不同的功能，建筑与建筑之间的联系主要也是在地面上统一组织。但一般来说，只有当学生人数较少，用地规模同时还比较宽裕时，建筑才有可能以低层为主。低层建筑与低层建筑之间通过地面组织交通还比较方便。但当学校的学生人数不断增多，而用地规模又同时比较紧张时，建筑就要向空中争取体量，建筑高度基本都需要做到4-5层（根据我们国家现行的建筑设计规范，中小学的教学用房高度就是4-5层，大学中的主要教学用房也差不多是这个高度）。这种情况下，如果所有的交通还全部回到地面层解决，就不仅会带来交通效率低下的问题，还会无端增加很多不必要的相互交叉与相互干扰。所以在这种情况下，除了传统的地面交通之外，设计往往会在二楼或者三楼另外再增加一套步行体系，在空中为各个相互关联的功能建立一个更为直接、更加便捷的空中连接。

立体交通有很多优势，可以带来一种新的功能组织方式。以地面交通为主时，功能分区只能是以平面的方式在地面上展开。当二楼或三楼同样有连续的交通流线后，功能分区就可以在剖面中沿垂直方向上下布置。比如原来只有地面交通时，普通教室（教学楼）与专业教室（实验楼）只能前后或左右并列布置。有了空中立体交通系统后，两者就可以利用空中交通流线，沿剖面的分界线上下分布。即将普通教室布置在剖面上部，专业教室布置在剖面下部；二者通过垂直交通紧密联系。这样不同的功能在同一幢楼中，上下之间的垂直距离短，不同功能之间的联系更加紧密、便捷。大多数时候，一幢建筑中往往也不只有一种功能，这种情况下，当我们需要从这幢建筑中的3楼去另外一幢建筑中的5楼时，在传统的以地面交通作为唯一交通流线时，我们要先从这幢建筑的3楼下到1楼地面，然后走到另外一幢建筑，再从另外一幢建筑的1楼向上爬到5楼。但如果这个时候在2楼或3楼就有一条空中连接的公共通道，我们就可以从这幢的2楼或3楼直接到达另外一幢建筑的2楼或3楼，然后再向上3层就可以到达5楼，上上下下的层数也会大大减少[3]。另外还有一种情况就是学校规模大，同时用地又紧张，地面上的公共活动空间就会很少。此时就可以利用空中立体交通组织空中公共空间，空中立体交通实际上就是空中新增的第二层"地面"。因为这个"地面"的标高比原始的自然地面高，受周围建筑高度的影响小，所以，很多时候这些空中"地面"（公共空间）上的阳光比初始标高的自然地面还要好。为了进一步加强第二"地面"的公共性，设计还会把报告厅、体育馆、图书馆或学生活动中心等公共性更强的功能与这条空中交通流线同层布置。因为有这些公共空间对空中流线的加持，空中步行系统对于人的交往活动会比地面空间具有更多的活力和吸引力。

干将路上的步行高架系统就是通过立体交通的方式，将"街道"空间从地面转移到二层（图4-3）。

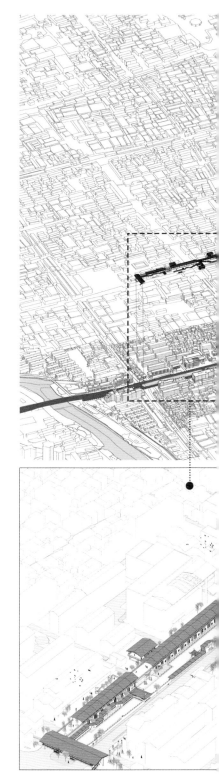

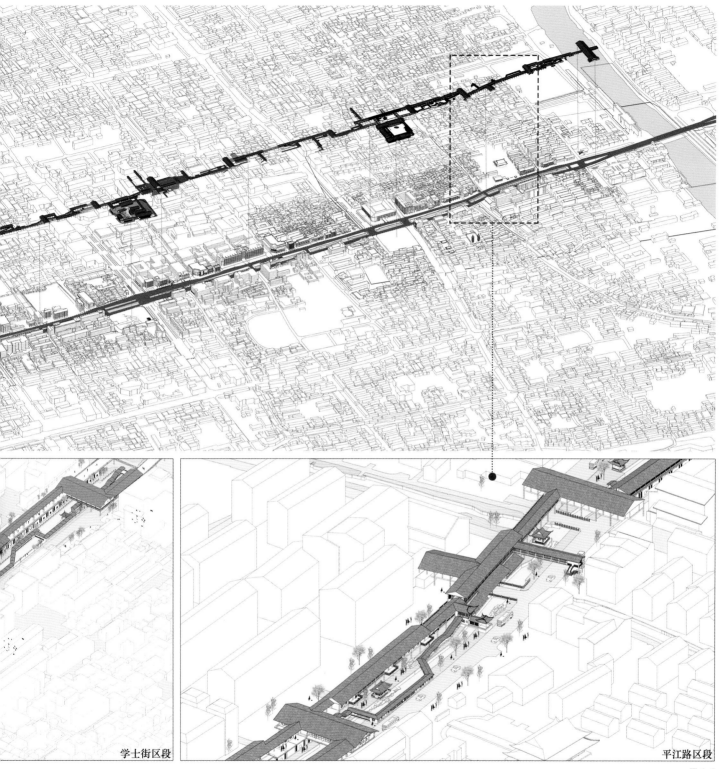

学士街区段

平江路区段

图 4-3

图 4-3

图 4-3：街道上的街道——立体交通的"街市"

二层作为主要街道还需要有三个前提条件。

一是二层平台要有非常方便的可达性。干将路地下是已经建成并正常运行的地铁 1 号线。1 号线在古城区段从东到西共有 4 个站点，分别位于相门、临顿路口、乐桥及养育巷口，站点之间的距离平均为 600-900 米。地铁出口的位置大都同时也是公交车的停靠站点。所以步行高架在此同时也是最重要的空间转换节点与交通转换节点。600-900 米的间距也是比较友好的单程步行距离。地铁、公交、出租车，再加上共享单车作为补充，一同辅助步行，新增设的空中步行连廊就形成了一个全方位、无缝对接的立体交通系统。

二是二层平台必须是连续完整的步行空间。很多城市中的过街天桥人们不愿意上去，一方面是因为很多过街天桥都没有自动扶梯，上下不方便，如果有自动扶梯，情况就会好很多。另外一个原因就是，这边刚刚爬上天桥，那边马上就要走下去。过街天桥虽然利用高度避开了与地面机动车之间的交叉，但同时也因为高度上的突变打断了步行空间在平面上的连续性。从东端相门处的仓街开始，到西端的学士街口，干将路古城区段上新增设高架的直线长度大约为 3.2 公里，加上南北迂回曲折后，高架总的长度应该有 4.5 公里左右，干将路上这 4.5 公里的高架是一个连续完整的步行空间。

三是二层平台及两侧要有足够的功能空间与休闲空间。单独的步行平台不能形成完整的街道空间。街道需要有商业空间与商业功能。这是通过三个部分完成的。第一部分当然是干将路两侧大量的现有建筑空间。虽然建成通车已接近 30 年，但由于车流过多、车速过快，又缺少应有的步行空间，干将路两侧的这些建筑一直无法形成连续完整的商业界面。空中步行高架系统最核心的价值是能够聚会人流，从而建立一条街道上的街道，这样就可以通过统一的街道空间活力激活两侧现有建筑的商业活力。第二部分是步行高架平台上系统本身增设了很多带顶的建筑空间。在很多比较重要的节点，尤其是横向跨越干将路的"过街廊桥"，平台在设计上都专门进行了加宽处理来鼓励停留行为。这些带顶的空间中有很多还可以围合为具有管理界面与气候界面的室内空间。第三部分是利用河道的景观与园林。景观变得可以方便地到达。因为不再受机动车交通的干扰，河道景观和精致园林将成为干将路整个立体街道中非常活跃的公共场所与休闲空间。

2 街道中的公园 Parks in the Street

　　干将路中间的干将河和韩国首尔的清溪川有些类似。清溪川原本也是流经首尔的天然河流，从1950年代至2003年，随着首尔城市发展，清溪川经过三次规模比较大的改造。第一次改造是在20世纪50年代初，当时的方法也是比较简单地将中间的河道填平，并向两侧拓宽，建设完成了50-80米宽的混凝土地面道路。第二次是70年代后，在地面之上继续再建了两条宽16米、双向4车道的高架。1950年代至1980年代是韩国经济的快速发展时期，城市建设也进入快速发展阶段。清溪川的前两次改造也都是为了满足快速增长的机动车车流的需要。我国经济是在改革开放之后的1980年代至2000年代进入类似的快速发展阶段。1992年干将路拓宽改造的目标也同样是为了满足快速增长的机动车交通需求[1]。虽然两者改造是在不同国家的不同城市，而且时间上前后也相差20年。但事实证明，无论是通过拓宽车道，还是通过架设高架进一步地增加机动车的通行宽度，不仅没有解决预期的机动车交通问题，更没有带来预期的城市空间繁荣。为了重新恢复城市活力，2003年首尔开始正式启动清溪川第三次复兴改造。与前两次的改造策略不同，第三次改造方案没有继续依靠拓宽道路或增加高架来增加机动车流量，而是采用了逻辑上完全相反的策略，不仅拆除了地面上方的高架，还挖开了地面上的混凝土道路，重新恢复了原先被填埋在道路下面的清溪川河道。清溪川的第三次改造不仅没有增加机动车流量，反而通过减少道路宽度和高架大量减少机动车的通行流量，并通过恢复的河道重新修复生态系统，开展重塑传统文化等一系列综合措施，最终在街道中间开发建设了一条总长度为5.84公里，完整而连续的下沉式开放公园。

　　每个城市都有自己特色的标志性公园，如纽约有中央公园、伦敦有海德公园，南京有玄武湖公园等。苏州古城区也有五卅路与公园路之间的苏州公园、苏州工业园区的白塘公园及东沙湖公园等。虽然还没有在文化与空间上形成特别明显的标志性特点，但也都是类似且集中式的开放公园。与这些集中式中心公园不同，清溪川是位于街道中间的公园。因为与街道方向一致，又完全处于街道之中，清溪川不仅是开放的城市绿化公园，同时又是街道中的公共开放空间，是街道空间的重要组成部分，并与两侧的机动车道路和商业空间一起，共同建构出另一种完整而独特的街道形式（图4-4）[4]。

　　因为河水的正常水位标高比两侧街道上的路面标高低，清溪川是下沉于街道之下的街心公园。下沉之后，河道两侧的活动空间与中间的水面的高差就很小，水岸关系也更加亲切。同时高差产生的垂直界面，恰好成为下沉公园两侧的围合界面。不在同一个标高上，两侧地面上的机动交通对下沉公园所产生的噪声干扰就会减小。清溪川是通过下沉的河道将步行空间、公共活动空间与两侧的机动车交通分开。干将路则是通过升起的高架将空中步行平台和公共活动空间与地面上的机动车交通分开。一个是机动车车道在上方，步行空间在下方，一个是在机动车道在下方，步行空间在上方，本质上异曲同工，

1　1992年10月干将路道路拓宽工程开始，干将路有3.7公里在古城区内，拓宽工程合并了原有的铁瓶巷、镇抚司前、通和坊等道路，撤销了两侧30多条小巷里弄。

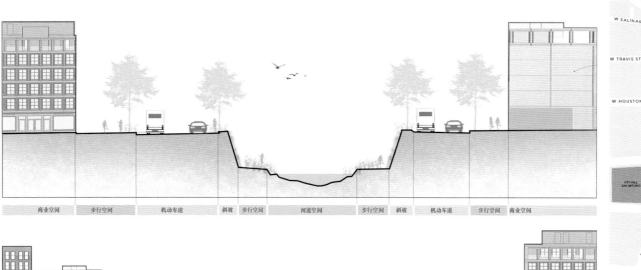

| 商业空间 | 步行空间 | 机动车道 | 斜坡 | 步行空间 | 河道空间 | 步行空间 | 斜坡 | 机动车道 | 步行空间 | 商业空间 |

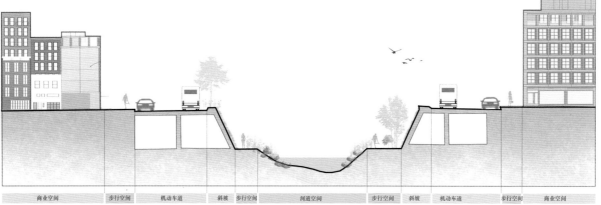

| 商业空间 | 步行空间 | 机动车道 | 斜坡 | 步行空间 | 河道空间 | 步行空间 | 斜坡 | 机动车道 | 步行空间 | 商业空间 |

图 4-4

$D/H=0.26<1$

$D=22\mathrm{m}$

$H=5.7\mathrm{m}$

$L=56\mathrm{m}$

图 4-5

图 4-4
图 4-5

图 4-4：清溪川典型街道形式剖面示意图
图 4-5：清溪川典型街道空间尺度分析图

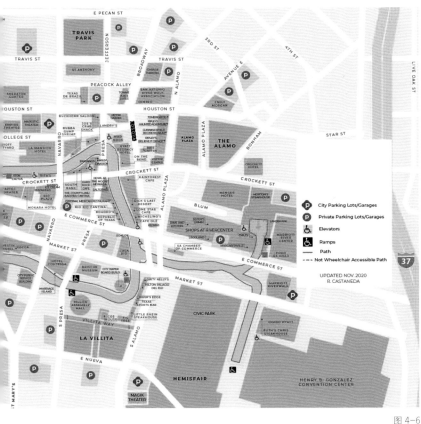

旧酿酒厂改造为社区中心和博物馆　　新建的低层住宅与商业

滨河层面的步道开发

旧酿酒厂段的滨河步道

P	City Parking Lots/Garages
P	Private Parking Lots/Garages
	Elevators
	Ramps
	Path
	Not Wheelchair Accessible Path

UPDATED NOV. 2020
R. CASTANEDA

图 4-6　　　　　　　　　　　　　　　　　　　　　　　　　　　图 4-7

图 4-6　图 4-7

图 4-6：圣安东尼奥市区滨河步道改造
总平面图

图 4-7：圣安东尼奥市区滨河步道的亲
水堤岸

都是利用立体分层的方式重新组织交通与空间链接。清溪川在地面上与各个垂直交叉的路口处，都有垂直相交的桥梁，桥梁下方架空，桥梁两侧位置上布置有连接上下的垂直交通。这样，在地面空间层面，机动车交通依然是常规城市空间中的交通方式。而河道与河道两侧的空间在街道平行方向上既可以在每个道路交叉口方便上下，又可以直接从桥下穿过，从而保证了步行空间在沿街方向上的完整性与连续性。

下沉空间连续完整，但到达中间的下沉空间还必须要穿过地面的机动车交通流线，这让清溪川改造工程在流线组织上多少有些美中不足。另外因为河道空间是下沉的，当人们在下部河道空间活动时，所感受到的空间尺度还相对比较适合，但若从地面空间看，道路两侧建筑之间的距离依然还是 50-80 米，街道在地面上的空间尺度，依然显得比较空旷（图 4-5）。好在街道两侧很多都是比较高大的现代建筑，这一点与苏州的干将路不太一样。

美国的圣安东尼奥市也有一条河流从市中心蜿蜒穿过。在机动车作为城市主要交通方式的年代，商业店铺主要也是沿机动车道路布置。那个时候，就相当于河道是在主要街道的背后，由于长期不能得到充分利用，河道两侧的空间也就不断衰败，最终沦落为简单的泄洪通道。随着城市经济的进一步发展，以及对机动车交通与步行空间的重新认识，人们开始重新思考新的城市复兴策略。其中最主要的策略就是将商业空间从机动车道路一侧向水边转移，利用河道空间重新打造滨水步行商业街。原本消极的泄洪通道因两侧功能的转换蜕变为街道中间的滨水公园。这种商业空间前后置换的方式虽然与干将路的缝合与复兴策略不完全等同，但同样也是首先将步行空间与机动车道路分隔开，再

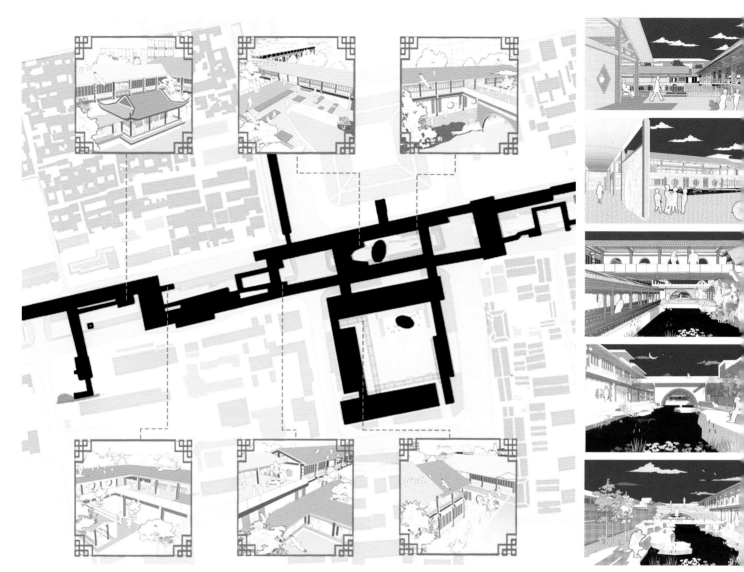

图 4-8

将商业空间与步行空间相结合，并以公共空间的方式重新建立起商业休闲、文化历史与自然景观之间的多重连接。圣安东尼奥水街市中心核心区段长度约 4.5 公里，已经成为世界上著名的商业水街之一，也是全美最著名的 25 个景点之一，是城市建设再复兴时期将早先的市政公共设施（泄洪通道与交通道路一样都属于城市基础市政设施）转换成商业休闲空间比较成功的案例，并因此"成为当代中小尺度河道保护性利用的典范"（图4-6）[5]。

圣安东尼奥滨水空间的开发充分利用了地形的自然高差，采用了平面与立体两种交通流线解决了步行空间与机动车交通之间的交叉问题。在水平空间中，先是以河为中心，河道两侧是建筑，建筑外侧是机动车车道，外侧道路在外围解决了机动车交通。

河道两侧与建筑之间是步行空间。步行空间与中间的河、与两侧的建筑以及两侧建筑外侧的机动车道路同向且平行。立体交通主要是在滨水河道上。两侧建筑的地面高度与滨水步道之间有 5-6 米的高差，这一高差并没有成为商业行为上的障碍，反而在设计中转化成为城市公共空间与建筑内部空间的不同特点。临水侧的商业都直接选择以临水

图 4-8

图 4-9

图 4-8：街道中的公园——回归日常生活
图 4-9：街道中的公园场景效果图

标高布置，商业界面、滨水步道与河道位于同一高度。滨水商业不是临空看水，而是真正的亲水空间（图4-7）。垂直交通可以在各个建筑的内部布置，也大量地分布于不同的公共区域。河道与地面道路在垂直交叉处都是立体交叉的桥梁。与清溪川上的空间逻辑一样，桥梁下方的河道与步行路径连续贯通。"在街桥与河道的交叉口处设有30多处楼梯、坡道或无障碍电梯可以顺利到达河谷，并考虑了与地面公交的无障碍衔接。"这种"人车立体分流，将亲水的休闲、商业与文化设施布置于河谷，与街道上的快速车流相隔离，营造舒适、连续而又安全的全步行场所"的设计方法与干将路通过步行高架解决人车分流问题，并同时激活河岸空间是一脉相承的空间策略。

干将路上的每一段"U"形围合空间，规模小的至少可以算是园林空间中的一处独立的片段，稍微大一些的区域都可以是一处结合河道精心设计的小型园林。苏州园林历史上并不是公（共）园（林），不属于城市公共空间。苏州园林过去都是私家园林，是文人士大夫们的私人生活场所，是趋向遁世与归隐后修身养性的向内围合的空间。即使如今苏州园林在空间属性上早已是属于公共财产，是对公众开放的公共空间。但本质上苏州园林已经是脱离了日常使用功能后的（建筑）艺术展品，是供游客参观的园林艺术作品。只是这个"艺术品"是空间作品，比一般艺术品要大，还必须处于城市空间之中（而不是像美国大都会博物馆中的"明轩"[2]，是以片段的方式陈列在博物馆之内）而已。干将路上的园林则不再是封闭的私家园林。与传统向内围合的私家园林不同，干将路上的这些园林是街道中的园林，是开放的公共空间。

步行高架平台在机动车道路之上重新建构了一个新的空中步行系统。在新的步行系统中，河道与园林作为开放的城市公园重新回到了街道的日常生活之中（图4-8、图4-9），并在连续不断地展开中与两侧的建筑空间一起形成了一条3.2公里长连续而完整的现代立体城市公园。

图4-9

2　明轩是纽约大都会博物馆的中国庭院，以苏州网师园内"殿春簃"为蓝本移植建造，占地460平方米，建筑面积230平方米，是我国园林艺术走出国门的首例，开创了园林艺术"外贸"的先河。

3 交通空间与交往空间
Transportation Space and Communication Space

　　街道是户外空间，但街道又不是一般的户外空间。街道是两侧有围合界面的开放空间，是两侧建筑的内部空间在外部的扩充与延展。好的街道不应该是将两侧建筑彼此分开成两侧空间的"间隔"，而是将两侧建筑彼此连接的户外活动场地，并与两侧建筑一起形成完整的街道空间。街道是城市空间中重要的公共空间，是重要的交通空间与交往空间，是城市日常生活最重要的空间载体[6]。

　　与快速行驶的机动车车流相比，步行行为更容易与街道生活一起形成良好的交往空间。所以，很多城市中最繁华、也最有特色的往往都是步行商业街区。如成都的太古里、宽窄巷，南京的夫子庙、老门东等。同样类似的还有位于苏州的观前街、上海的南京路等，也都是比较有代表性的步行商业街。

　　但步行街区的步行距离不宜太长，范围也不可能太大，往往位于一些相对特殊的区域或地段。步行街区周围必须和城市的主要交通道路或其他公共交通体系快速连接，以保证人流利用城市机动交通来快速到达与快速疏散。大多数情况下，机动车交通与步行人流同时存在还是目前大多数城市街道中最基本的交通模式与空间模式。在人车混行的街道模式中，机动车的流量不宜太大，一般以双车道或单车道为佳。4车道或4车道以上的街道基本上就属于快速城市道路了。人车混行的街道中车速还不易过快，最好不超过20公里/小时。目前很多城市都在提倡"慢行城市"[3]，其中最主要的两个目标就是降低车速与减少机动车通行流量。所以，我们可以看到很多城市都在将街道上原本比较宽的机动车车道减窄。这是一个一举两得的空间策略，一方面通过减小机动车的通行宽度可以直接减小机动车的通行流量，另一方面也直接增加了两侧步行空间与活动空间的宽度。此外，交叉路口转弯半径的设计逻辑也已与过去完全不同。过去，是以机动车交通优先为设计逻辑。在这种设计逻辑的前提下，为了机动车能够更加快速方便通行，交叉路口机动车车道的转弯半径都比较大。而慢行城市的设计策略则是减小机动车在转弯路口的转弯半径，这其实也是一个一举两得的设计策略。一方面通过减小转弯半径可以非常有效降低车辆在转弯时的车行速度，另一方面，因为转弯半径减小了，也就相应减小了路口斑马线处人行过街时的直线距离，同时，还直接增加了街头过街处人们临时停留等候区域的地面面积（图4-10）。

图 4-11

3　慢行城市（Slow City）倡导慢行交通优先，是卡洛·彼得里尼（Carlo Petrini）发起的慢食（Slow Food）运动的延伸。旨在改善和促进小于5万居民的小城镇的内在发展，形成一套可持续发展的目标，扩大城镇影响。

图 4-11

图 4-10

图 4-10：交叉路口转弯半径的优化

图 4-11：干将路作为交通空间场景效果图

图 4-10

089

图 4-12

图 4-12：干将路作为交往空间情景示意图

　　干将路这次缝合与复兴首先也是在地面上将原本的双向 6 车道的机动车行车道减少为双向 4 车道。所不同的是，并没有利用这两条减少的车行道直接改为地面上的步行空间，而是利用这两条可以利用的空间，在原有的机动车车道上方，通过高架平台另外建造了一条统一贯通的、也更加富有空间特色和商业价值的空中步行商业街。干将路是最重要的交通空间（图 4-11），同时又是最核心的交往空间。通过立体分层的方式实现立体交通与立体功能，这也是一个一举两得的空间策略与全新的创新思维。

　　为了能形成更好的交往空间，街道两侧建筑的外墙界面非常重要。建筑的临街面，尤其是底层部位的临街面不宜是实墙，实墙会隔断街道上的视线。如果建筑的临街面是通透的落地玻璃，行走在街上就可以看到玻璃后面建筑内部的商业空间，或者是看到玻璃橱窗中精心陈列的各类商品。同样，从建筑内部也可以直接看到外面街道上各种随时发生的事件。建筑临街的外侧区域也可以作为像酒吧、咖啡或餐饮等商业类型的休闲空间。天气好的时候，很多人更喜欢这种临街的户外空间。部分外部空间还可以有顶，或者有架空连廊，雨天里也同样可以方便使用。建筑的临街界面也不易过直，局部空间如果有后退，这种略有后退之处反而因为有一种半围合状态，而能形成良好的、可以停留的、相对安静的"意外"空间。在常规的街道中，人们的主要活动空间是在地面，所以一般街道上的建筑主要也是在底层采用比较通透的落地玻璃。干将路这次的缝合与复兴改造是通过步行高架将主要步行空间转移到了二层平台，所以，除了一层空间之外，干将路上两侧原有建筑在二层位置的临街界面也将会变得与底层一样重要。所以，高架平台建成以后，估计很多业主都会将二楼建筑的临街面改为落地玻璃。

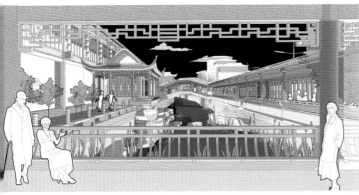

图 4-12

　　街道也不宜过宽或过长。过宽、过直且过长的空间从来都比较乏味。干将路上一次的拓宽改造是以交通功能优先的，所以不仅街道的宽度比较宽，而且从东到西还比较直。同时又因为比较直，所以虽然干将路在古城区段范围内只有 3.7 公里，虽然与清溪川或圣安东尼奥水街的长度相比，这个距离并不算是太长，但由于空间过于简单而缺少形式与节奏上的变化。1994 年拓宽改造完成后的干将路只能说是在地面交通与地下管线这两个功能上解决了基本的城市市政实施问题，而没有在传统文化保护、城市空间塑造以及日常商业行为等方面全方位解决干将路在古城区中的核心地位问题。为了能增加在东西方向上空间的变化，步行高架系统选择了在一些有特殊信息的空间节点，或者是比较重要的交叉路口，在南北方向上增加横向跨越的连接体。干将路在东西纵向上空间余地比较大，所以这些横向连接体的宽度都设计得比较宽，而且有很多还都是可以围合的商业空间。它们既是步行流线在南北平台之间来回转换的空间节点，同时也是每一个"U"单元东西两端的围合界面。这些跨越南北的横向空间连接体，一方面是为了保证步行通道全程在东西方向上的连续性，能够同时兼顾南北两侧街道上的地面人流及二层平台上的人流在不同方向及不同高度上的便捷转换，另一方面也将简单直白的交通道路转换成丰富而变化的空间体验。

　　交通空间属于穿过型的通道，就像城市道路下方的自来水管，或者是郊野空间中的灌溉渠道。作为通道的边界越密实越光滑，其中的物体流动的速度则越快，而且穿越过程中流量的损耗则越少。而交往空间所需要的目标正好相反。交往强调的是信息交换，因此在交往空间中，通道的界面越不规则越具有交往价值，这就是"交互式界面"（图 4-12）。

就像自然田野中的河流，河水在流淌的过程中孕育滋养着两岸的生命；而最蜿蜒曲折之处，往往都是滋润养育生命最旺盛的地方。

街道空间也是如此。如果街道两侧的界面过于简单平直，街道就只是车流通行的道路。而只有丰富曲折的街道空间才鼓励停留与交往。

这一点也可以用建筑室内空间作为类比。建筑空间内的走道就类似于城市中的街道。如果走道比较窄、直，走道两侧的房间还比较封闭，这种走道就只是比较消极的交通通道。很多建筑中的走道都只是消极的交通空间。

我们可能都曾有去某个部门办事，或者约见别人在走道里等待的经验。这种走道里等待的经历，时间短时可能还好，时间一长你就会明显感觉这种"走道"空间很不友好。这个时候你一定是特别期待走道的旁边能有一处哪怕是局部放大的空间，就可以待在这个局部放大的空间里，而不会因为占着走道空间影响别人的行走。偏于一侧的空间还会相对私密一些，大大减少暴露在交通空间中焦急等待的尴尬。如果临时等待的放大空间里还有一扇对外的窗户，窗外还有一点可以注目的风景，则空间体验会更好。此时你可以和路过的熟人简单打个招呼，也可以和一样在此等待的陌生人闲聊，还可以假装看窗外的风景而事实上什么也没想。如果时间再长一点，你还可以临时处理一点手头的工作而不浪费等待的时间，毕竟现在是互联网时代，移动办公也已经越来越方便。

大型建筑内一般还有中庭。中庭既是核心的交通空间，也是公共的交往空间。大型商业建筑往往还有连续展开的共享中庭。金鸡湖西侧东方之门旁的苏州中心内部，南北

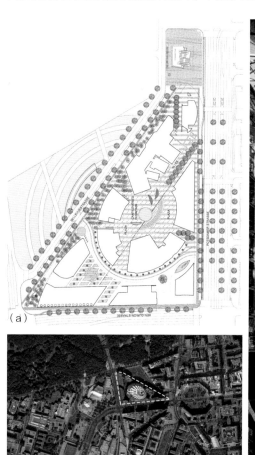

(a)

(b)

(c)

仓街口（东端）

图 4-13

展开的共享中庭全长近 500 米。这种大型的建筑实际上就像是一座小型的城市，这种连续展开的中庭就是这座"城市"中最核心、也最活跃的立体"街道"。金鸡湖东侧的圆融时代广场也是一个很好的案例，东西方向展开的 500 多米长天幕，也将两侧各个不同的商业空间统一成一条完整的、有顶的街道。

干将路的缝合与复兴不完全是一次城市设计，实际上也像是一次建筑设计。或者准确地讲是将建筑设计方法直接带入城市空间中的城市设计。从空间策略上看，新的策略就是在干将路两侧既有的单体建筑之间增设一个 1-2 层的空间连接体，一方面是将间隔 50 米的两组建筑联系成了一个相对完整的整体；另一方面也将两组建筑之间原本的消极的交通空间转化为积极活跃的共享空间。这种空间策略有点像德国柏林波斯坦广场旁的索尼中心。索尼中心周围共有 8 栋建筑，包括索尼公司欧洲总部、电影媒体中心及办公、商业服务、住宅公寓、休闲娱乐设施等。建筑师赫尔穆特·杨设计了一个巨大的遮阳顶棚将 8 栋建筑在顶部连在一起，创造了一个 4 000 平方米左右，既是城市广场、又似建筑中庭的公共活动空间（图 4-13）。

干将路中间增设连续的步行高架后，就是一个世界上最大的城市商业综合体。这个新型城市综合空间的中间将是一条绵延 3.2 公里、连续展开的城市中庭。东端的仓街口与西端的学士街口将分别成为这幢"建筑"与"中庭"位于东西两端的主要出入口（图 4-14）。

图 4-13 ｜ 图 4-14

图 4-13：柏林索尼中心——（a）总平图、
（b）卫星区位图和（c）中庭
透视图

图 4-14："城市中庭"的主要出入口——
仓街口（东端）、学士街口（西端）

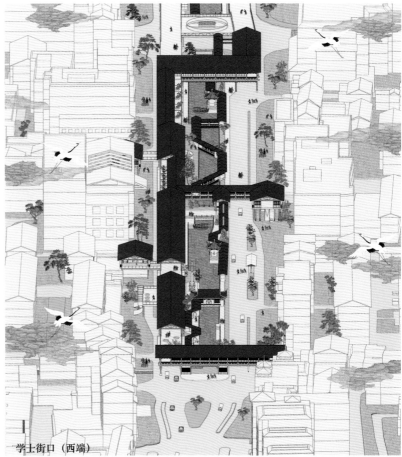

学士街口（西端）

图 4-14

4 实体空间与媒介空间
Physical Space and Medium Space

　　街道大多数都不是实体空间。因为街道基本都是户外开放空间，所以"街"在很多的学术文章中也被定义为"负"空间或"虚"空间。街道空间的尺度与比例是由两侧建筑的高度及间距决定的，街道空间的形式与节奏也是由两侧建筑的平面位置及立面形式决定的。

　　据说在 1992 年干将路启动更新改造之初，也有专家曾经提出过沿干将河单边拓宽的改造方案。大概的思路是这样的：沿干将河的一侧原汁原味地保留原有的传统风貌与空间肌理（估计应该是河的北侧，因为这样沿河岸保留的建筑与空间都能享有充分的阳光。这对像苏州这样的亚热带江南城市当然是非常重要的），而只在河的另一侧单边拓宽以满足所需要的街道宽度（假定这条道路的宽度也是双向 6 车道的话，加上中间的绿化隔离带及两侧的慢车道、人性化的以及必要的绿化隔离带与沿河绿化带，总的路幅宽度至少也在 25-30 米。这个路面上的阳光肯定会被南侧 24 米高新建的建筑所遮挡，但路面没有阳光当然没有关系）。按照这种设计方案，街道同样沿河设置。需要新建的建筑则完全建在与保留建筑相反的、河道另外一侧道路的再外（应该是南）侧。这其实也是一种非常有意思的街道断面。河的一（北）侧是保留完好的、原汁原味的传统历史文化街区，河的另一（南）侧是新建的城市道路，新建的道路是完全现代化的城市道路，既解决了东西向上所需要的机动车流量问题，同时也一样利用了上部的拆迁宽度解决下部的市政管线问题。但更有意思的是，路的一侧是完全新建的临街建筑和之相对应的现代化城市道路，道路上也是完全现代化的车水马龙。这是一条完全现代化的城市街道。而隔河相望的则是保留完好的、原汁原味的传统城市街区。这种将现代与传统直接并置，其实也是一种在冲突中处理传统与现代的很有意思的设计方式。不知何故最后这个建议没有被采纳。也许是有人认为那样的街道两侧空间不够对称，也许是因为如果只能在单侧开发时，能够新建的建筑面积肯定要减少一半，这样会带来资金平衡上的困难。也许有人认为这种对比明显的选择也有可能过于冒险。当然，也许还有其他我们今天估计不到的更合理的理由。现在干将路的两侧主要都是新建建筑，由于大多有 4-5 层，真正具有传统风貌的历史街区反而都被遮挡在新建建筑之后。

　　这也是干将路对古城风貌造成破坏的最直接原因。

　　这次的"缝合与复兴"，一开始也曾想过将机动车交通合并到干将河的一侧，而将另一侧的道路与沿河空间置换成可建设用地，建设 1-2 层、符合苏州传统尺度与形式的商业、文化或休闲建筑。然后，步行通道可以设置在这组新建的建筑与其后面的现有建筑之间，也就是在现在的机动车车道与建筑之间的慢车道和人行道位置。一般传统街巷的宽度在 2-3 米，即使是按照现在的消防间距，建筑（多层）之间需要按 6 米的宽度控制，只要两边建筑在立面形式上稍做处理，或进退距离上稍做变化，也可以形成比较合适的比例与尺度。现状的机动车道是 3 车道，宽度是 9 米，河边绿地的宽度有 3-5 米，加在一起总共有 12-14 米宽的可建设用地，这个宽度正好可以建设 1-2 层的临水（或临街）

图 4-15

图 4-15：东西贯通、南北迂回的"穿街游廊"

商业建筑。这种前街后河及街河并行的空间模式也是苏州传统城市空间中最典型的空间形态。

但这种方式马上就遇到了另外的困难。首先，是单侧3车道这个道路宽度比较尴尬。现状的干将路是双向6车道，即河道两侧往东与往西方向都是3条机动车车道。我们后来正式选择的改造方案，是保留现状道路的基本结构不变，只是将双向6车道改为双向4车道，即每侧都由原来的3车道改为2车道。一方面，根据交通流量的分析与评估，作为古城区东西向最重要的交通干道，干将路还需要继续保留双向4车道。另一方面，建设高架平台在地面要有必要的基础与结构支撑，地面上要留出基础柱子的位置。而在没有高架平台的地方，正好利用这些多出来的宽度，布置港湾式的出租车或其他车辆临时停靠点，也可以作为特殊情况下紧急救援时临时避让停留的空间。因为两侧的现状道路都没有可以继续拓宽的空间，道路边缘与建筑之间的距离本来就不宽裕，道路与河边的绿化也不宜完全取消，所以单侧的3车道无法通过拓宽改造成4车道。也就是说，如果想要在河道的一侧，通过地面车道的重新分配来进行缝合更新，机动车车道就只有可能由单向3车道改为双向2车道，东西方向上只能各有1个机动车车道。显然这个改造方向是无法成立的。干将路是古城区东西方向上的主要交通干道，双向2车道无法满足最基本的通行要求。其次按照这种方案，机动车交通与步行交通还依然是在地面上统一组织，依然不能很好地解决人车分流问题。空间肌理与行为路径依然被机动车交通分隔，城市空间依然是被河道与机动车道分隔为南北两个空间。再次，干将路比较直，只是缩小宽度不能从根本上改变街道的空间形态。

50米宽的干将路还是比较宽，还是可以有实体建筑物介入。步行高架实际上是从东到西在干将路上植入了一条连续的实体空间。与完全开放的户外空间相比，有实体高架空间的介入不仅彻底改变了干将路原有空间形态与空间尺度，更加重要的是这条实体高架空间的介入，创造了一条全新的立体街道，将为苏州的城市生活创造出更多、更丰富的空间体验。

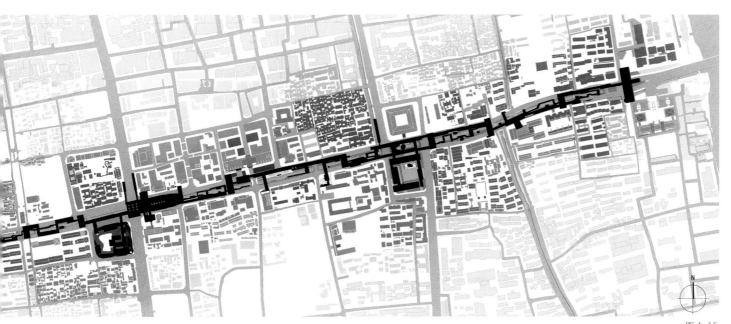

图4-15

干将路毕竟同时还是最重要的交通枢纽与最核心区的城市街道，因此，植入实体空间的权重也不宜过大。经过细致的设计推敲，新的设计是在干将路上植入的步行高架系统，简单地讲只是一条东西延绵贯通、南北迂回转折的"连廊"（图4-15）。

连廊应该是各种建筑类型中分量最"轻"的空间单元。一方面，连廊经常是没有任何围护结构，只在柱子上加个顶。连廊经常也很窄，窄到仅需供人通行。连廊大多也没有什么实质性功能，甚至是可有可无。所以连廊也很容易建造。但另一方面，连廊又是各种建筑空间类型中分量最"重"的空间单元。这也正是笔者一直致力研究的"非功能空间"[4][7]。它就像人体组织中的血脉或经络。正是因为经脉的存在，所有的单体才最终得以连接成为一个有机的整体。连廊本身也没有什么功能，但连廊可以赋予整体以功能。连廊本身不需要太大面积，但经过恰当设计的连廊可以带动、激活和它连接的所有空间。这也是连廊可以作为最有活力的"非功能空间"的魅力所在。

干将路上的连廊有时候是在南侧道路上方，有时候是在北侧道路上方。连廊是在南侧还是在北侧，主要是和道路上的综合现状信息有关。比如在平江路口附近，南侧的美居酒店建筑比较高，高架的连廊就在南侧紧靠美居酒店布置。这样设计后，一方面，从平江路向南看时，因为有高架平台作为前景，就大大降低了美居酒店过大的建筑尺度。同时，因为"U"形围合是向北开口，增设的高架平台与平江路及平江实验小学中的大成殿形成良好的空间围合与视线上的对景。另一方面，高架在美居酒店入口处又形成放大的平台，酒店的大堂可以改设在二楼，与二楼的步行系统直接相连。二层的平台有6米高，视线上可以向官太尉桥方向看到吴都会馆的屋顶以及定慧寺罗汉院的双塔。宫巷口的干将坊与齐云楼都是干将路上比较重要的文化节点。南侧的齐云楼是一组比较小的建筑，但北侧的温德姆酒店尺度比较大，建筑高度也比较高，长度又比较长。此处的高架连廊就在北侧靠温德姆酒店设置。这样就能非常有效地降低温德姆酒店在干将路上的空间尺度（图4-16）。酒店与干将路之间有一块很好的后退空间，原来因为是直接暴露在干将路的快速交通之中，空间非常消极而没有被有效使用。高架平台在此处设置后，下方靠酒店一侧就专门设计为实体隔墙，隔墙上开有景窗，向内将原本消极的开放空间围合成了相对安静的园林空间。正对宫巷口的干将坊，原本也是被隔离在南北两条快速车流之中无法接近，增设高架后，高架在此处底层是开放的，干将坊继续作为宫巷从北向南空间的对景，并以南侧的齐云楼结束。高架在此处的二层是完全开放的平台，这样就可以在平台上方近距离欣赏干将坊。

干将路上的步行高架系统作为媒介空间是一个新的空间定义。这至少包含三个方面的含义。首先是传统实体空间意义上的媒介空间，连接了机动车交通、公共交通与步行交通，将干将路原本孤立零散的各个建筑连接成为一个整体连续的立体街道。其次是通过空间重组重新建立了传统与现代、休闲与商业以及外来游客与当地居民之间的多重

4　张应鹏在《非功能空间与空间的非功能性》一书中指出：非功能空间可以简单地定义为所有功能空间之外的空间，是功能空间与功能空间之间的过渡空间，是功能空间与功能空间之间的连接空间，是功能空间之间的"间隙"与"空白"。

图4-16

图4-17

图4-16：高架连廊设置——官太尉桥、宫巷口

图4-17：（a）干将路作为实体空间场景效果图

（b）干将路作为媒介空间情景示意图

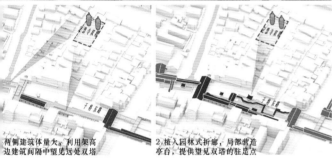
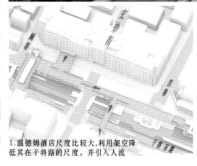
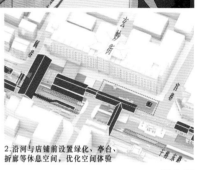

两侧建筑体量大，利用架高边建筑间隔中望见远处双塔

2，植入园林式折廊，局部营造亭台，提供望见双塔的驻足点

1．温德姆酒店尺度比较大，利用架空降低其在干将路的尺度，并引入人流

2．沿河与店铺前设置绿化、亭台、折廊等休息空间，优化空间体验

图 4-16

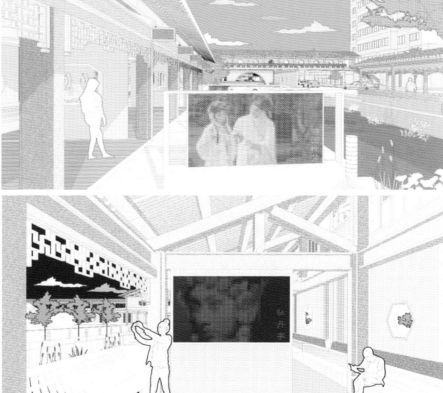

(b)

图 4-17

关联。再次是这个高架系统本身就同时建构了一个巨大的、新的媒介空间。高架系统内除了传统的空间节点与空间围合外，有大量的固定灯箱与静态广告位，还有动态展示的LED显示屏和即时互动的多媒体界面（图4-17）。这些共同构成了丰富而活跃的媒介空间界面。

近年来随着传播媒介的多元化，艺术作品的表现手法也越来越多样化（图4-18）。很多新型的艺术作品已经从室内走向室外。2021年苏州国际设计周期间，平江路就作为最重要的公共展示空间之一，展示了几组非常特殊的装置艺术作品与多媒体艺术作品（图4-19）。威尼斯国际艺术双年展，尤其是威尼斯国际建筑双年展，近几届都有很多作品是结合户外空间设计并在户外布展的。

事实上，干将路上新增的步行高架系统也可以同时建设成一条连续开放的空间展廊，在承载传统街道的日常生活的同时，也可以是承托各种艺术节展陈（如苏州设计周、中国戏曲节、城市雕塑展、摄影展以及地方院校建筑系的学生或艺术系的学生所组织的各种展览等）的重要公共展示平台。

图 4-18

图 4-18

　　图 4-19

图 4-18：（a）传播媒介在建筑室内外的介入——歌剧 Nabucco 舞台效果、（b）上海玻璃展览馆室内效果、（c）曼哈顿下城大礼堂室内效果

图 4-19：（a）苏州国际设计周装置艺术作品——《一册园林》、（b）《船巷》、（c）《塔院》

5　重塑姑苏繁华图
Rebuilding the Prosperous Suzhou

　　"苏湖熟，天下足"，苏州从来就是江南富庶繁华之地。唐代诗人杜荀鹤有一首诗叫《送人游吴》，从题目上看这是一首纯粹的送别诗，但从诗中的内容上看则完全是在介绍苏州的城市概况。全诗共四句，只有最后一句"遥知未眠夜，相思在渔歌"的描写与送别之情有些关联，前三句其实都是在描写苏州当时的城市风貌与风土人情。第一句"君到姑苏见，人家尽枕河"，描写的是建筑沿河而建的城市空间形态。第二句"古宫闲地少，水港小桥多"，是通过空间的繁华呈现出城市的繁华。第三句"夜市卖菱藕，春船载绮罗"，则描绘出夜晚城市中丰盛的商业活动，而夜晚的商业活动更能直观衡量一个城市的商业活力，过去是这样，现在依然如此。曹雪芹在《红楼梦》中开篇的第一章、第一回中也写到苏州，写到阊门当年的繁华。"当日地陷东南，这东南一隅有处曰姑苏，有城曰阊门者，最是红尘中一二等富贵风流之地"。虽然只是寥寥数字，但也已经可以窥一斑而见全豹了。

　　如果说这些文学作品中的文字描述还是略显得有些抽象的话，那么，《姑苏繁华图》则完全是以空间的方式翔实记载了当时苏州的繁华景象。这是一幅完全写实的绘画作品，由清代苏州籍宫廷画家徐扬历时 24 年，于 1759 年最终完成。全画长 12 米，画面"自灵岩山起，由木渎镇东行，过横山，渡石湖，历上方山，介狮、何两山之间，入姑苏郡城，自葑、盘、胥三门出阊门外，转山塘桥，至虎丘山止"，全画详细描绘了乾隆年间苏州"商贾辐辏，百货骈阗"的盛世风情。

　　选择《姑苏繁华图》作为干将路再次"缝合与复兴"的设计目标，综合起来有以下四个方面的考量与愿景。

　　第一，作为经典的传世名作，作为苏州传统文化的重要代表，《姑苏繁华图》可以借助既有的文化认同直接建立起新的文化认知。

　　第二，《姑苏繁华图》中描绘的主要场景都是现实中非常具体的空间节点，而且这些节点大多数至今还依然存在。

　　第三，中国传统绘画大多数是写意山水，具象的作品本来也不多，描绘具体城市生活与城市空间的作品就更少。然而《姑苏繁华图》对空间与形式的描绘非常写实，也非

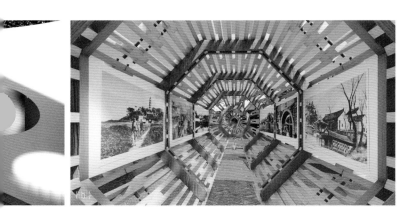

图 4-19

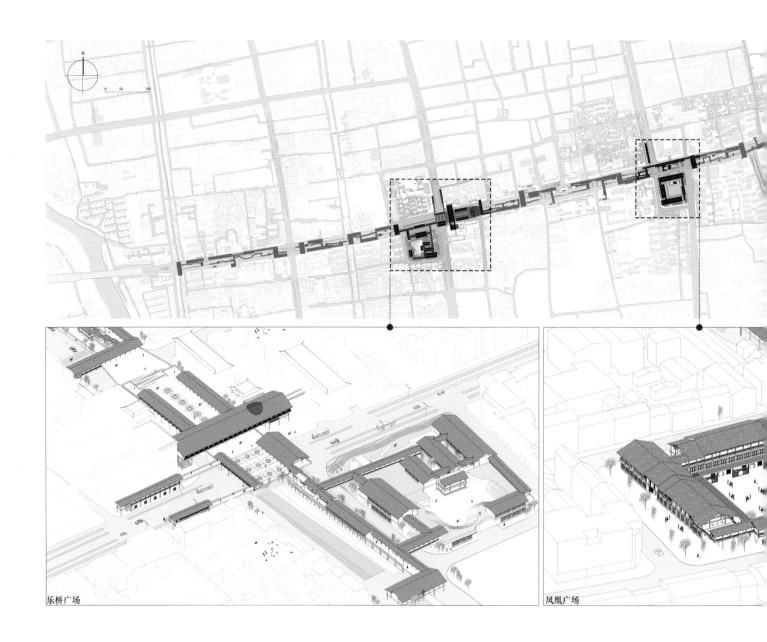

乐桥广场

凤凰广场

常具体，为干将路缝合与复兴在设计策略上提供了非常翔实的场景参照与空间参照。

第四，《姑苏繁华图》又名《盛世滋生图》。空间是生活的载体，生活才是空间的目标。"繁华"在每个时代都是最美好的生活愿景。重塑姑苏繁华图同时也包含着此次的"缝合与复兴"能带来干将路乃至苏州古城区真正的繁荣与复兴的美好愿景。

重塑二字也同样包含四重含义。

重塑的第一重含义是回归，主要是指从外围的新城区向古城中心的回归。经过30多年的快速发展，苏州在古城区之外的各个新城区都已经发展得相对完善，而作为苏州中心的古城区却在不断衰落中越显萧条。所谓重塑，不失为一种反哺，就是在苏州外围新城空间发展逐渐稳定后，再将发展重心转回古城核心区。姑苏古城是苏州文化生根发芽的起源地，我们在文化复兴的意义上也需要重新回到当初出发的地方。

重塑的第二重含义是转译，是空间与图像之间的转换。当年的《姑苏繁华图》是以绘画的方式记载了当时的盛世生活，那么干将路当下的"缝合与复兴"则是现实城市中

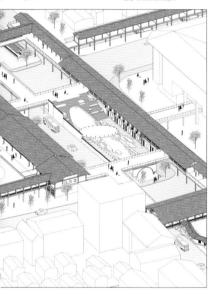

图 4-20

图 4-20：广场空间的塑造与激活：乐桥广场和凤凰广场

的空间营造，是以实体空间对平面绘画的重塑。

重塑的第三重含义当然是提高与升华。《姑苏繁华图》绘制的是清朝乾隆年间的姑苏城市风情，我们当然不能简单地回到过去。历史性的空间与生活不能直接照搬到现在。重塑是指重建精神层面上的文化认同与类比，是一次以现代空间营造向经典绘画致意的城市更新方式，必须同时包含新的科学技术与新的生活方式。繁荣必然是随着历史发展的动态提升，重塑必须在更积极的意义上立足当下、指向未来。

重塑的第四重含意是两种历史时代的空间类型也已完全不同。当年的《姑苏繁华图》中所描述的空间大部分是在城外及郊野，只有阊门内一部分是城市内部空间。干将路则完全是城市内部街道，而且是古城区内部最核心的复合功能街道。这也是两种迥异的空间类型与生活类型。所以用重塑二字更为贴切。

《姑苏繁华图》画幅比例很长，全画长有 1225 厘米，而宽度比较窄，只有 35.8 厘米，属于典型的散点透视表达技法。散点透视是中国绘画技法中的一种非常独特的表达方法。它的主要特点是能在同一个作品里以长卷的方式表达长距离的连续画面。这和西方的绘画完全不同。西方绘画一般是一点透视或两点透视。无论是一点透视还是两点透视，西方的画面作品是有中心的，而且大多数情况下还都是一个中心。所以西方绘画画面都比较完整，中心也比较突出，适合表达单个主题。而中国绘画中的散点透视的独特特点是，一幅绘画作品中可以同时表达多个主题与多个中心，可以有多个主题与多个中心连续排列[8]。中国的十大传世名画中，阎立本的《步辇图》、张择端的《清明上河图》、王希孟的《千里江山图》等都是以散点透视技法绘制的长卷作品。这些名作或以多个主题、多个中心连续表达连绵的山川风貌，或以多个主题、多个中心同时呈现不同的空间、不同的活动场景。

街道都是窄而长的空间，这也是将《姑苏繁华图》作为干将路重新缝合与复兴策略参照的重要原因之一。干将路首先是一个两端有边界的整体街道。东端的边界在仓街口，西端的边界在学士街口。这两个位置上都有与干将路垂直跨越南北的骑楼，骑楼的尺度与体量也都比较大。如此一方面能通过体量上的加强，强化南北空间之间连接的整体性；另一方面，也是想以强化边界的方式强化从东西方向上街道空间的进入感。同时干将路也是一个有明确几何中心的整体街道。乐桥就是干将路古城区段非常明确的几何中心。所以在乐桥位置，架空平台的设计面积与范围最大，实际上这里打造的就是一个架在人民路与干将路"十字交叉路口"上方的"城市广场"（乐桥作为古城区乃至苏州大市区最核心的几何中心，原来居然没有任何可以供人停留的空间）。这个位置的交通也最方便，四个路口的人流都可以从地铁出口直接到达空中广场。广场上配有相应的室内休闲空间，鼓励人们在此停留。专门设计的玻璃地面，一方面是为了下部道路的采光，同时也可以看到下方的车流，为小朋友们提供趣味的观察口。此处向东可以看到工业园区的东方之门，向西可以看到桐泾路与高新区的高层建筑。乐桥平台将是干将路上的"两宜台"。

再次"缝合"后干将路呈现的将是一个连续展开的多维空间，每一段都有相对独立的完整空间，每一段都有自己的主题，每一段都有自己的中心。3.2 公里长的干将路就像一幅以散点透视渐次展开的空间长卷。干将东路上除了作为东侧入口的仓街节点之外，还有平江路口、临顿路口、宫巷路口等。干将西路除了作为西侧入口的学士街节点之外，还有嘉余坊口、西美巷口、养育巷口等。此外步行高架系统中那些南北跨街骑楼，又将干将路作为街道的空间在东西方向上分成了一个个向南或向北围合的"U"形空间。每一处围合都是一个以干将河为中心的小型园林。干将路上还有两个位置非常好的广场空间，一个是乐桥边的乐桥广场，一个是凤凰街口的凤凰广场。这两个空间目前都是被车行流线完全阻隔的、非常消极的"交通环岛"。而高架平台建设完成后，也会同时连接并激活这两个广场（图4-20）。广场，作为城市生活中最活跃的空间，在整体的高架步行体系中得以复兴。

苏州的传统建筑大多是小开间、小体量的木结构居住建筑。这些建筑在改造成拥有现代使用功能时都有空间上的局限性与结构上的技术难度。所以大多数只能适应对空间要求不高的小型特色餐饮，或文创小店等普通功能。有一些虽然能改为酒店，但大多数也只能被改造成小规模的民宿，或者是小型的精品酒店，如万科的有熊酒店及由潘宅改造而成的花间堂等。干将路两侧当年新建的那些建筑反而都是一些体量相对较大的、混凝土框架结构体系的现代建筑，柱网跨度也相对较大，空间重新分隔也相对灵活。所以此类建筑改造后的功能适应性也会灵活很多。

干将路两侧建筑的现有功能也比较多样化。有的是政府机关，如税务大楼、人才大厦等；有的是金融服务机构，如中国银行、太平洋保险等；也有商务办公与酒店，如和基广场、温德姆酒店等。还有商场，如东锦商城；还有医院、学校以及各色餐饮等等。干将路两侧还有传统的商业街区，如平江历史街区；有经典的江南园林，如乐桥北侧的怡园。

干将路两侧其实有比较充足的建筑空间与功能适应性，眼前的主要矛盾恰是缺少系统的空间组织活力。新的"缝合与复兴"策略正是要通过组织空间整合功能，通过交通梳理激活连接空间，从而打造一幅人们可以真正生活于其中并能真正共生共荣的《姑苏繁华图》。

参考文献：

[1] 费移山，王建国．高密度城市形态与城市交通：以香港城市发展为例 [J]．新建筑，2004(5):4-6.

[2] Joshua David. Reclaiming the High Line[M]. New York: Design Trust for Public Space with Friends of the High Line, 2002.

[3] 孙磊磊，黄志强，唐超乐．叠透与弥散：非功能空间的可能性 [J]．建筑学报，2017(6):58-61.

[4] Jeon Chihyung,Kang Yeonsil. Restoring and Re-Restoring the Cheonggyecheon: Nature, Technology, and History in Seoul, South Korea[J]. Environmental History,2019,24(4).

[5] 陈泳，吴昊．让河流融于城市生活：圣安东尼奥滨河步道的发展历程及启示 [J]．国际城市规划，2020,35(5):124-132. DOI:10.19830/j.upi.2019.103.

[6] 陈跃中．街景重构：打造品质活力的公共空间 [J]．中国园林，2018,34(11):69-74.

[7] 张应鹏．空间的非功能性 [J]．建筑师，2013(5):77-84.

[8] 王昕．中西方传统绘画中的空间意识浅析 [J]．大舞台，2013(12):97-98.DOI:10.15947/j.cnki.dwt.2013.12.111.

图表来源：

表 4-1：空中步行系统典型案例（明尼阿波利斯空中步行系统：改绘自 https://www.minneapolis.org/summer-dont-miss-list/arts-culture/gclid=EAIaIQobChMI7vSGibvh-QIVj66WCh2rCAtNEAAYASAAEgJIwfD_BwE&gclsrc=aw.ds；https://www.yelp.com/biz/minneapolis-skyway-system-minneapolis；

拉德芳斯复合步行系统：改绘自 https://parisladefense.com/en/access/prm；https://commons.wikimedia.org/wiki/File:Trinity_tower_building_site_in_La_D%C3%A9fense_-_2018-06-23.jpg；

卡尔加里空中步行系统：改绘自 https://www.calgary.ca/bike-walk-roll/plus-15-network.html？Redirect=/plus15；

香港中区空中步行系统：改绘自 https://www.pland.gov.hk/pland_en/p_study/comp_s/UDS/chi_v1/UDS_Urban_Emphasis_chi.htm；https://commons.wikimedia.org/wiki/File:HK_Central_IFC_Podium_garden_view_50_Connaught_Road_n_Agricultural_Bank_of_China_n_footbridge_May-2013.JPG.）

图 4-1：重塑"姑苏繁华图"——干将路古风长卷

图 4-2：纽约高线公园（©JCFO）

图 4-3：街道上的街道——立体交通的"街市"

图 4-4：清溪川典型街道形式剖面示意图（改绘自：https://english.seoul.go.kr/）

图 4-5：清溪川典型街道空间尺度分析图（改绘自：https:www.sto.or.kr/comm/getImage）

图 4-6：圣安东尼奥市区滨河步道改造总平面图（图片来源：https://www.thesanantonioriverwalk.com/maps/）

图 4-7：圣安东尼奥市区滨河步道的亲水堤岸（图片来源：https://sedl.org/pubs/a-special-place/brochure.html）

图 4-8：街道中的公园——回归日常生活

图 4-9：街道中的公园场景效果图

图 4-10：交叉路口转弯半径的优化

图 4-11：干将路作为交通空间场景效果图

图 4-12：干将路作为交往空间情景示意图

图 4-13：柏林索尼中心——（a）总平面图、（b）卫星区位图和（c）中庭透视图（图片来源：https://architizer.com/projects/sony-center-1/）

图 4-14："城市中庭"的主要出入口——仓街口（东端）、学士街口（西端）

图 4-15：东西贯通、南北迂回的"穿街游廊"

图 4-16：高架连廊设置——官太尉桥、宫巷口

图 4-17：（a）干将路作为实体空间场景效果图、（b）干将路作为媒介空间情景示意图

图 4-18：传播媒介在建筑室内外的介入——（a）歌剧 Nabucco 舞台效果（©DJA）、（b）上海玻璃展览馆室内效果（©COORDINATION ASIA）、（c）曼哈顿下城礼堂室内效果（©Moment Factory）

图 4-19：（a）苏州国际设计周装置艺术作品——《一册园林》、（b）《船巷》、（c）《塔院》（图片来源：https://www.zcool.com.cn/special/exhibition/sudw2021）

图 4-20：广场空间的塑造与激活：乐桥广场和凤凰广场

除标明图表来源以外，其余图表均为作者绘制或拍摄。

伍 Chapter V

技术系统组织
Technical System Organization

1. 街道类型

2. 交通组织

3. 公共交通系统

4. 慢行交通系统与无障碍设计

5. 消防救援与防火防撞

6. 绿化景观与灯光照明

1 街道类型 Street Types（图 5-1）

道路分级

城市街道能通达到城市各个地区，供城市内客、货交通运输及行人使用，具有交通通行和公共活动两类主要功能。城市街道的交通等级主要取决于其在交通网络中的地位及其所承担的交通功能，可以分为快速路、主干路、次干路和支路四个等级。这种分类主要考虑的是机动车交通特征的差异，每种类型对应于不同的交通职能、设计车速、道路红线宽度，并形成相应的设计标准和规范[1]。其中，城市快速路侧重于城市之间，或城市不同区域之间的连接，目前在苏州老城区内并未规划城市快速路（表 5-1）。

干将路片区中，干将路和人民路作为城市主干道，提供快速、连续的长距离、大容量的交通服务，对于老城区来说沿线的街道尺度和路口间距较大。学士街、养育巷、锦帆路等多条次干路与干将路相接，连接片区交通的同时兼具服务功能，丰富了主干路的城市功能（图 5-2）。

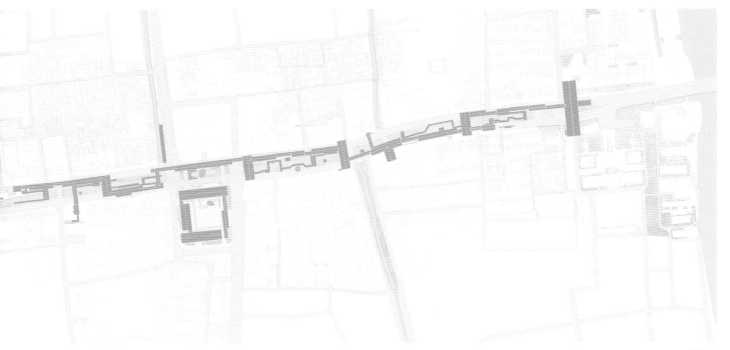

图 5-1

图 5-1
　　表 5-1

图 5-1：干将路总平面肌理图
表 5-1：城市道路分级

道路等级	交通职能	设计车速	红线宽度	街道断面	图例
主干路	是城市路网的骨架，是联系城市各功能分区的主要交通要道	40-60km/h	40-50m	路幅宽度32-42m，机动车道双向 4-6车道，宜采用三幅路或四幅路	▬▬
次干路	是城市内部区域间联络性干道，兼有集散交通和服务功能	30-50km/h	24-40m	路幅宽度 24-32m，机动车道双向2-4车道，宜采用单幅路或两幅路	▬▬
支路	是次干路与街坊内部道路的连接线，以服务功能为主	20-30km/h	≤24m	路幅宽度9-24m，允许机非混行，宜采用单幅路	▬▬

表 5-1

街道类型和断面特征

不同功能区域的街道往往承载着不同类型的出行与活动。沿线的地块用地性质、交通组织、建筑及底层的使用功能、界面特征及退界距离等对沿街活动都具有决定性的影响，是街道设计不可忽略的因素。同一条道路由于所处地段的功能不同，街道的活动与环境氛围也会存在差异。

干将路作为一条综合性街道，分析沿线使用功能和活动，可将其分为生活性街道、景观性街道和商业性街道三类。滨河段多为公园、校园和历史保护街区，为景观休闲街道；临顿路到仓街段多为住宅区和学校，为生活服务道路；其余沿线以零售商业为主，多为商业街道（表5-2、图5-3）。

景观街道如滨河段，具有突出的景观风貌特色，沿线设置集中且具备成规模休闲活动设施；生活类街道如临顿路到仓街段，往往结合部分特色街巷形成社区生活街道，以周边居民为服务对象，为其提供日常生活服务配套、宜人的公共活动空间与交往交流场所；商业街道的沿线零售、餐饮等商业服务设施比较集中，具有一定业态特色。三类街道的街道断面，特别是在建筑前区人行道区域，有着特征差异（图5-4）。

图 5-2

表 5-2 ｜ 图 5-4

图 5-3

图 5-2：干将路片区城市道路分级图示
表 5-2：城市道路类型
图 5-3：干将路片区城市道路类型图示
图 5-4：干将路典型断面特征

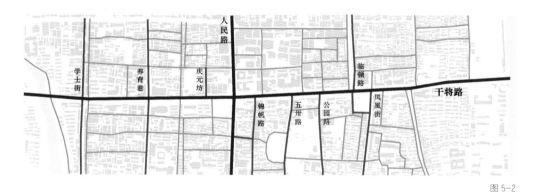

图 5-2

道路类型	使用属性	图例
生活性街道	沿线以服务本地居民的生活服务型商业、零售餐饮及公共服务设施为主	
景观性街道	滨水、景观和历史风貌特色突出，沿线设置集中成规模休闲活动设置的街道	
商业性街道	街道沿街以零售餐饮为主，有一定服务能级和业态特色的街道	

表 5-2

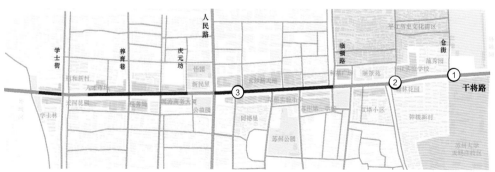

图 5-3

108

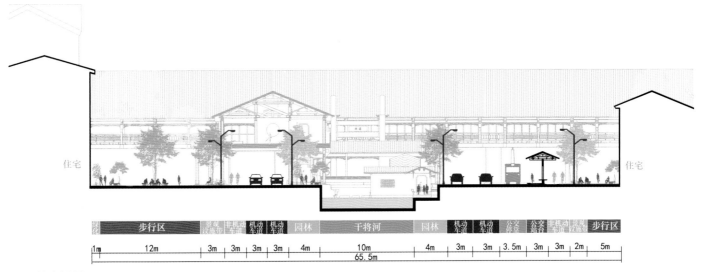

1. 景观性道路断面

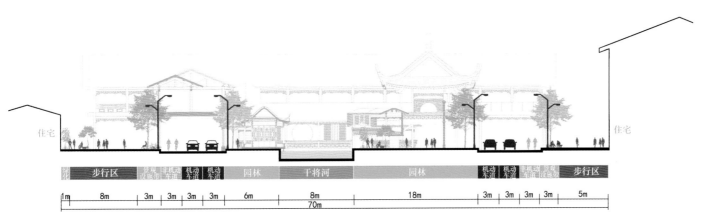

2. 生活性道路断面

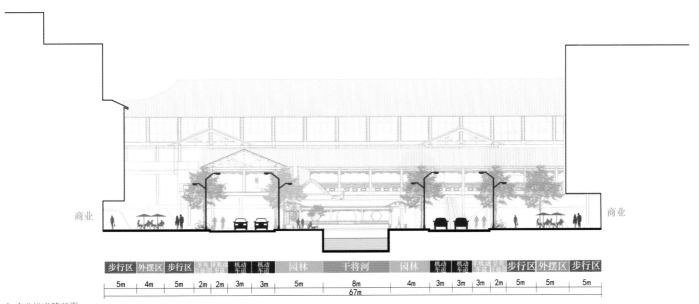

3. 商业性道路断面

图 5-4

109

2 交通组织 Traffic Organization

道路交叉口

交叉口是行人、非机动车、机动车交汇的节点，也是交通事故易于发生的冲突点。通过改进交叉口设计可以提供安全、舒适的过街体验，降低交通事故发生率。好的交叉口设计需要考虑周围建筑的排布方式以及它们如何围合交叉口所处的空间，同时，交叉口设计应该顺应步行者的理想路线，而不只是满足机动车的通行需求。交叉口的道路红线切角距离应在充分考虑安全停车视距、交叉口道路等级与建筑退界等因素的前提下，采用下限值，以节约用地和强化街道空间的连续性[2]。而拐角半径直接影响车辆转弯速度和行人过街距离。最小化转弯半径对于创建具有安全转弯速度的紧凑交叉口至关重要（表5-3、图5-5）。

干将路作为一条城市主干路，路幅较宽，街道交叉口应增加安全的等候空间和步行过街通道的引导性，通过设置安全岛减少一次性过街距离，降低由于过街距离较长给行人带来的不适。此外，交叉口还应标识非机动车过街通道，鼓励通过标线和分色铺装对非机动车过街进行引导（图5-6）。

道路交叉口红线切角距离推荐（单位：m）

道路等级	主干路	次干路	支路
主干路	15	10	5
次干路	10	10	5
支路	5	5	5

道路转弯半径推荐（单位：m）

道路等级	主干路	次干路	支路
主干路	10	10-8	5-3
次干路	10	10-8	5-3
支路	5	5	5-3

表5-3

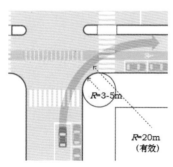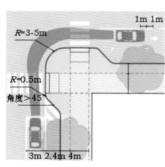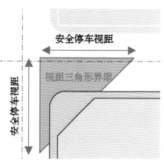

图5-5

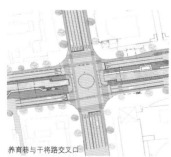

养育巷与干将路交叉口
主干路间交叉口

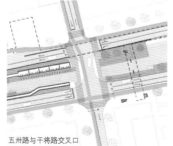

五卅路与干将路交叉口
主干路与次干路间交叉口

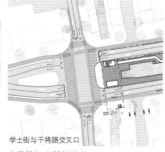

学士街与干将路交叉口
主干路与支路间交叉口

图5-6

机动车组织

干将路作为城市双向 4 车道主干道，应保证交通通行能力。以临顿路段机动车交通组织为例，地块减少面向干将路的机动车出入口，多设置公交、地铁和共享单车站点。地块内机动车出入口不应打破人行道，宜采用和人行道相同铺装，保持人行界面的完整性和舒适性（图 5-7）。

苏州老城区道路资源有限，通过增加道路设施无法有效解决城市交通拥堵问题，必须通过鼓励公共交通、绿色交通来转变出行方式，控制小汽车的增长与使用；加强交通组织研究，系统性提高交通通行能力；通过缩减车道宽度、减小转弯半径等方式改善步行和骑行环境，影响驾驶行为（图 5-8、图 5-9）。

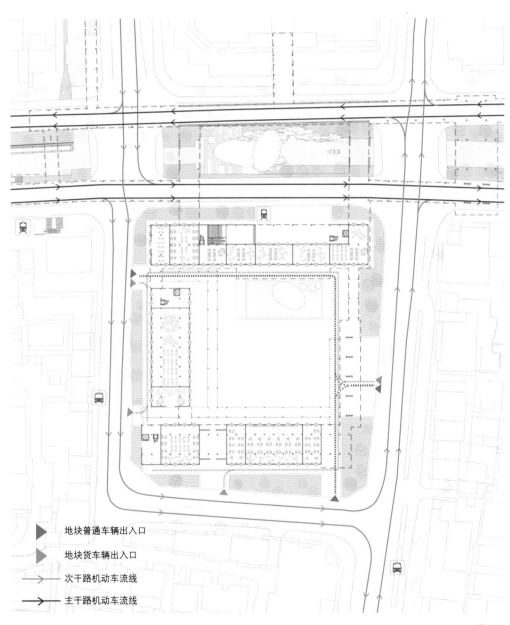

表 5-3
图 5-5
图 5-6　　图 5-7

表 5-3：交叉口红线切角距离和转弯半径推荐
图 5-5：交叉口设计示意图
图 5-6：干将路交叉口设计示意图
图 5-7：干将路临顿路段机动车交通组织示意图

▶ 地块普通车辆出入口
▶ 地块货车车辆出入口
→ 次干路机动车流线
➔ 主干路机动车流线

图 5-7

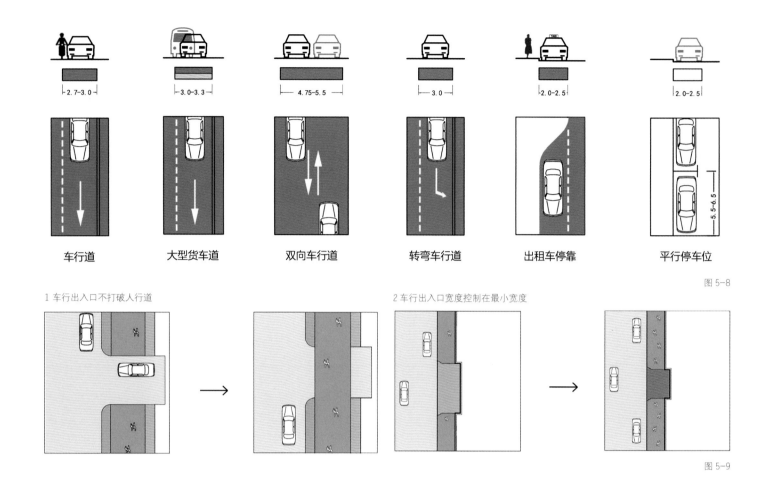

| 车行道 | 大型货车道 | 双向车行道 | 转弯车行道 | 出租车停靠 | 平行停车位 |

图 5-8

1 车行出入口不打破人行道　　　　　　　　　　　　　　　2 车行出入口宽度控制在最小宽度

图 5-9

3 公共交通系统 Public Transportation System

地铁

　　曾经，干将路拓宽，是为了解决古城区内部东西方向的机动车交通问题，以及连通东西两侧外围城市空间主要交通干道。如今，古城区外部各个区域之间的交通联系转移到各条环路，而地铁的开通与运行，对古城区内部的机动车交通需求也产生相应影响，现有地铁站点（及计划中站点），在服务范围 500 米条件下能覆盖干将路全线（图 5-10）。

　　轨道交通站点的设置应符合以下要求。首先轨道交通站点周边留有足够的疏散空间，形成连续、便捷的换乘路径。其次，街道与轨道交通站点的连接强化了无障碍与可达性，便于各种绿色交通方式换乘。沿主、次干路设置的轨道交通站点，在道路两侧分别设置出入口；单侧设置出入口时，提供了舒适、安全的过街设施。其中，地铁 1 号线在干将路 3.7 公里区段内一共设有 4 个站点，每个站点出入口位置都新建步行高架。地铁从地下出来的垂直交通在经过改造后，可以直接到达高架的上部平台；地铁出入口的位置也是地面公交车的主要停靠站点与共享单车的停放点。地下的地铁、地面的公交和近年兴起的共享单车、高架上部空间的步行漫游系统——这些传统的和新型的交通方式将在统一的立体网络里得到融汇和合力，一起将干将路共同构建为一整套立体连续、网络通达的整体性交通空间（图 5-11）。

图 5-8　｜　图 5-10

图 5-9　｜　图 5-11

图 5-8：机动车道尺寸示意图

图 5-9：机动车车行出入口示意图

图 5-10：地铁站点及路线（服务范围 R=500 m）

图 5-11：轨交站点出入口剖面示意图

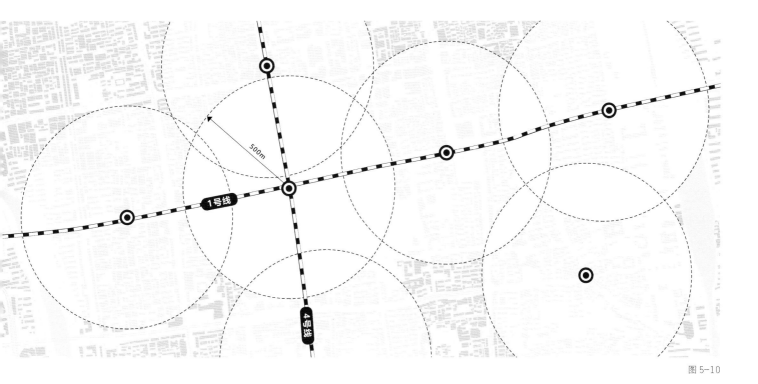

图 5-10

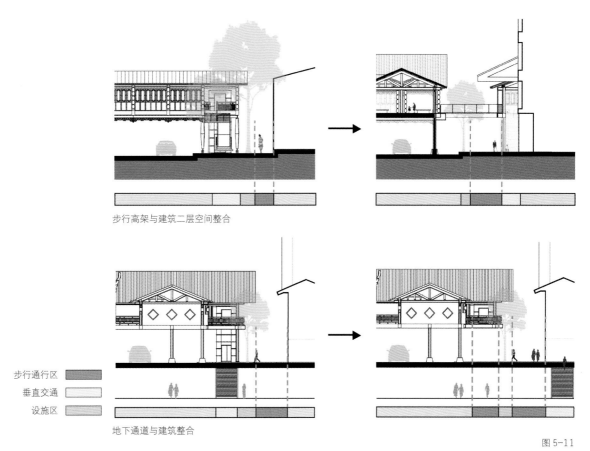

步行高架与建筑二层空间整合

步行通行区
垂直交通
设施区

地下通道与建筑整合

图 5-11

公交车

公交车站点的设置与城市重要公共空间和公共服务设施进行整合（**图5-12**），方便不同交通模式的衔接与转换。同时，需要协调站点上下车、候车人流与非机动交通以及公交车流，保障乘客与骑行者安全。

站点布局方面，公交站点设置在人流活动较多处，并靠近交叉口或路中过街的人行横道附近，增加过街换乘的便利性与安全性。站点设计方面，公交车站台类型分站点结合侧分绿带、站点结合非机动车道以及站点结合设施带三种（**图5-13**），在机非混行路段公交车站台宜结合路侧设施区设置；对于车流量较小的机非混行路段允许不设置港湾式公交，而采用直接路边停靠方式；在机非隔离路段，车流量较大，公交站台结合侧分绿带或非机动车道设置[3]。

在道路条件允许的情况下设置公交专用道，优先满足公共交通发展的需要。公交专用道应设置在公交客流主要走廊且交通拥堵的路段，尽量连续设置并形成网络。通过铺装及相应标识强调公交车路权，通常采用彩色水泥基防滑路面材料，具有超长寿命、耐候性强、抗重压、耐磨损、易施工的优点（**图5-14**）[4]。

图5-13 图5-14

图5-12 | 图5-15

图5-12：公交车站点与路线（服务范围 *R*＝300 m）

图5-13：公交车站台类型

图5-14：公交专用道铺地、标识

图5-15：公共自行车租赁点（服务范围 *R*＝150 m）

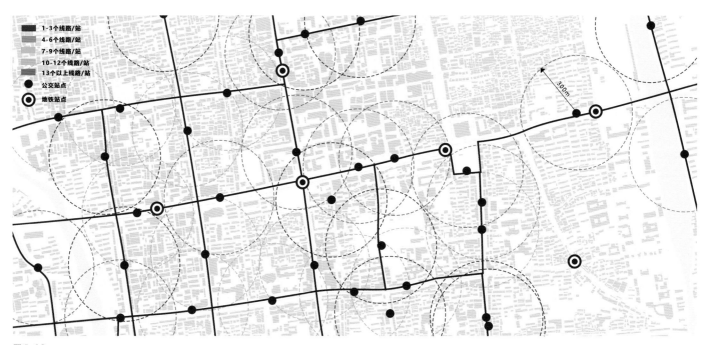

图例：
- 1-3个线路/站
- 4-6个线路/站
- 7-9个线路/站
- 10-12个线路/站
- 13个以上线路/站
- 公交站点
- 地铁站点

300m

图5-12

公共自行车

　　公共自行车租赁点在原来基础上沿干将路增密（图5-15），主要布置在地铁及公交站附近，并结合重要公共建筑、大型商业设施、城市广场等设施集中设置，方便不同交通方式相互衔接转换。在生活性街道可按照小规模、高密度的原则，适当提高停车密度、增加停车数量。公共自行车租赁点布置在非机动车道和步行通行区之间的设施带范围内，服务半径≤150 m。

站点结合侧分绿带

站点结合非机动车道

站点结合设施带

图5-13

图5-14

图5-15

4 慢行交通系统与无障碍设计
Slow Traffic System and Barrier-Free Design

　　有人的空间才是有活力的空间。作为城市主要的交通道路，干将路目前最大的问题是有车流没人流，没有充分的步行空间与公共活动空间。所以建立慢行交通系统，重新组织步行空间与公共活动空间，是干将路此次缝合与复兴的重要目标。

立体步行系统

　　干将路两侧建筑之间有 50 米宽，且道路车流量很大，两侧的步行人流穿过街道很不方便，河流景观的可达性很低。干将路建立一套立体步行系统，通过新建的高架平台，在不同高度上以立体交通的方式重新组织街道车行空间与步行空间。步行高架避开了在地面上与机动车交通之间的直接交叉，在空间维度的上能够形成连续、完整的步行空间系统。连续性是步行空间最重要的性能指标，连续的高架将干将路两侧的空间在空中连成一个完整的整体。

　　步行高架上有线性的行走空间，也会有点状的停留空间；有开放空间，也有围合空间；有对外开放的非营利空间，也有可封闭管理的商业空间。步行系统以立体的方式融入两侧原有的街道之中（图 5-16）。

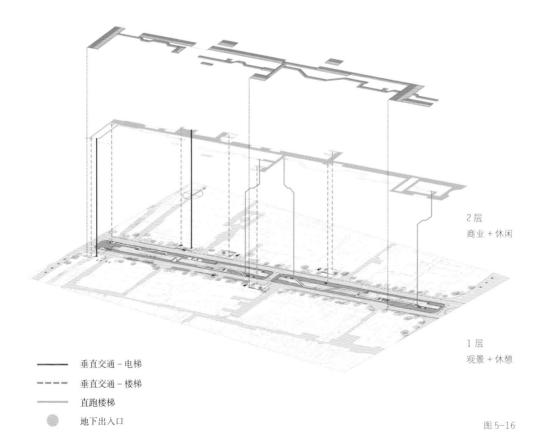

2层
商业 + 休闲

1层
观景 + 休憩

―――― 垂直交通 – 电梯
------ 垂直交通 – 楼梯
―――― 直跑楼梯
● 地下出入口

图 5-16

表 5-4
图 5-17
图 5-16 ｜ 图 5-18

图 5-16：立体步行系统
表 5-4：步行通行区最小宽度推荐（单位：米）
图 5-17：步行道连续空间
图 5-18：地面铺装

步行通行区

步行通行区宽度应与步行需求相互协调，应在综合考虑街道等级、开发强度、功能混合程度、界面业态与公交设施等因素后合理确定（表5-4）。

二层平台必须是连续完整的步行空间，应保持步行空间的连续畅通，以确保行人特别是残障人群步行的安全性与舒适性（图5-17）。

人行道铺装应选用耐磨、平坦、防滑、便于清洁、透气渗水的环保材料，注重清洁、坚固、平整要求，方便步行、轮椅通行、婴儿车通行，以及携带行李车通行[3]（图5-18）。

道路类型	步行通行区最小宽度建议
临街——围墙	2
临街——非积极	3
临街——积极或主要交通走廊	4
主要商业街，轨交站点附近	5
主要商业街结合轨交出入口位置	6
主、次干路两侧人行道	加宽 0.5-1

表 5-4

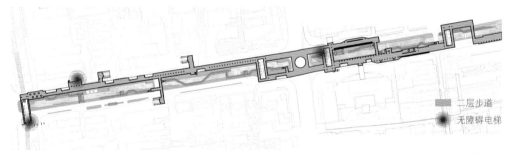

二层步道

无障碍电梯

图 5-17

图 5-18

骑行通行区

应根据道路等级、空间条件和非机动车交通量状况合理确定非机动车道形式与宽度，保障非机动车路权，确保骑行网络完整、连续和通畅。非机动车道应采用地面标识、标线、彩色涂装等方式，提醒机动车避让非机动车，避免机动车占用非机动车道停车（表5-5、表5-6）。

非机动车道的形式包括独立非机动车道、划线非机动车道与混行车道3类。非机动车道宽度视高峰小时自行车和电动自行车流量而定。主次干路和交通性街道（或设计速度大于等于40千米/小时的街道）宜采用独立非机动车道形式，一般宽度在2.5-3.5米，与机动车道之间必须采用连续物理隔离，减少停车对非机动车道的侵占；具备用地条件的，优先采用绿化带；其次选择较矮的栏杆或阻车桩，避免对视觉通达和步行穿越街道造成障碍。独立非机动车道宜在出入口两端设置阻车桩，防止小汽车驶入违章停车（图5-19、图5-20、图5-21）[4]。

非机动车高峰 小时流量 （辆/小时）	骑行通行区最小宽度建议
≥2 500	3.5
1 000-2 500	2.5
<1 000	1.5

表5-5

车道类型	涂装颜色
公交车道	红色
非机动车道	蓝色
自行车专用道	绿色

表5-6

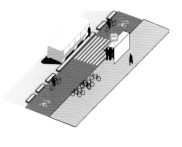

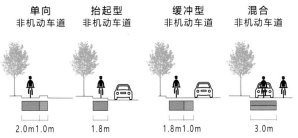

单向 非机动车道	抬起型 非机动车道	缓冲型 非机动车道	混合 非机动车道
2.0m 1.0m	1.8m	1.8m 1.0m	3.0m

图5-19

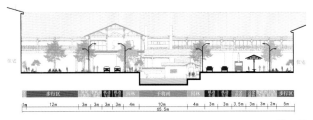

图5-20

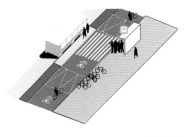

图5-21

步行过街

交叉口设计优先考虑设置平面过街设施，即便在已经设置人行天桥、地下通道的路口，也应尽量保留平面过街设施，避免垂直上下绕路。鼓励通过缩小交叉口、扩充人行道和缩小转弯半径等方式缩短行人过街距离，并为行人过街设置专门的信号灯（表5-7）。

要为行人提供直接、便利的过街可能，保障行人安全、舒适地通过路口或横过街道。过街设施要根据行人过街需求设置过街设施，合理控制过街设施间距，使行人能够就近过街。人流集中路段应设置路中过街设施，例如大型公共服务设施和居住小区出入口等。除交通性干路以外，一般街道过街设施的间距应控制在 100 米以内，最大不超过 150 米（图 5-22、图 5-23）[2]。

人行横道长度超过 16 米（除去非机动车道和绿化隔离带的长度）或双向 4 车道以上的街道交叉口应增设中央安全岛，减少一次性过街距离。安全岛宽度应大于等于 2 米，可满足停放非机动车和婴儿车，困难情况下建议调整至 1.5 米，若过街非机动车流量较大时可适当拓宽。

表 5-5

表 5-6　　　　　　表 5-7

图 5-19　　　　　　图 5-22

图 5-20　图 5-21　图 5-23

表 5-5：非机动车道宽度要求（单位：米）
表 5-6：分色涂装颜色推荐
表 5-7：过街形式
图 5-19：非机动车道类型
图 5-20：街道断面组织
图 5-21：公交车站协调
图 5-22：过街设施设置
图 5-23：立体过街设施设置

	标准式	特殊铺装	抬起式
示意			
环境	适用于各地区交叉口	适用于人流量较大或有独特风貌的交叉口	适用于人流量较大或以步行交通为主的交叉口
优点	施工方便，识别性强	保护行人作用强，突出地方特色，识别性强	保护行人作用强，方便残障人士，识别性强
缺点	保护行人作用弱	维护成本高	施工复杂，成本高

表 5-7

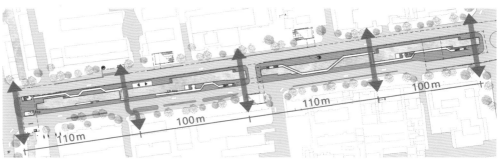

图 5-22

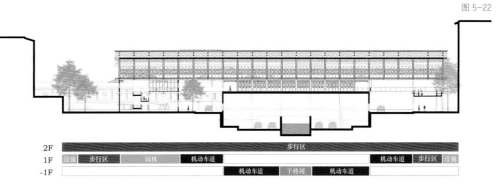

图 5-23

119

无障碍设计

干将路的无障碍设施依托地铁站出入口以及商业空间进行设计，无障碍电梯的位置如图 5-24 所示。

人行道坡道是一种斜面，便于使用轮椅和其他个人移动设备的人以及推着婴儿车、手推车或重型行李的人进入人行道。它们通常由三个元素组成：坡度、顶部平台和侧扩口。边坡应由防滑材料制成，最大坡度为 1：10（10%），理想情况下为 1：12（8%）。坡道宽度应与净径一样宽：最小宽度为 1.8 米，建议为 2.4 米。顶部平台位于坡道顶部，允许通过侧面进入坡道。平台宽度应与净空路径相同，或至少 1.8 米宽。侧面照明旨在防止绊倒危险。侧面坡度不能超过 1：10。顶部和底部的坡折必须垂直于坡道的方向（图 5-25）[4]。

在路缘坡道和行人、车辆或共享区域之间的其他过渡处提供触觉铺路或可检测的警告条。可检测表面应提供独特的纹理，以便在提醒人们注意冲突区域的到来时具有统一的含义（图 5-26）[4]。

图 5-24
图 5-25
图 5-26 ｜ 图 5-27

图 5-24：干将路无障碍电梯位置
图 5-25：人行道坡道
图 5-26：可检测表面
图 5-27：消防救援组织

图 5-24

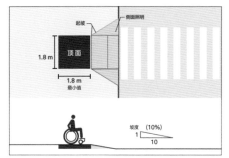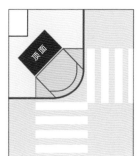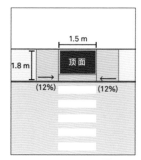

图 5-25

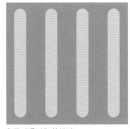

表示"通过"的地砖

表示"停下"的地砖

图 5-26

5 消防救援与防火防撞
Fire Rescue and Collision Prevention

消防救援

　　出于建筑的防火救援与道路上的交通救援需要，每个区段上的步行高架都只建在街道一侧，而另外一侧则保持了露天开放的原有状态（图5-27）。市政消火栓设置在道路的一侧宜靠近十字路口，但当路宽度超过60米时，在道路的两侧交叉错落设置市政消火栓。市政消火栓保护半径不超过150米，且间距不应大于120米。

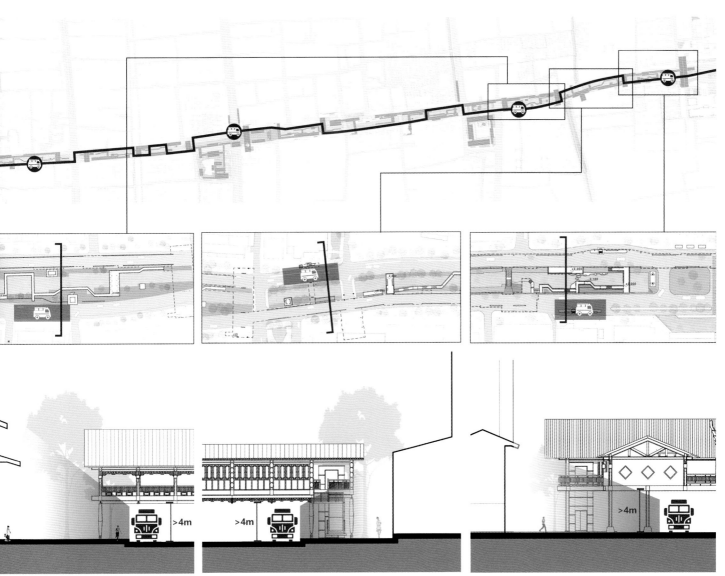

图 5-27

防撞设置

对于防撞，进行以下设计考虑。避免设置过高、过于密集的沿路绿化，确保机动车与慢行交通之间的安全视距。路口视距三角形内植物高度不得高于 0.9 米 [3]。交通流量较大的路段禁止设置路边临时停车，交通流量较小的支路路内停车带禁停中大型车辆，避免车辆对道路行车视线的遮挡。

对于新建结构，采用两种特殊构造保证其安全，楔形的条石和台形柱脚能够有效缓解撞击产生的冲击力，增强新建结构的稳定性（图 5-28）。

交叉口是人车交通事故发生率最高的区域，有别于传统的交叉口设计关注如何提高机动车的通行能力，当前更加关注过街行人、骑行者、机动车驾驶者以及公共交通使用者的安全性以及平衡不同交通模式之间的需求。可设置人行横道分离器防止转弯车辆在右转时穿过自行车道；角楔和减速带按需设置，可防止高速转弯；中心线硬化以降低机动车穿过自行车道的速度并缩短冲突区。

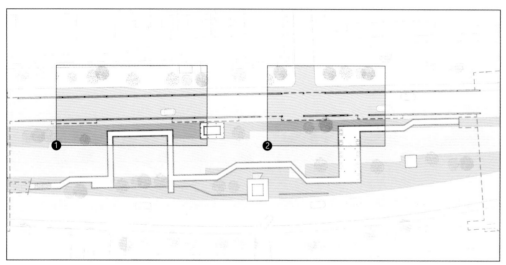

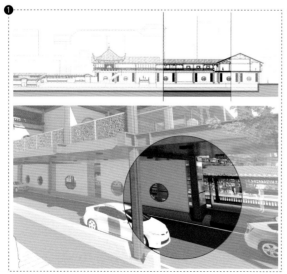

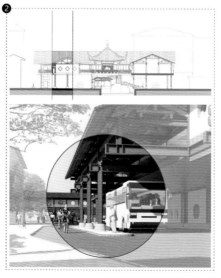

图 5-28

6 绿化景观与灯光照明
Greenery and Lighting

绿化景观系统

干将路景观绿化类型丰富。通过围绕道路中央河道种植水生植物，建设依托于河道水系的滨水景观；通过土地集约利用，设置集中开放的城市公园；结合园林建筑设计和造景，创造独特园林景观；合理布置街道绿化，通过行道树、沿街地面绿化、街头绿地、立面绿化和隔离设施绿化等多种方式增加街道绿量，发挥街道遮阴、滤尘、减噪等作用（图5-29、图5-30、图5-31）。

干将路作为城市主干路，宽度达到50米，原本的界面连续度较低。可通过建设林荫道，在中部分车带和道路两侧种植乔木，增加行道树列数。树种可选择以悬铃木、合欢、枫香、榉树等常用的落叶乔木，突出街区特征，提高可识别性。同时，为避免设置过于密集的沿路绿化，确保机动车与慢行交通之间的安全视距，路口视距三角形内植物高度不得高于0.9米。

在商业街道与生活服务街道段，绿化为人服务的作用会高于景观装饰功能，以树列、树阵、耐践踏的疏林草地等绿化形式代替景观草坪、灌木种植，形成活力区域。行道树形成的林荫道，夏天遮阴，冬季渗透阳光，提升休憩空间品质（图5-32）[2]。

图 5-29
图 5-30
图 5-28 | 图 5-31

图 5-28：防撞设计
图 5-29：干道路景观类型意向
图 5-30：干将路河道水系和行道树
图 5-31：干将路城市公园和园林景观

河道水系

城市公园

园林景观

行道树

图 5-29

 行道树
 河道水系

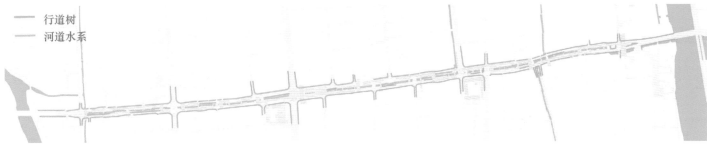

图 5-30

⬤ 城市公园

▦ 园林景观

图 5-31

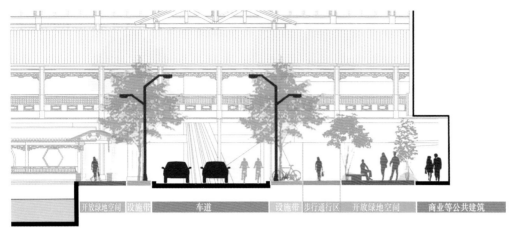

图 5-32

"海绵城市"设计

在街道基础设计建设中，应结合实际需求，因地制宜沿街设置雨洪管理设施。注重发挥行道树池与沿街绿地在雨洪管理方面的作用。干将路公共空间充裕，在中部园林区和两侧人行道区域，可进行雨水收集与景观一体化设计。中部园林区可设置较宽的雨水湿地，暴雨时形成"城市河流"，经植被渗透进化排入干将河，或设置地沟作为开敞输送设施 [2]，在满足海绵城市要求的同时，形成较好的景观效果。同时，沿街设置下沉式绿地、植草沟、雨水湿地进行调蓄、进化和利用 [4]。相关设施可利用绿化形成带状设施，或结合设施带进行块状布局（**图 5-33、图 5-34、图 5-35**）[2][4]。人行道和景观步道带采用透水铺装。步行区采用透水水泥混凝土铺装，兼顾轮椅、婴儿车和拉杆箱通行需求；景观步道可采用鹅卵石、碎石、透水砖等渗透铺装。

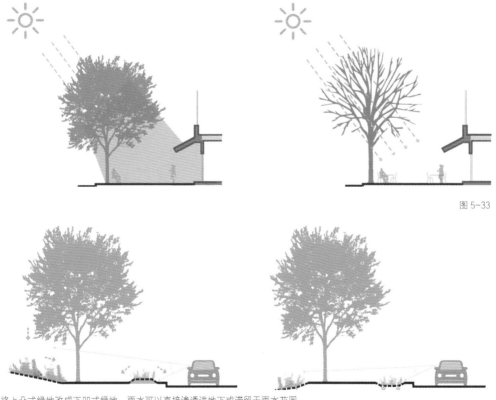

图 5-32	图 5-35
图 5-33	
图 5-34	图 5-36

图 5-32：人行道景观设计
图 5-33：人行道行道树示意图
图 5-34：雨水花园地表径流示意图
图 5-35：景观性道路城市生态系统
图 5-36：步行空间照明方式

图 5-33

将上凸式绿地改成下凹式绿地，雨水可以直接渗透进地下或滞留于雨水花园。

图 5-34

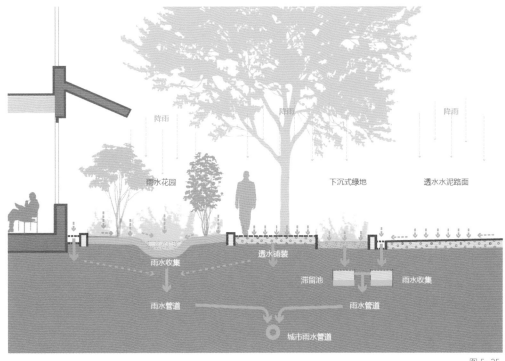

降雨　　　　　　　　　降雨

雨水花园　　　　　　下沉式绿地　　透水水泥路面

雨水收集　　　透水铺装

滞留池　　雨水收集

雨水管道　　　　　　雨水管道

城市雨水管道

图 5-35

灯光照明系统

照明可以通过创造诱人、安全、活泼的街道来提高生活质量。如果设计得当，照明可以降低能耗，减少光污染，增加街道的位置感和特色。路灯的数量、形式和照度要满足人行道的照明需求。干将路两侧和干将河沿线人行道较宽地区应设置人行专用柱灯，或沿建筑物和围墙设置壁灯，或结合景观设施设置景观一体化照明。同时，路灯位置应避免与行道树产生冲突。在生活街道段，当灯具位于居住楼附近时，路灯设计应避免减少光的直射，需要考虑住宅方向的光线防护，防止灯光直接进入住宅窗户（图 5-36、图 5-37）[2]。

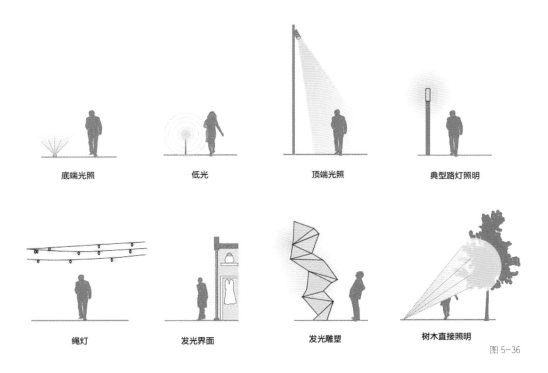

底端光照　　　　　低光　　　　　　顶端光照　　　　典型路灯照明

绳灯　　　　　　发光界面　　　　发光雕塑　　　　树木直接照明

图 5-36

125

在路灯设计中，路灯高度和间距可参考以下要求：

1. 路灯高度：人行道和自行车设施的标准灯杆为 4.5－6 米。路床的灯杆根据街道类型和土地使用情况而不同。干将路两侧住宅区、商业区和历史区狭窄街道的标准高度在 8-10 米。干将路沿线设置 10-12 米的高杆路灯。

2. 间距：两个灯杆之间的间距应大约为灯杆高度的 2.5－3 倍 [4]。较短的灯杆应以较近的间隔安装。走廊沿线的密度、行走速度和光源类型也将决定理想的高度和间距（图 5-38）。

图 5-37

图 5-38

图 5-37：干将路定慧寺双塔段照明系统设计示意图

图 5-38：路灯高度和间距设计参考

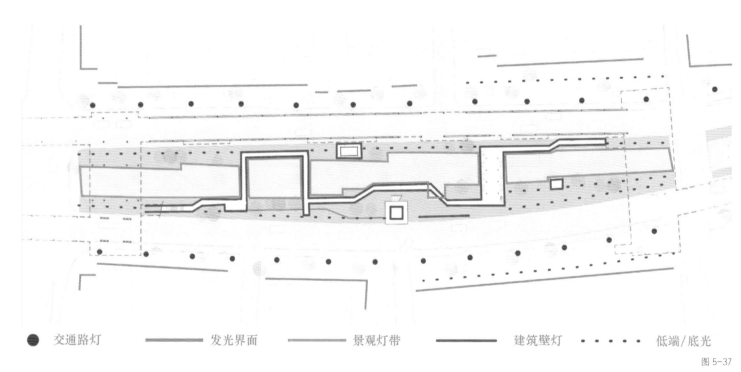

● 交通路灯　　　── 发光界面　　　── 景观灯带　　　── 建筑壁灯　　　⋯⋯ 低端/底光

图 5-37

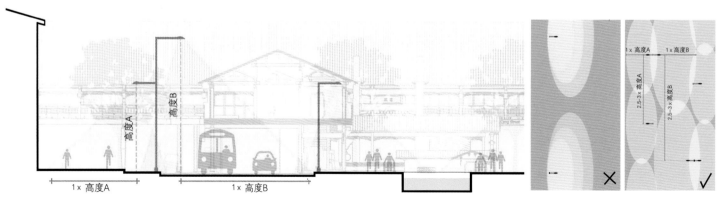

图 5-38

参考文献：

[1] 南京市规划局. 南京市街道设计导则 [S]. 南京：南京市规划局, 2017.

[2] 上海市规划和国土资源管理局. 上海市街道设计导则 [S]. 上海：上海市规划和国土资源管理局, 2016.

[3] 陈泳, 张昭希, 全梦琪等. 株洲市街道设计导则 [S]. 株洲：世界资源研究所, 2019.

[4] Global Designing Cities Initiative, NACTO, ISLANDPRESS. Global Street Design Guide [S]. New York: NACTO, 2016.

图表来源：

表 5-1：城市道路分级

表 5-2：城市道路类型

表 5-3：交叉口红线切角距离和转弯半径推荐

表 5-4：步行通行区最小宽度推荐（单位：m）

表 5-5：非机动车道宽度要求（单位：m）

表 5-6：分色涂装颜色推荐

表 5-7：过街形式

图 5-1：干将路总平面肌理图

图 5-2：干将路片区城市道路分级图示

图 5-3：干将路片区城市道路类型图示

图 5-4：干将路典型断面特征

图 5-5：交叉口设计示意图

图 5-6：干将路交叉口设计示意图

图 5-7：干将路临顿路段机动车交通组织示意图

图 5-8：机动车道尺寸示意图

图 5-9：机动车车行出入口示意图

图 5-10：地铁站点及路线（服务范围 R=500 m）

图 5-11：轨交站点出入口剖面示意图

图 5-12：公交车站点与路线（服务范围 R=300 m）

图 5-13：公交车站台类型

图 5-14：公交专用道铺地、标识（图片来源：Global Street Design Guide）

图 5-15：公共自行车租赁点（服务范围 R=150 m）

图 5-16：立体步行系统

图 5-17：步行道连续空间

图 5-18：地面铺装

图 5-19：非机动车道类型

图 5-20：街道断面组织

图 5-21：公交车站协调

图 5-22：过街设施设置

图 5-23：立体过街设施设置

图 5-24：干将路无障碍电梯位置

图 5-25：人行道坡道

图 5-26：可检测表面

图 5-27：消防救援组织

图 5-28：防撞设计

图 5-29：道路景观类型意向

图 5-30：干将路河道水系和行道树

图 5-31：干将路城市公园和园林景观

图 5-32：人行道景观设计（图片来源：《上海市街道设计导则》）

图 5-33：人行道行道树示意图（图片来源：《上海市街道设计导则》）

图 5-34：雨水花园地表径流示意图（图片来源：《上海市街道设计导则》）

图 5-35：景观性道路城市生态系统（参考：《上海市街道设计导则》）

图 5-36：步行空间照明方式（参考：《上海市街道设计导则》）

图 5-37：干将路定慧寺双塔段照明系统设计示意图

图 5-38：路灯高度和间距设计参考

除标明图表来源以外，其余图表均为作者绘制。

陆　Chapter VI

空间节点建构
Spatial Node Construction

1. 一条立体街道

2. 两个公共广场

3. 三类空间连接

4. 四组重要节点

5. 五种文物关联

6. 六处交叉街口

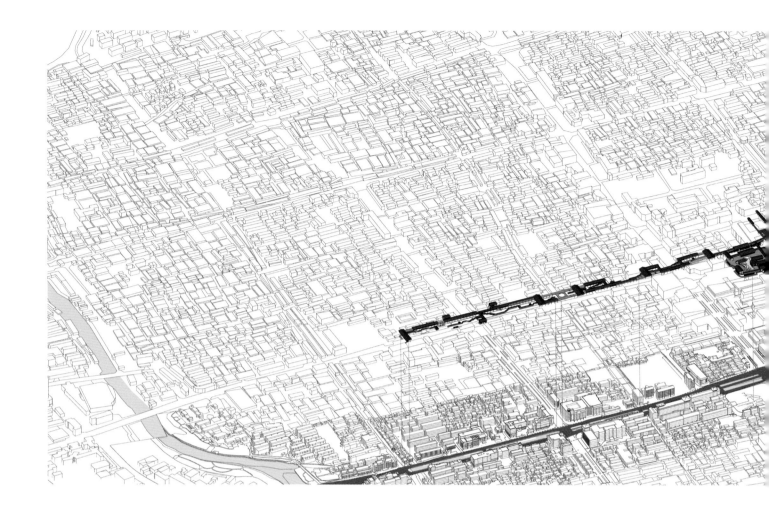

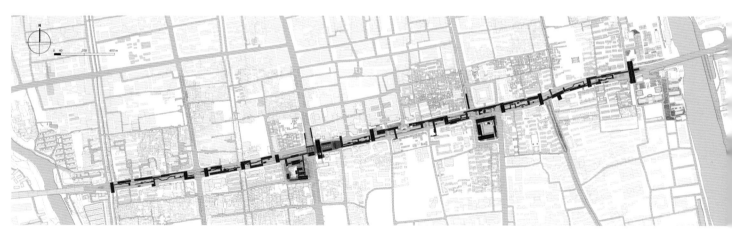

图 6-2

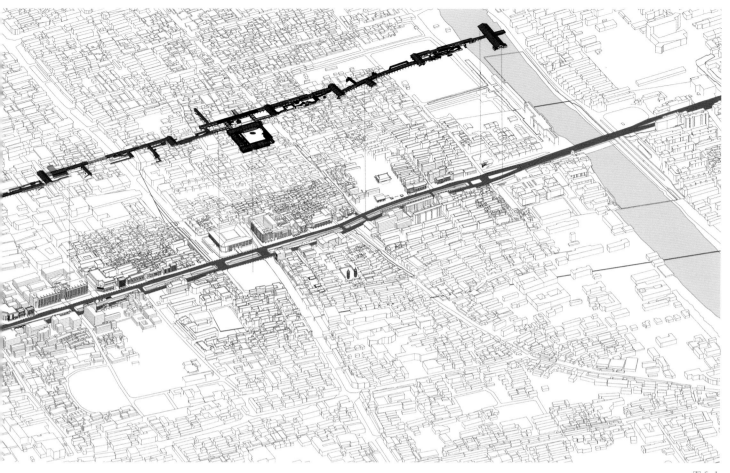

图 6-1

1 一条立体街道 A Multi-Dimensional Street

图 6-1

图 6-2

图 6-1：一条立体街道轴测图
图 6-2：一条立体街道总平面图

现代化城市道路空间以机动交通为主导，干将路作为街道，更多的是发挥"道"的作用，而忽略了"街"的功能 [1]。通过植入步行高架形成立体交通系统，高架下为机动交通主导的"道"，高架上为步行主导的"街"（图6-1），使得干将路得以形成完整的、融合一体的"街道"空间（图6-2）。

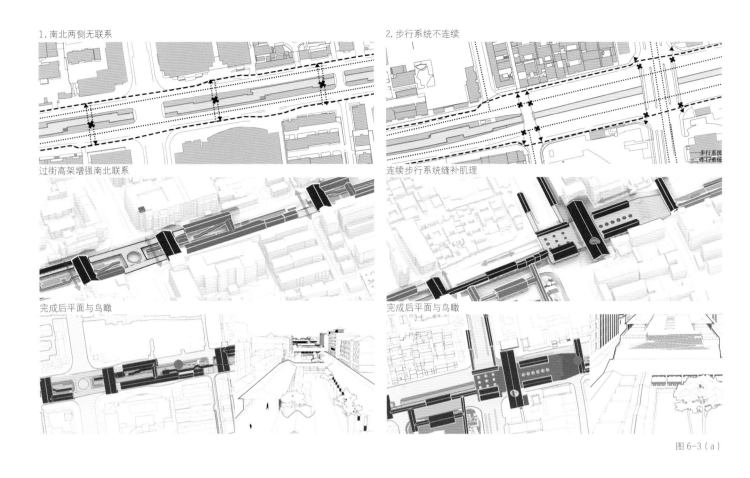

1.南北两侧无联系　　　　　　　　　　　　　　2.步行系统不连续

过街高架增强南北联系　　　　　　　　　　　　连续步行系统缝补肌理

完成后平面与鸟瞰　　　　　　　　　　　　　　完成后平面与鸟瞰

图6-3（a）

问题与策略（a）：

　　干将路南北两侧缺乏联系、步行系统不连续。通过构建南北迂回相接、东西绵延串联的立体高架系统，达到增强古城区南北联系、缝合割裂的城市步行空间的目的。缝合后的干将路将回归到人们的日常生活中 [图6-3（a）]。

问题与策略（b）：

　　干将路两侧历史建筑风貌不彰显、商业建筑缺乏活力。利用高架设置平台，为干将路两侧的文物景观创造良好的视觉条件，让人们得以欣赏传统古城的肌理；沿街商业建筑也利用双首层纳入连续的高架系统，激发商业价值 [图6-3（b）]。

问题与策略（c）：

　　沿线住区周边无休闲场所，沿河景观未充分利用。构建形成的连续高架以"U"形为基本单元，在其中置入临干将河的滨水景观、园林要素，增加休闲空间，并通过楼梯和爬山廊上下联系，引入人流，焕活原本封闭的沿河景观空间 [图6-3（c）]。

图6-3（a） ｜ 图6-3（b）

图6-3（c）

图6-3：一条立体街道：问题与策略

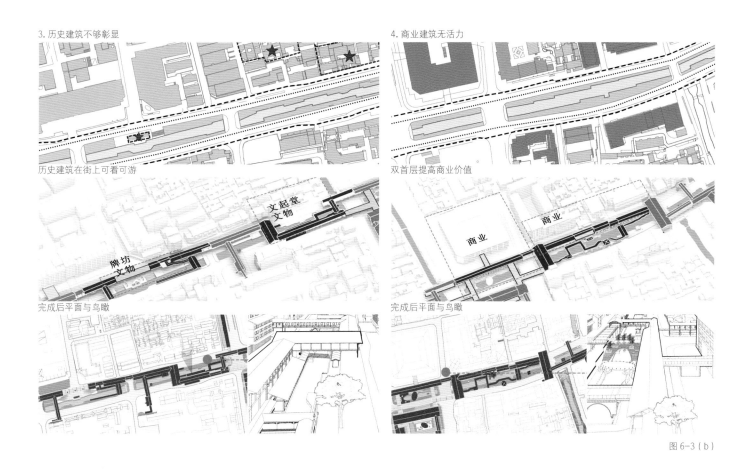

3. 历史建筑不够彰显

历史建筑在街上可看可游

文起堂
文物

牌坊
文物

完成后平面与鸟瞰

4. 商业建筑无活力

双首层提高商业价值

商业

商业

完成后平面与鸟瞰

图6-3（b）

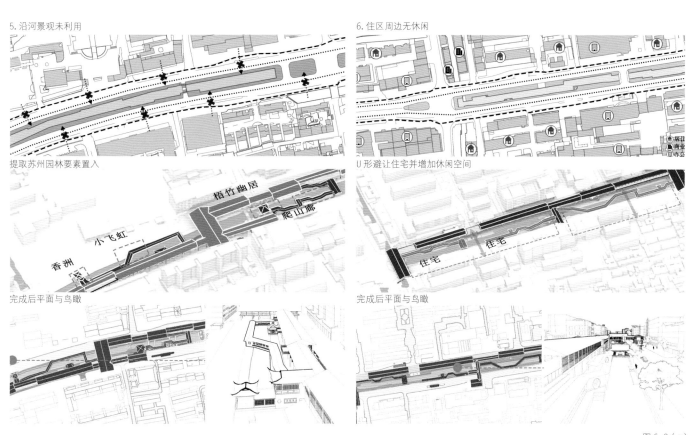

5. 沿河景观未利用

提取苏州园林要素置入

梧竹幽居

爬山廊

小飞虹

香洲

完成后平面与鸟瞰

6. 住区周边无休闲

U形避让住宅并增加休闲空间

住宅

住宅

完成后平面与鸟瞰

图6-3（c）

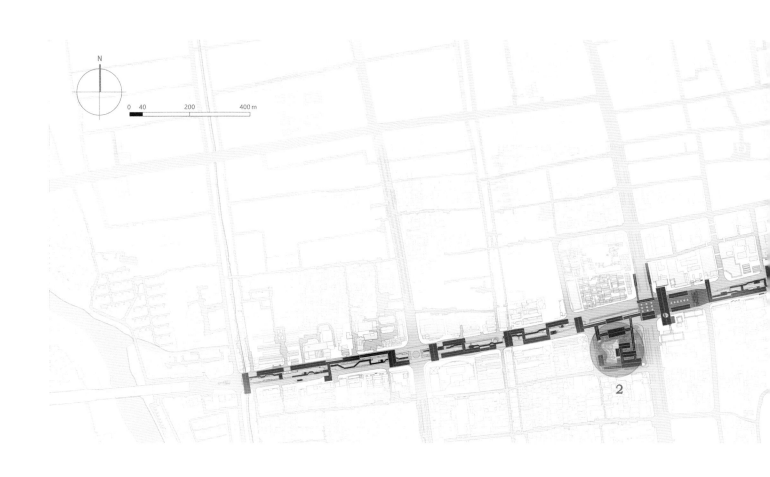

2

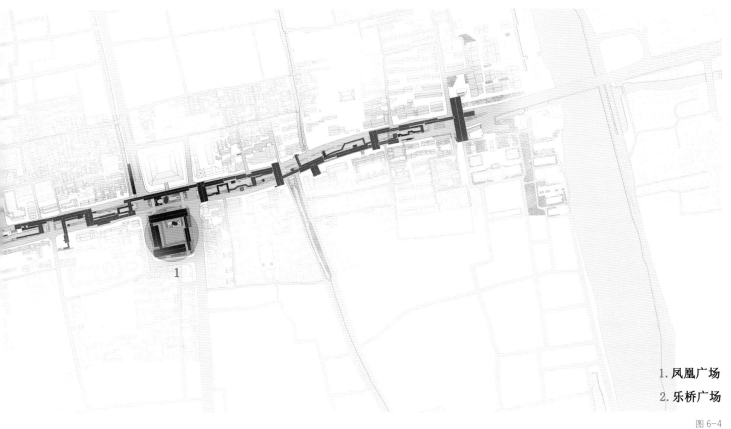

1. 凤凰广场

2. 乐桥广场

图 6-4

图 6-4

图 6-4：两个公共广场：总平面索引图

2 两个公共广场 Two Public Squares

　　作为城市开放空间的重要组成部分，广场的存在为城市居民提供了户外活动和交往的场所 [2]。干将路古城区段沿线现存两个广场——凤凰广场和乐桥广场（图6-4），却因干将路割裂的南北尺度与周围环绕的机动车道，被隔绝在居民日常生活之外，无法发挥其应有的效能。本研究通过步行高架的设计进行立体渗透，让城市广场职能因此回归，空间得以激活。

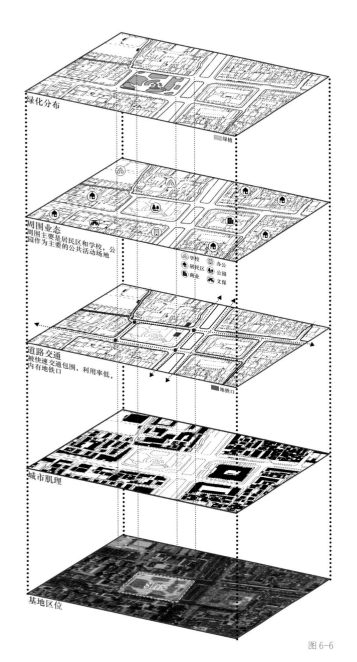

绿化分布

绿植

周围业态
周围主要是居民区和学校，公
园作为主要的公共活动场地

学校　办公
居民区　公园
商业　文保

道路交通
被快速交通包围，利用率低，
内有地铁口

地铁口

城市肌理

基地区位

SITE

图 6-6

图 6-6　　　　　　图 6-7

图 6-5　图 6-8

图 6-5：凤凰广场区位分析图
图 6-6：凤凰广场现状分析系统图
图 6-7：凤凰广场生成分析图
图 6-8：凤凰广场平面图

1 精品店	5 水池	9 干将河	13 茶室	17 娱乐
2 戏台	6 广场	10 展售	14 奶茶店	18 平台
3 展厅	7 亲水台	11 化妆间	15 茶餐厅	地铁口
4 茶室	8 公路桥	12 准备室	16 过厅	公交站

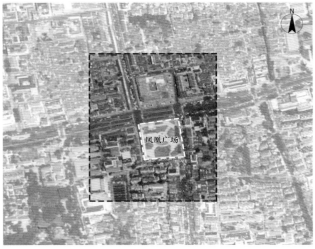

凤凰广场

图 6-5

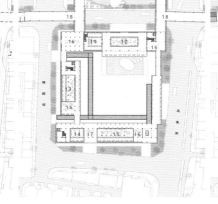

一层平面图　　　　　　　　　　　二层平面图

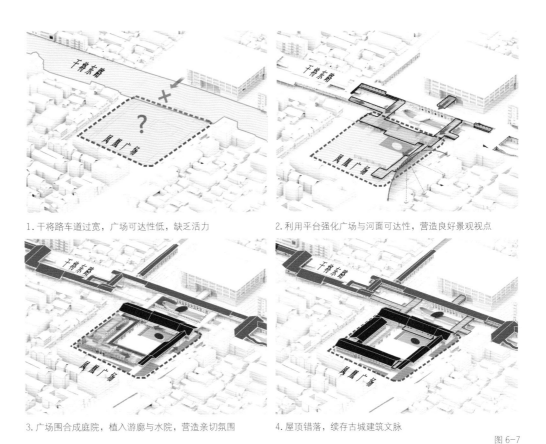

1.干将路车道过宽，广场可达性低，缺乏活力

2.利用平台强化广场与河面可达性，营造良好景观视点

3.广场围合成庭院，植入游廊与水院，营造亲切氛围

4.屋顶错落，续存古城建筑文脉

图 6-7

2.1 凤凰广场

区位现状：

凤凰广场位于干将路与临顿路交叉路口东南侧，与和基广场相对（**图 6-5**）。广场四周被机动车道包围，呈现为一个孤立的"交通环岛"，人流可达性差，利用率低，广场内的地铁口（临顿路站）的人流集散也因此受到一定程度的影响。周围建筑肌理尺度较大，与古城肌理相比有较大的割裂感（**图 6-6**）。

方法策略：

1.针对干将路车道过宽、广场可达性低及缺乏活力的问题，增加联系和沟通的路径。

2.利用连廊将南北联系为一个整体，强化广场的可达性，营造良好的景观视点。

3."缝合"后凤凰广场上的建筑呈现为院落围合形态，植入游廊与水院，使得广场可观可游。

4.屋顶错落有致，整体契合苏州传统民居体量，续存古城建筑文脉（**图 6-7**）。

平面组织：

改造后的广场可承载多种功能业态，丰富市民生活，提升环境品质。一层设有精品店、展厅、茶室等，二层有茶餐厅、奶茶店等。场地内以步行交通为主导，行人可通过二层平台穿越干将路，到达北侧和基广场（**图 6-8**）。

顶平面图

图 6-8

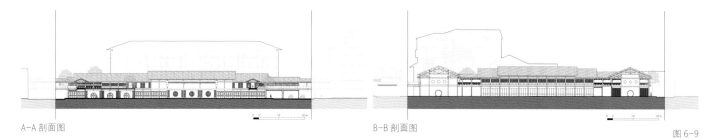

A-A 剖面图   B-B 剖面图   图 6-9

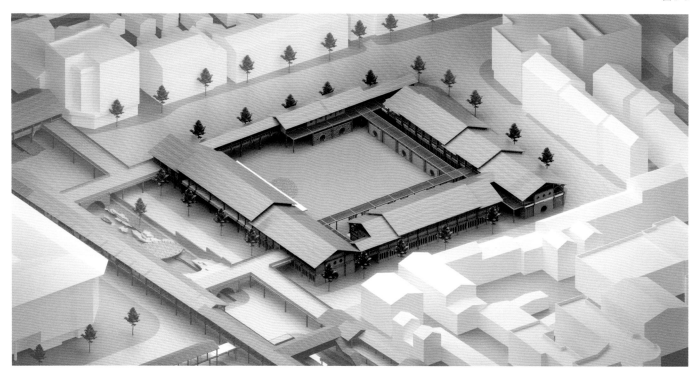

凤凰广场木质轴测图   图 6-10（a）

凤凰广场线稿轴测图   凤凰广场西侧二层白描透视图   图 6-10（b）

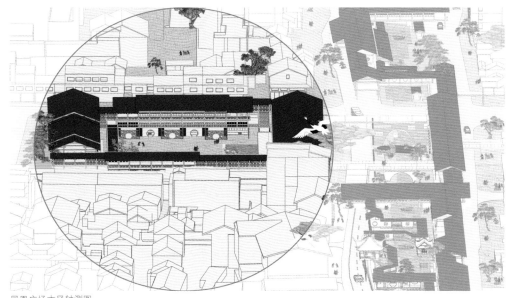

凤凰广场古风轴测图

图 6-10（c）

图 6-9 ｜ 图 6-10（c）

图 6-10（a）

图 6-10（b）｜ 图 6-10（d）

图 6-9：凤凰广场剖面图
图 6-10：凤凰广场效果图

剖面组织：

广场内建筑为 2 层，建筑檐口高度控制在 8 米左右，建筑整体高度控制在 12 米左右。其中建筑一层局部架空营造灰空间，创造了开阔的视野。二层的檐下柱廊为居民和游客提供了休憩交往场所，让二层平台上与广场内的人群有视线的交流与互动。同时，建筑整体体量接近周边高大建筑前的"裙房"，削弱了街道剖面的空旷尺度（图6-9）。

空间建构：

改造后的广场空间，隔绝了车流的干扰，构建了舒适安全的活动空间，为人群提供了充足的活动场所，满足各类活动需求。人们可以在广场上交流、休憩、锻炼等，广场重新回归到人们的日常生活中。从干将路上二层游廊望去，重塑后的广场与干将路紧密相连，以新的城市景观的姿态纳入干将路之中 [图6-10（a）、图6-10（b）]。

场景营造：

广场在城市尺度下延续传统肌理，围合形成院落，中虚外实，下虚上实。并选用坡屋顶，形成高度上的层叠变化，与周围屋顶界面相呼应。室内空间虚实相间，以花窗、白墙和木质面等苏式装饰元素营造传统生活场景 [图6-10（c）、图6-10（d）]。

凤凰广场一层西侧回廊空间渲染效果图

凤凰广场二层东侧室内渲染效果图

凤凰广场二层西侧回廊入口处渲染效果图

图 6-10（d）

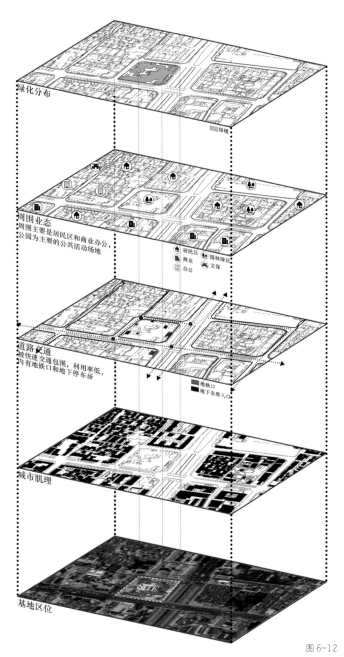

绿化分布

周围业态
周围主要是居民区和商业办公，
公园为主要的公共活动场地，

居民区
商业
办公
园林绿化
文保

道路交通
被快速交通包围，利用率低，
内有地铁口和地下停车场

地铁口
地下车库入口

城市肌理

基地区位

图 6-12

图 6-11

1. 地铁口使用不便，利用高架连接空间

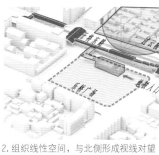

2. 组织线性空间，与北侧形成视线对望

4. 中部广场营造下沉场地

5. 屋顶顺应传统民居形式，融入古城肌理

图 6-12　图 6-13

图 6-11　　　　　图 6-14

图 6-11：乐桥广场区位分析图
图 6-12：乐桥广场现状分析系统图
图 6-13：乐桥广场生成分析图
图 6-14：乐桥广场平面图

架空，形成生活服务型 TOD 模式

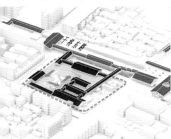

楼阁的构建，形成了富有活力的城市广场

图 6-13

2.2 乐桥广场

区位现状：

乐桥广场位于干将路与人民路交叉口西南侧，右临人民路，与干将路以北的传统民居相对，其同样被车道包围，与凤凰广场问题相似。因乐桥广场周边多为建筑尺度较小的传统民居，并设有乐桥地铁站，其流线和形态的组织会更为复杂（图 6-11、图 6-12）。

方法策略：

1. 针对广场人流被车流隔绝，乐桥地铁口使用不便的问题，利用高架连接空间。

2. 在高架上组织线性空间与北侧传统民居形成视线对望。

3. 根据地铁口位置、广场周边建筑性质与人流类型，将广场整体架空，形成 TOD 模式，提高人群可达性。

4. 中部广场营造下沉场地，场地东侧顺应地形用景观台阶连接广场二层，增强步行系统的节奏与体验感。

5. 建筑屋顶顺应周边传统民居的院落形式，融入古城肌理。

6. 亭台楼榭的构建组织，形成了拥有传统风貌且富有活力的城市广场（图 6-13）。

平面组织：

改造后的广场置入了多种业态和功能，以文化创意类型为主，配合布置舞台、展厅、文创商店等。下沉广场的东西两部分职能不同，东侧靠近人民路，以满足人流集散需求为主，西侧营造半围合开放空间，为游客和居民提供室外观演空间，满足日常的休闲娱乐需求（图 6-14）。

1 超市
2 多功能展厅
3 纪念品商店
4 广场
5 表演台
6 通风管井
7 干将河
8 书店
9 超市
10 舞台准备
11 茶室
12 纪念品商店
13 连廊
14 酒吧

🚇 地铁口

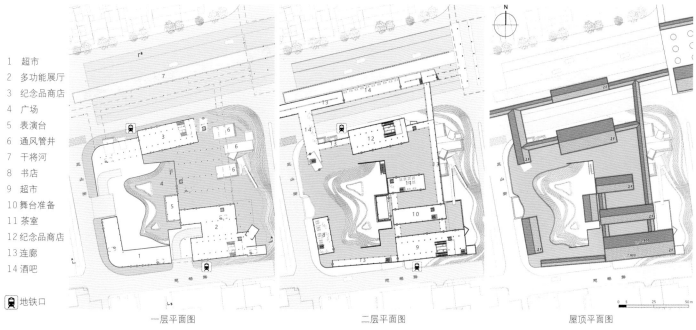

一层平面图　　　　二层平面图　　　　屋顶平面图

图 6-14

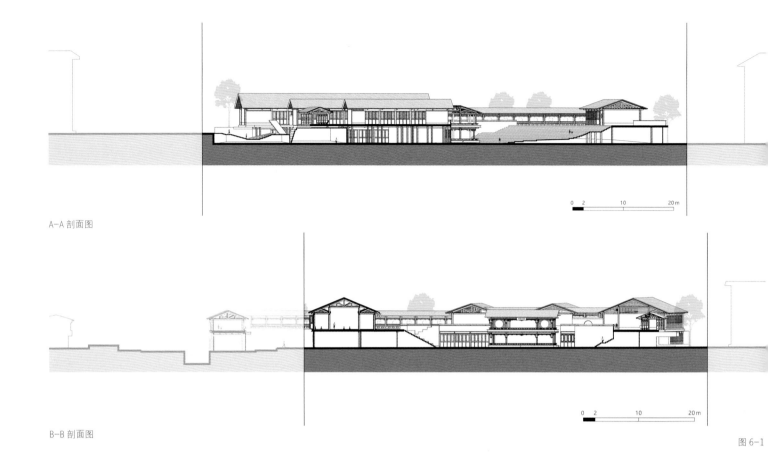

A-A 剖面图

B-B 剖面图

图 6-1

图 6-15　　图 6-16（a）

　　　　　　图 6-16（b）

图 6-15：乐桥广场剖面图
图 6-16：乐桥广场效果图

剖面组织：

　　设计利用场地高差营造景观台阶和室外观赏座席，台阶下空间用作储藏室和卫生间，行人可直上二层，也可在此观赏中心戏台。二层整体打造成空中的步行广场，可观、可游、可留（图6-15）。

空间建构：

　　乐桥广场整体采取小体量、多重院落式建筑布局，融入古城肌理。广场分为东、中、西三部分，东部为下沉式广场，留出退让空间满足人流集散；中部为建筑，前后三进，屋宇高敞；西部为特色空间，有戏台一座，环台建有曲线形景观台阶、观影平台与楼阁 [图6-16（a）]。

场景营造：

　　设计在广场的建筑二层开放平台塑造了集中性的活动空间，连廊供行人游赏、驻足。戏台位于人群的视觉焦点，满足行人观赏需求的同时亦可在非表演期间为居民提供活动休憩的生活性场所 [图6-16（b）]。

广场台阶空间白描透视图

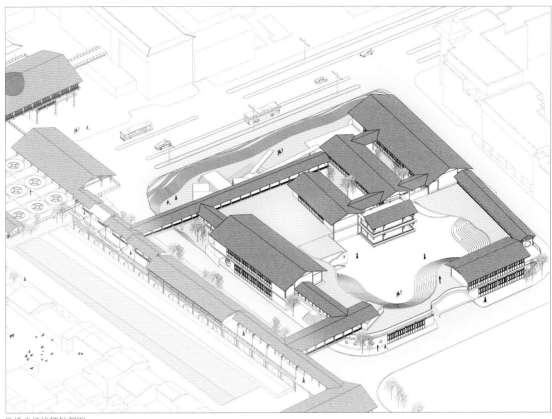

广场观演空间白描透视图

乐桥广场线稿轴测图

图 6-16（a）

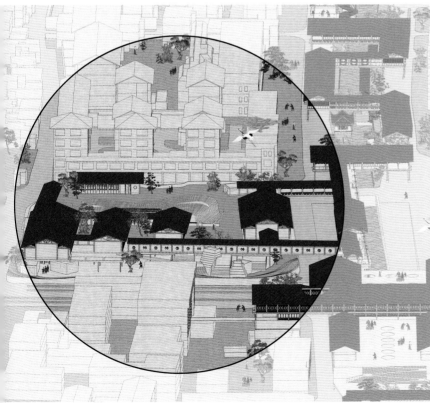

广场古风轴测图

乐桥广场舞台空间渲染效果图

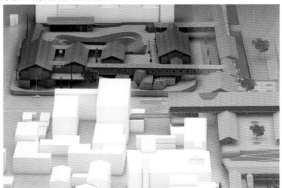

乐桥广场木质轴测图

图 6-16（b）

143

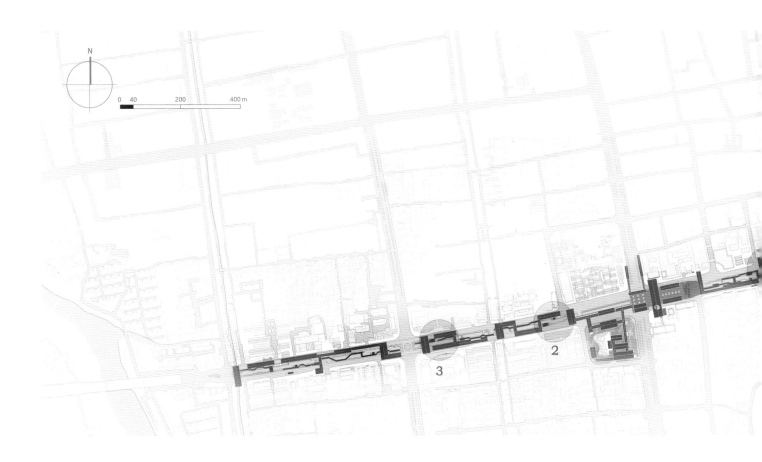

3 三类空间连接
Three Types of Spatial Connection

在干将路缝合与重塑的设计研究中，有三种典型的空间连接形式："双首层""U形空间"和"内向院落"（**表6-1**）。其中"双首层"即构建"第二地面"，利用平台和连廊与干将路两边的商业空间发生联系，重新激发商业活力；"U形空间"即半围合空间，能削弱干将路一侧的建筑尺度并在另一侧创建开阔的观景视野；"内向院落"是围合型空间，能够制造相对安静的景观环境，使干将河的沿线景观得以被充分挖掘和利用。

三类空间连接方式各选取了一个代表节点展开叙述："双首层"——干将路与温德姆花园酒店处；"U形空间"——庆元巷与干将路交叉口；"内向院落"——养育巷与干将路交叉口东侧（**图6-17**）。

图 6-17

表 6-1

图6-17：三类空间连接：总平面索引图
表6-1：三类空间连接：类型分析图

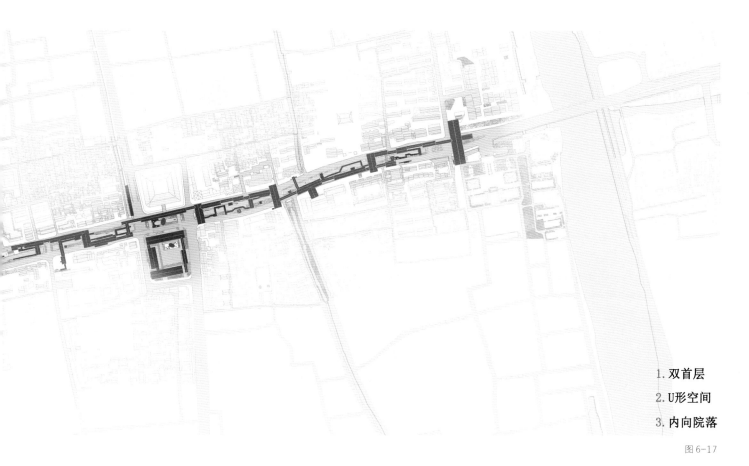

1. 双首层

2. U形空间

3. 内向院落

图 6-17

空间连接类型	空间连接定位

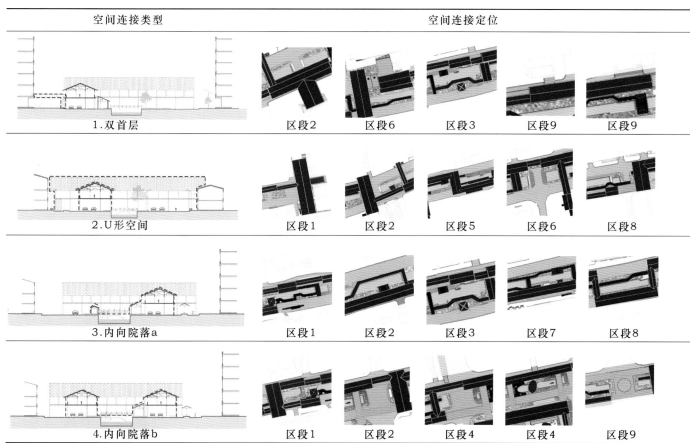

1. 双首层	区段2	区段6	区段3	区段9	区段9
2. U形空间	区段1	区段2	区段5	区段6	区段8
3. 内向院落a	区段1	区段2	区段3	区段7	区段8
4. 内向院落b	区段1	区段2	区段4	区段4	区段9

注：区段 1-9 见第七章

表 6-1

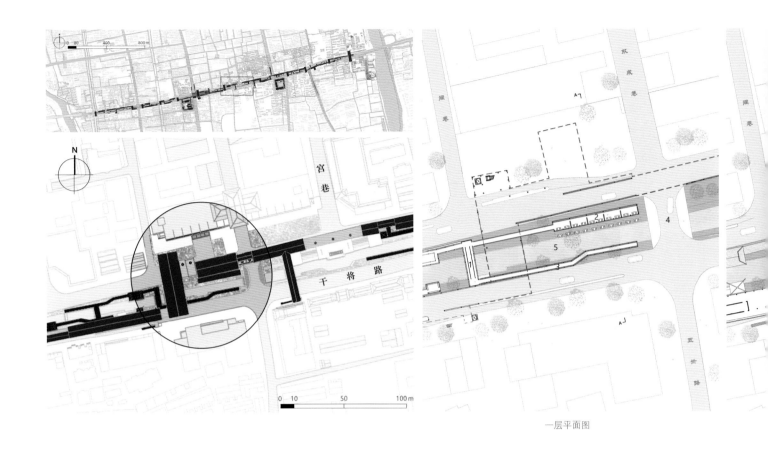

一层平面图

3.1 "双首层"

现状问题：

温德姆花园酒店是干将路北侧一处重要的商业空间，干将路的机动交通主导限制了人群南北向的流动，其沿线的商业渗透、辐射受到制约，该段北侧活力充沛，南侧活力欠缺（图6-18）。温德姆酒店建筑尺度较大，酒店二层的后退平台一定程度上消解了立面宽大的尺度，但人流可达性差，空间未得到有效使用。

方法策略：

运用步行高架引导人流进入温德姆花园酒店二层空间，将玄妙广场首层与干将路滨河业态自然贯通成"双首层"，商业街道被抬升延续，改变了原先玄妙广场封闭的格局，让市民拥有更丰富完整的消费与游乐体验（图6-19）。

平面组织：

人流经过游廊后通过高架上至温德姆花园酒店二层，展览、小吃店、舞台和纪念品店等功能空间在此展开。漫步二层平台，街道两侧原本宽大的建筑尺度得到一定中和，置身小吃店可俯瞰一层园林水景，观景视野良好（图6-20）。

周围活力
基地北侧活力充裕，南侧有所欠缺，且被干将路割裂

道路交通

城市肌理
基地两侧建筑肌理尺度较大

基地区位

图6-18

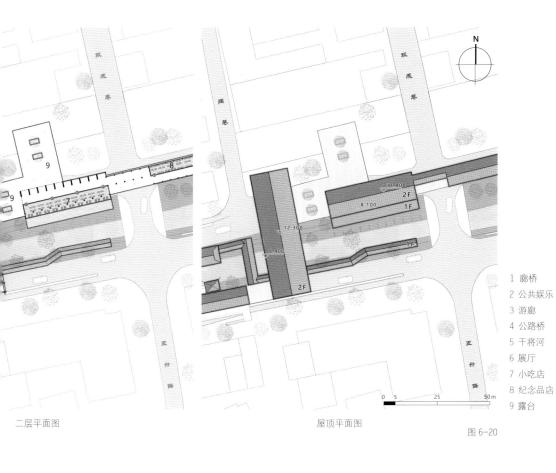

二层平面图

屋顶平面图

1 廊桥
2 公共娱乐
3 游廊
4 公路桥
5 干将河
6 展厅
7 小吃店
8 纪念品店
9 露台

图 6-20

图 6-20

图 6-18 | 图 6-19

图 6-18：“双首层”节点现状分析系统图

图 6-19：“双首层”节点生成分析图

图 6-20：“双首层”节点总平面图与平面图

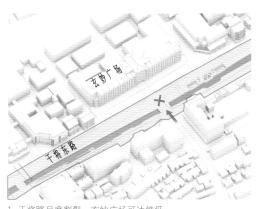

1. 干将路尺度割裂，玄妙广场可达性低

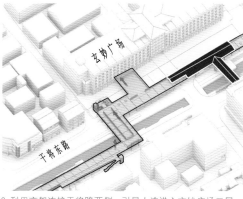

2. 利用高架连接干将路两侧，引导人流进入玄妙广场二层，形成双首层

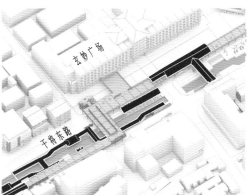

3. 植入新功能，丰富干将路业态

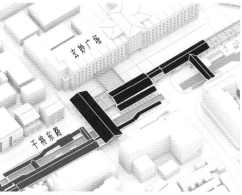

4. 屋顶落成呼应传统肌理

图 6-19

场景营造:

　　通过步道和扶梯将首层与步行街自然贯通起来，改变了封闭的内循环格局。设计以较少的土方费用打造出特色亮点的"岛地庭院"，庭院层具备了首层大部分的功能要求，二层也植入多种业态的功能空间，同时引入古朴的连廊，行人可凭栏观赏潺潺的河水。设计充分融合苏式景观体验，在实现人车分流的同时，以多样的功能、更好的通达性给使用者带来绝佳的游赏体验（图6-21）。

图6-21（b）

图6-21（a）　图6-21（c）

图6-21："双首层"节点效果图

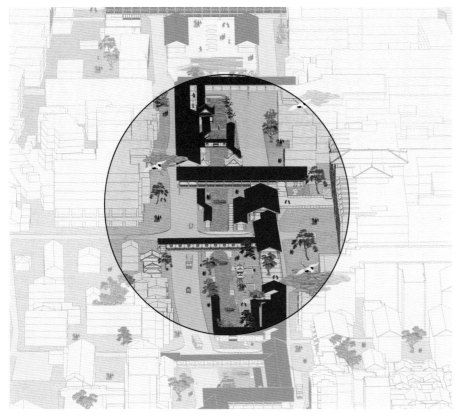

"双首层"节点古风轴测图

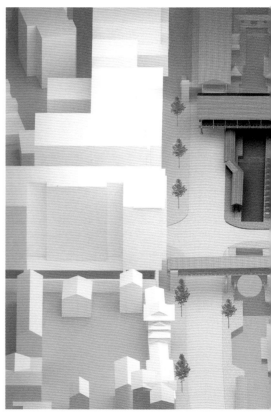

"双首层"节点木质轴测图

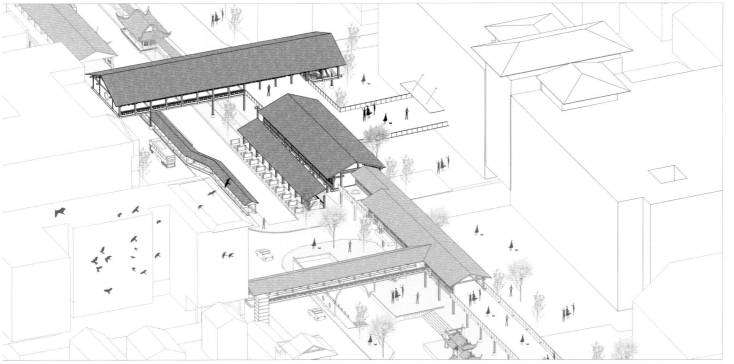

图 6-21（b）

"双首层"节点西侧二层白描透视图

图 6-21（a）

"双首层"节点东侧一层白描透视图

图 6-21（c）

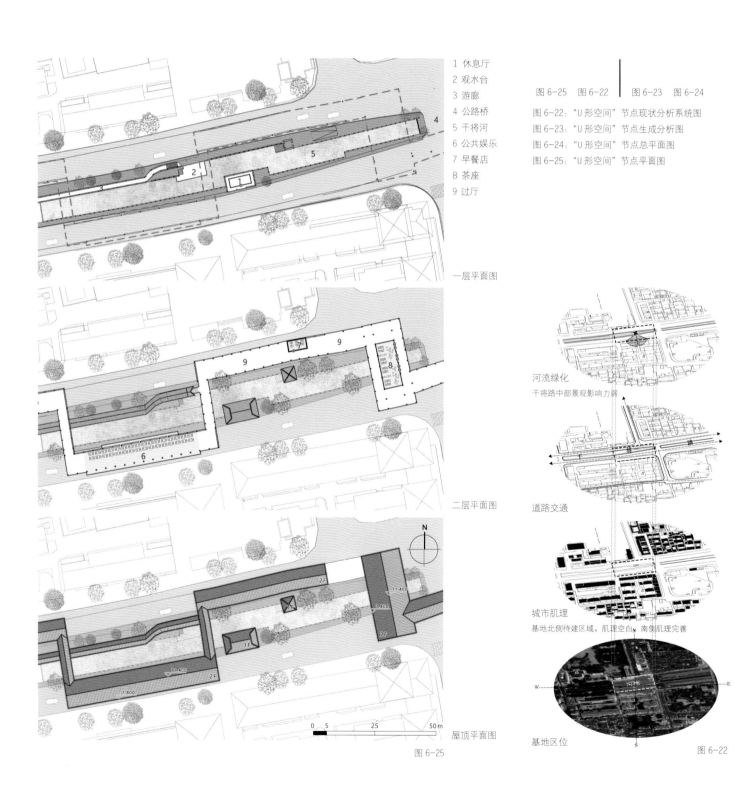

1 休息厅
2 观水台
3 游廊
4 公路桥
5 干将河
6 公共娱乐
7 早餐店
8 茶座
9 过厅

一层平面图

二层平面图

屋顶平面图

0 5   25   50 m

图 6-25

图 6-25 图 6-22 ｜ 图 6-23 图 6-24

图 6-22："U 形空间"节点现状分析系统图
图 6-23："U 形空间"节点生成分析图
图 6-24："U 形空间"节点总平面图
图 6-25："U 形空间"节点平面图

河流绿化
干将路中部景观影响力弱

道路交通

城市肌理
基地北侧待建区域，肌理空白 南侧肌理完善

基地区位

图 6-22

3.2 "U 形空间"

现状问题：

　　"U 形空间"是干将路缝合过程中的最基本空间连接形式，庆元巷与干将路交叉口南侧建筑封闭、体量较大，北侧存在大片待建区域，建筑少，肌理南北分异。同时该段的干将河沿河绿化景观欠佳，辐射范围小（图 6-22）。

方法策略：

　　U 形高架在一侧连续，另一侧打开，呼应并过渡城市肌理。高架内部以苏式片墙进行分割，让空间具有良好的使用灵活度与可变性。高架打开的一侧界面可结合河景建设亭台院落景观，营造出尺度怡人的新型水街公园形态（图 6-23）。

平面组织：

　　U 形开口与不同要素组合成不同程度围合感的空间，北侧二层平台开口面向庆元坊，留出"气口"的同时引入北侧街道活力，吸引更多人流集聚（图 6-24、图 6-25）。

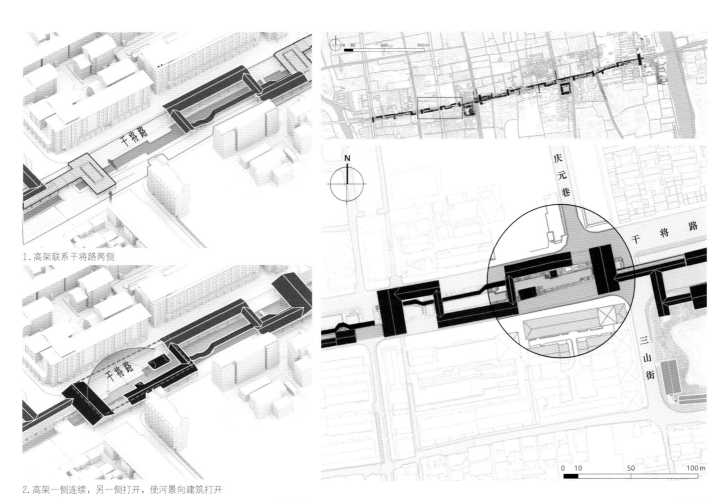

1.高架联系干将路两侧

2.高架一侧连续，另一侧打开，使河景向建筑打开

图 6-23　　　　　　　　　　　　　　　　　　　　　　　　　　　　　图 6-24

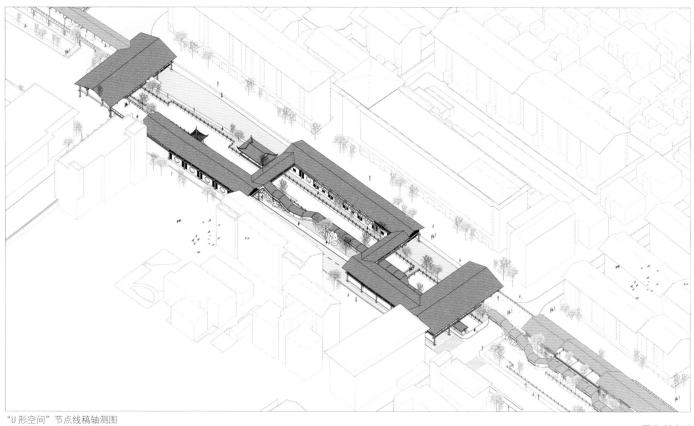

"U形空间"节点线稿轴测图

图 6-26（a）

"U形空间"节点回廊白描透视图

"U形空间"节点街道白描透视图

图 6-26（b）

图 6-26（a）　图 6-26（c）

图 6-26（b）

图 6-26："U形空间"节点效果图

"U形空间"节点古风轴测图

"U形空间"节点木质轴测图

"U形空间"节点西侧二层淡彩线稿透视图

"U形空间"节点西侧一层淡彩线稿透视图

图6-26（c）

场景营造：

经过设计组织，U形空间两侧的二层高架与连廊间形成良好对望关系，形制各异的中式亭台被构建为休息厅与观水台。利用植物、水体、游廊等要素围合成通透的园林院落空间，空间氛围随着U形空间的收放而变得旷奥有致，富有节奏（图6-26）。

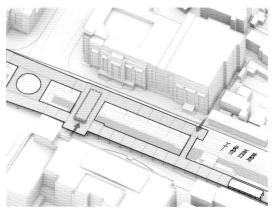

1.利用高架围合干将河，并联系两侧

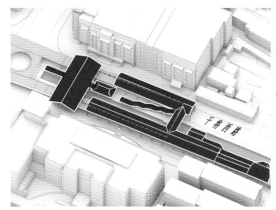

2.置入折廊，营造园林景观空间

图 6-28

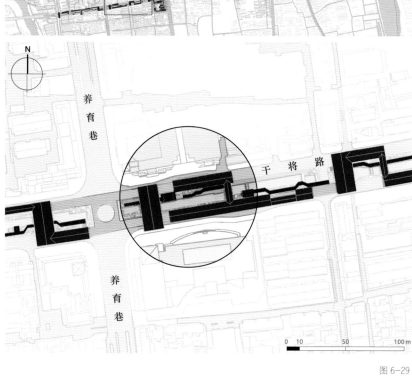

图 6-29

河流绿化

干将路中部景观未得到充分利用

道路交通

城市肌理

基地两侧建筑肌理尺度较大

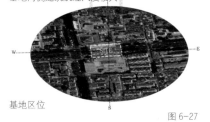

基地区位

图 6-27

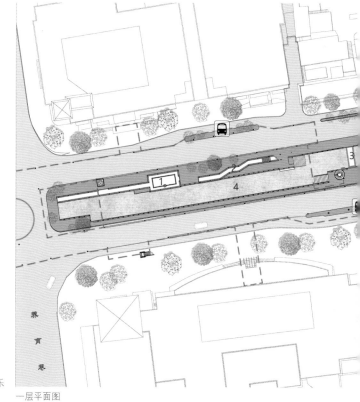

1 休息厅
2 游廊
3 桥
4 干将河
5 书店
6 小吃店
7 奶茶店
8 公共娱乐

一层平面图

3.3 "内向院落"

现状问题：

养育巷与干将路交叉口南北两侧建筑尺度大且封闭，空间尺度失衡，其中部的河流景观被车流交通包围，人群可达性差，使用率低（图6-27）。

方法策略：

"内向院落"的南北两侧均有高架实体或游廊，通过与干将河的围合使其内部形成相对私密的空间，类似传统街巷中"两街夹一河"的空间形态。不仅在一定程度上修复了干将路过大的空间尺度，也营造了相对安静舒适、亲人尺度的园林景观空间（图6-28）。

平面组织：

设计通过露天平台串联西侧空间，东侧为半开放空间，与内部围合空间形成对比（图6-29）。一层空间通过休息厅、游廊、步行桥组织北侧空间，行人通过楼梯上至高架二层，可通往书店、小吃店、奶茶店及宽敞的公共娱乐平台，各层空间和功能区块之间联系紧密，交通便利（图6-30）。

图6-28　图6-29

图6-27　　　　　　图6-30

图6-27：　"内向院落"节点现状分析系统图
图6-28：　"内向院落"节点生成分析图
图6-29：　"内向院落"节点总平面图
图6-30：　"内向院落"节点平面图

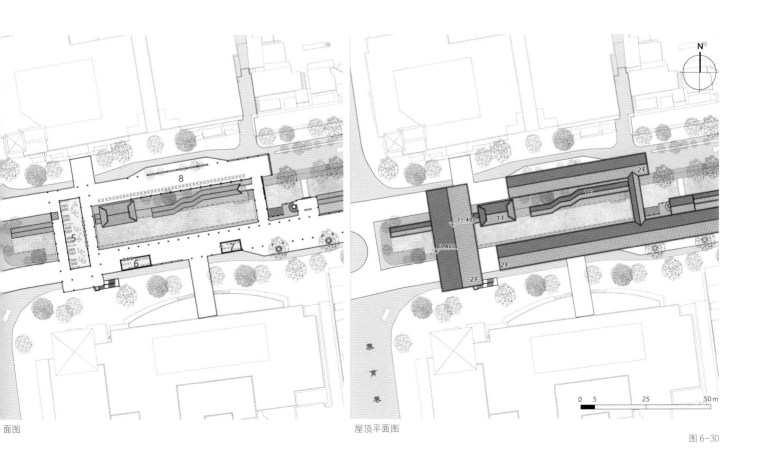

面图　　　　　　　　　　　　　　　　屋顶平面图

图6-30

155

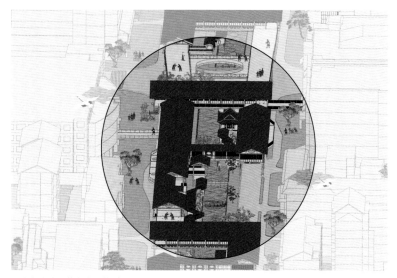

"内向院落"节点古风轴测图

"内向院落"节点木质轴测图

"内向院落"节点一层滨水淡彩线稿透视图

"内向院落"节点一层游廊淡彩线稿透视图

图6-

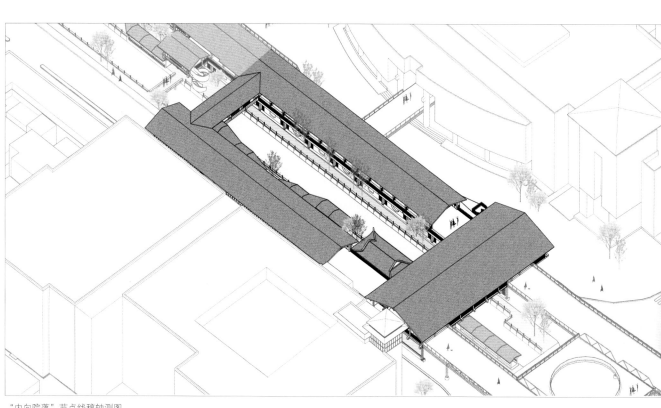

"内向院落"节点线稿轴测图

场景营造：

    场地南北侧有公交车站，交通便利；高架北侧二层平台连通南侧办公建筑，南侧二层可进入苏州市税务局养育巷办公室，可达性好；二层围合的连廊和平台步行空间从视觉体验层面削弱了南北两侧过大的建筑体量感，行人在此可俯瞰院落中心的水体和绿化景观；一层设游廊和休息厅，廊上廊下空间形成良好看与被看的关系，遮阴空间较多，露天亲水平台处可近距离亲水（图6-31）。

图6-31（a）

图6-31（b）

图6-31："内向院落"节点效果图

"内院落"节点东侧二层白描透视图

"内向院落"节点东侧一层白描透视图

图6-31（b）

157

图 6-32

图 6-32：四组重要节点：总平面索引图

4 四组重要节点
Four Sets of Important Nodes

　　干将路作为苏州古城内的大尺度线性空间，其缝合织补设计由很多趣味性节点串联而成，其中四组节点比较有代表性，分别为仓街端头、平江路端头、人民路端头和庆元坊端头（图6-32）。

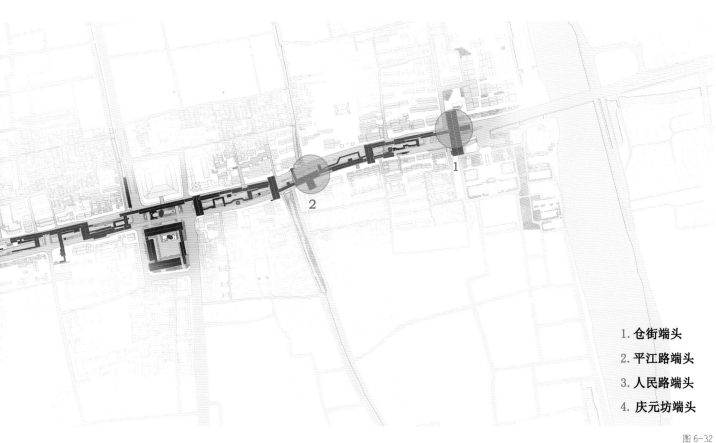

1. 仓街端头
2. 平江路端头
3. 人民路端头
4. 庆元坊端头

图6-32

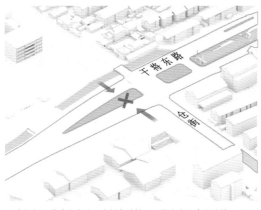

1. 仓街与干将路交会处，南侧有地铁口，是本次缝合设计的入口门户

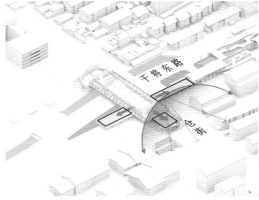

3. 设置室外平台，营造开放视野

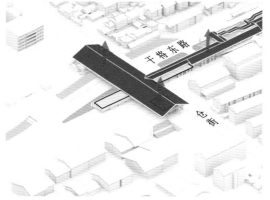

4. 采用钢结构对传统屋顶形式进行创新

2. 利用立体街道联系干将路两侧，方便行人搭乘地铁

图 6-34

图 6-34　图 6-35

图 6-33

图 6-33：仓街端头节点现状分析图
图 6-34：仓街端头节点生成分析图
图 6-35：仓街端头节点总平面图

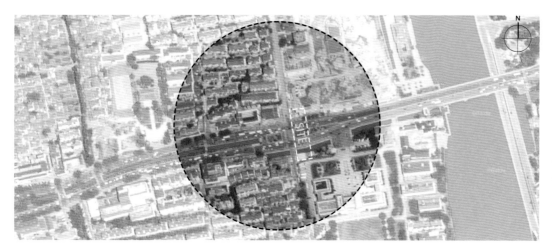

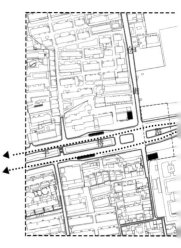

道路交通
基地位于干将路段首端，车流集中，
且有地铁口存在

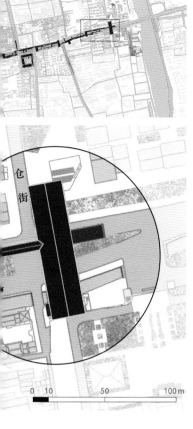

図 6-35

4.1 仓街端头

现状问题:

仓街端头位于干将路东端,是本次设计区段的起始点,也是由园区进入古城区的主要节点。此处建有地铁相门站,南侧为苏州大学天赐庄校区大门,人流量大,车流集中,需要进行合理组织。此外,其现有绿化河流等景观未得到充分开发利用,南北业态缺少联动(图 6-33)。

方法策略:

1. 作为由工业园区进入古城区的东门门户,设计将充分考虑建筑形象。

2. 高架步行系统与地铁口、公交站点结合设计,达成立体换乘的同时缝合了干将路割裂的南北两侧步行街道空间。

3. 在架空的二层构建观景平台,在视线上与历史街道仓街呼应,营造观赏历史建筑的新视点。

4. 利用钢木结构,解决跨度需求的同时,呼应古城传统城市风貌(图 6-34)。

总平布局:

建筑主体横跨干将路与干将河,形成开阔大气的门户格局。屋顶的形态与周边建筑肌理相呼应,平台的营建提供了绝佳的观景点(图 6-35)。

河网绿化
基地中部为中央绿化,南侧地铁口旁为河道

周围业态
基地周围主要是商业、居住、教育功能,但功能之间缺少联动

建筑肌理
基地北侧建筑肌理缺失(在建区域)

图 6-33

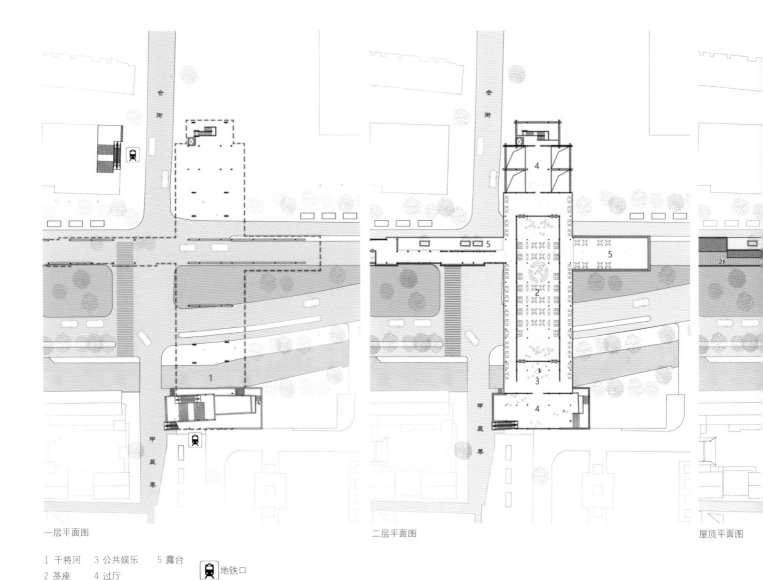

一层平面图   二层平面图   屋顶平面图

1 干将河 3 公共娱乐 5 露台   地铁口

2 茶座   4 过厅

平面组织：

  以高架的形式串联起干将路南北两侧的地铁口和公交站点，解决此处人流车流同时集中的交通拥堵问题。同时，植入茶座、娱乐空间等业态，满足周边居民和学生娱乐活动的需求，也为游客提供休息和观赏空间（**图6-36**）。

剖面组织：

  大尺度高架的构建与干将河、牌楼文物、历史街道等元素密切结合，小尺度的廊与高架相互配合，恰切营造出具备城市公共园林性质的景观场所。同时大小尺度的廊架搭配不同钢木结构进行构建，确保结构合理且功能适配得当（**图6-37**）。

空间建构：

  大型廊架空间形成了横跨南北，集交通与休闲功能为一体的综合空间，在充分考虑廊下空间的公共属性的前提下，置入垂直交通，预留能供大量人流集散的空间，同时，在牌坊处做出适当的绿地退让以留出足够的观赏视线和角度（**图6-38**）。

图 6-36　|　图 6-38

　　　　|　图 6-37

图 6-36：仓街端头节点平面图

图 6-37：仓街端头节点剖面图

图 6-38：仓街端头节点效果图

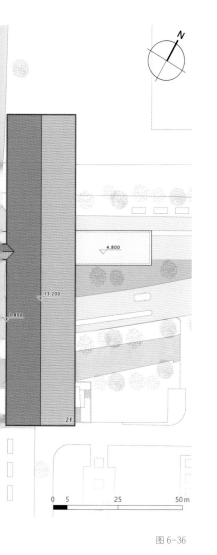

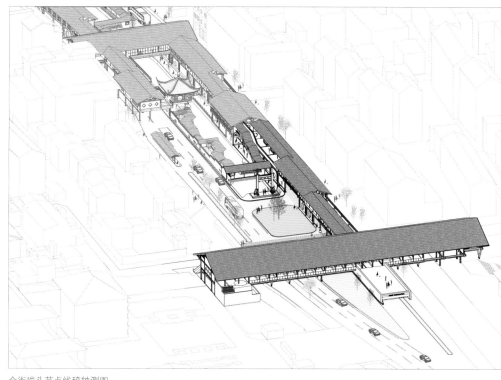

仓街端头节点线稿轴测图

图 6-36

仓街端头节点西侧一层白描透视图

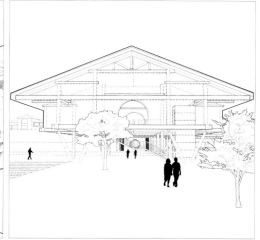

仓街端头节点北侧一层白描透视图

图 6-38

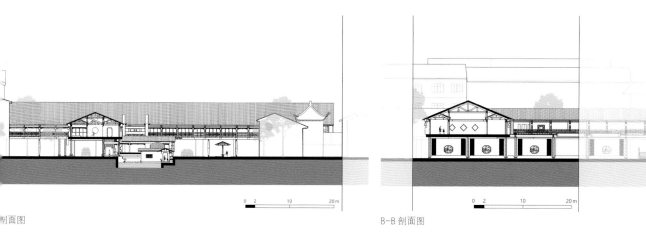

剖面图

B-B 剖面图

图 6-37

163

4.2 平江路端头

区位现状：

　　平江路的南入口，是进入平江街区的主要起始点，此处承担着大部分游客进入景区的交通职能。平江路亲切宜人的尺度到干将路发生了突变——小尺度步行空间变成了大尺度机动交通空间。同时，因临近平江路小学，上下学时段该路段会发生较明显的拥堵效应（图6-39）。

方法策略：

　　1.采用空间过渡设计消解尺度突变带来的负面效应。

　　2.为疏导人流，通过建设垂直交通，将部分人流引导至高架上方，以缓解人流压力。

　　3.面向平江路历史街区的空间采用"U"形打开的方式，营造观景平台构建两侧视线联系。

　　4.借助平台连接南侧的酒店二层，激活周围商业业态（图6-40）。

总平布局：

　　为方便人流集散，建筑整体形态面向平江路打开，北侧的车道也全部打开。空中廊道的搭建在分散人流压力的同时也给周围建筑的二层空间送去了活力（图6-41）。

图6-41

图6-39　　　　　　图6-40

图6-39：平江路端头节点现状分析图
图6-40：平江路端头节点生成分析图
图6-41：平江路端头节点总平面

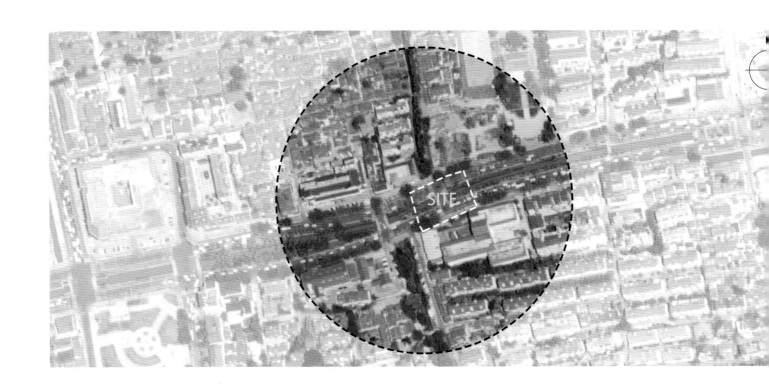

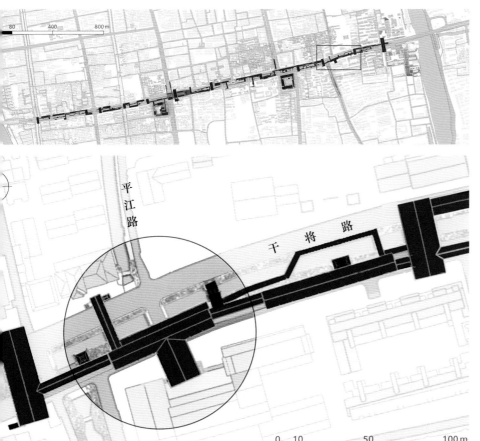

1. 干将路尺度突变，道路南侧与平江路联系减弱

图 6-41

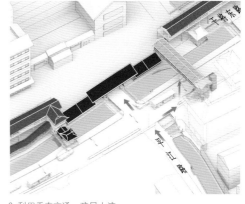

2. 利用垂直交通，疏导人流

道路交通

河流网络

周围业态

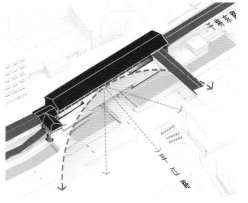

3. 利用高架与平江路产生视线联系

尺度突变

南北联系被切断

位于平江路历史街区入口，
人流密集，疏散困难

图 6-39

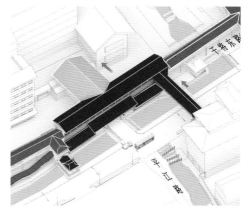

4. 二层平台与商业建筑相连接，激活商业活力

图 6-40

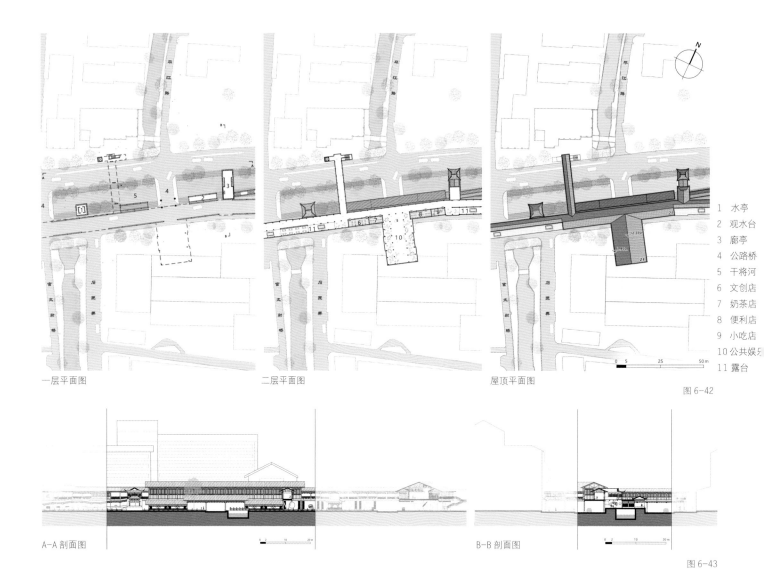

一层平面图　　　　　　　　二层平面图　　　　　　　　屋顶平面图

1 水亭
2 观水台
3 廊亭
4 公路桥
5 干将河
6 文创店
7 奶茶店
8 便利店
9 小吃店
10 公共娱乐
11 露台

图 6-42

A-A 剖面图　　　　　　　　　　　　　　　　B-B 剖面图

图 6-43

平面组织：

在高架上植入便利店、奶茶店和小吃店等业态，弥补此处的饮食功能不足的同时也焕发了商业活力，吸引更多人群的到来。在大空间处设置公共娱乐空间，人们可以在此处进行表演活动和交往活动，丰富城市日常娱乐功能（图 6-42）。

剖面组织：

建筑面向平江路的部分呈现梯次性的构建，仿古建筑和门窗构形吸取了传统民居样式，使建筑与古城风貌融为一体，本身也成为被观赏对象（图 6-43）。

空间建构：

在平江路对岸形成高架，游廊依附于一侧，南北两侧以尺度较小的高架廊道进行联系，吸纳平江路人流，激活商业空间的同时修复了割裂的建筑与街巷肌理。景观空间与建筑空间紧密配合，空出了足够的退让距离形成良好的观景空间。此处古色古韵氛围的营造与平江路历史街区两两配合，相得益彰（图 6-44）。

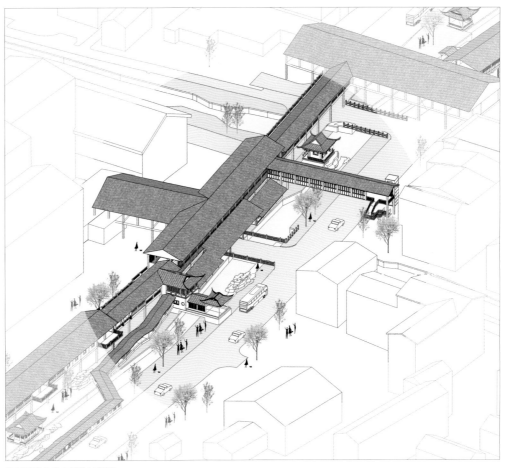

平江路端头节点线稿轴测图

图 6-42
图 6-43
　　　　图 6-44

图 6-42：平江路端头节点平面图
图 6-43：平江路端头节点剖面图
图 6-44：平江路端头节点效果图

平江路端头节点西侧一层白描透视图

平江路端头节点东侧一层白描透视图

图 6-44

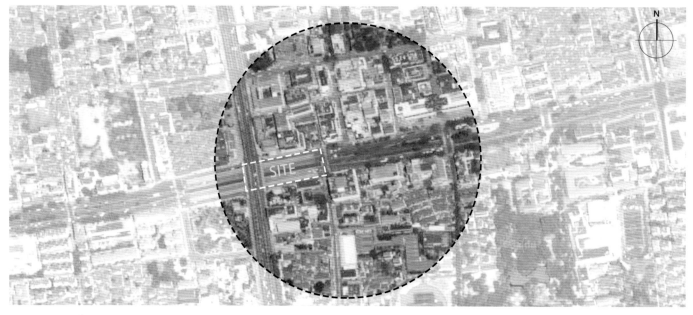

道路交通

基地内存在地下交通，两侧有地
铁口，车流及人流都很集中

河流网络

基地内干将河道骤减，交通区域扩张

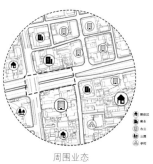

周围业态

基地周围主要是商业办公，人流
量大，流动性强

建筑肌理

基地两侧肌理明确，尺度较大

图 6-45

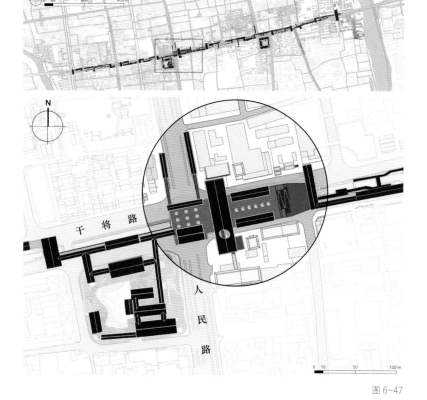

图 6-47

干 将 路

人 民 路

图 6-45

图 6-47　　图 6-46

图 6-45：人民路端头节点现状分析图

图 6-46：人民路端头节点生成分析图

图 6-47：人民路端头节点总平面图

4.3 人民路端头

区位现状：

　　人民路端头位于干将东路与人民路交叉口东侧，其南北两侧均设有地铁口，业态分布以商业办公为主，人流量大且流动性强。干将河流经此处河道骤减、交通区域扩张，车流交通立体分层，干将路车流通过地下通道，人民路车流通过乐桥，车流流线复杂，限制了两侧人流活动（图6-45）。

方法策略：

　　1. 快速立体高架路口处车流量大速度快，建立地面地上的交通连接体系进行人车分流。

　　2. 通过建构二层平台化解干道的巨大尺度，同时平台可营造室外活动空间。

　　3. 开设天井可为下方车道采光，屋顶平台开口的构建与周围环境发生视线联系。

　　4. 平台局部加盖屋顶，提供公共活动的空间，置入功能属性（图6-46）。

总平布局：

　　整体呈现大平台大空间的造型，类似"街道上的广场"，消解掉道路过宽的尺度。二层建筑的局部屋顶构建也对周边小体量建筑的屋顶肌理进行配合呼应（图6-47）。

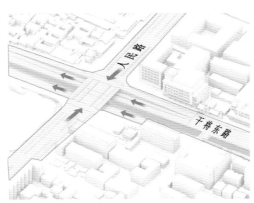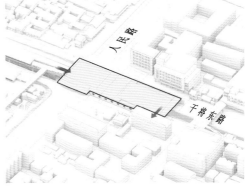

1. 人民路与干将路交会处，人流量、车流量均较大　　　2. 延续立体街道做法，用二层平台化解干道的过大尺度

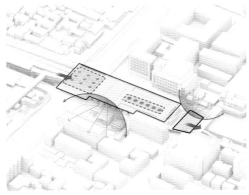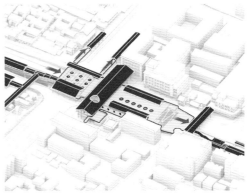

3. 平台开设天井，增加采光，与周围环境产生视线联系　　4. 二层平台局部加顶，植入不同功能

图 6-46

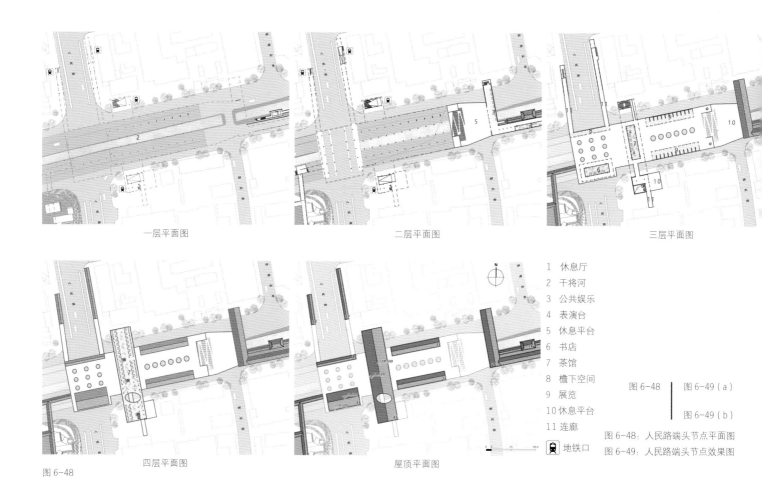

一层平面图　　　　　　　　　　二层平面图　　　　　　　　　　三层平面图

1　休息厅
2　干将河
3　公共娱乐
4　表演台
5　休息平台
6　书店
7　茶馆
8　檐下空间
9　展览
10　休息平台
11　连廊

图6-48　|　图6-49（a）

　　　　　|　图6-49（b）

图6-48：人民路端头节点平面图
图6-49：人民路端头节点效果图

🚇 地铁口

图6-48

四层平面图　　　　　　　　　　屋顶平面图

平面组织：

　　排柱构建在车道之间，最大限度地减少建筑结构的搭建对交通道路的影响。在二层景观平台上开设采光井，为下方道路和河流营造更为自然的氛围。二层平台局部划分为檐下空间，提供公共娱乐功能，并利用阶梯营造休闲空间（**图6-48**）。

空间建构：

　　立体高架策略在此处体现得尤为明显，地表从下至上有四层空间，下两层解决机动交通问题，上层植入公共功能。地下连通地铁空间，实现各个种类的交通与步行的分层。在空间形态上，层叠的建筑排布营造出层峦叠嶂的屋顶形态，为古城空间注入新的视觉景观活力[**图6-49（a）**]。

场所营造：

　　设计整体呈现出一幅具有古城风韵的现代化生活场景：高架下，车来车往井井有条；高架上，人们或在露天广场上跳舞或进行锻炼等体育活动，或在一旁的亭下空间进行交流、下棋等文娱活动，和谐而有序[**图6-49（b）**]。

人民路端头节点木质轴测图

路端头节点北侧一层白描透视图

路端头节点西侧一层白描透视图

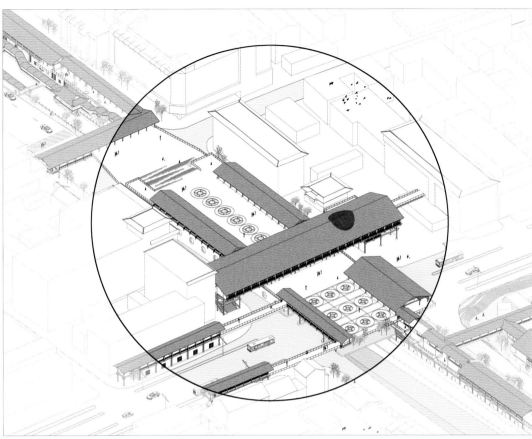

人民路端头节点线稿轴测图

图 6-49（a）

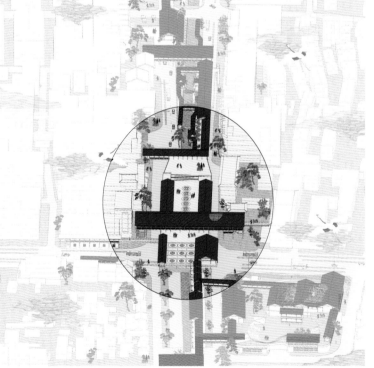

人民路端头节点古风轴测图

图 6-49（b）

道路交通
基地内部为快速交通，两侧联系被削弱

河流网络
基地中部为绿化河网，被干将路包围，景观要素未得到充分利用

周围业态
基地周围主要是商业、居住功能，缺少公共福利设施

建筑肌理
基地 D/H>2，尺度失衡，空间感差

图 6-50

4.4 庆元坊端头

区位现状：

　　庆元坊端头位于干将西路与西美巷交叉口东侧，周围业态以商业和居住为主，建筑密度较大，缺乏公共活动场所。该段街道与两侧建筑的 D/H>2 [1]，空间体验欠佳（图 6-50 ）。

方法策略：

　　1.庆元坊端头与干将西路交汇，建构跨街廊桥连接干将路南北两侧被车流阻隔的人流。

　　2.跨街廊桥之间以小型东西曲折的连廊或平台进行联系。

　　3.形成两个方向相反的 U 形围合空间，高架与南北两侧建筑形成视线对望关系，并配合河面景观构建小型院落式园林景观。

　　4.小尺度植入曲折萦绕的游廊，形成独立的小型园林片段（图 6-51 ）。

总平布局：

　　呈现出半开放半围合的"S"形建筑造型，一侧架高架、一侧游廊的布局形式，一方面满足了采光、消防扑救、建筑应急检修等实际功能需求，另一方面也使得建筑不会过于"沉重"，以一种"轻快"的姿态成为城市客厅（图 6-52 ）。

图 6-50 ｜ 图 6-51

图 6-52

图 6-50：庆元坊端头节点现状分析图

图 6-51：庆元坊端头节点生成分析图

　　1　出自芦原义信《外部空间设计》一书，即建筑物与视点的距离 (D) 与建筑高度 (H) 之比。

图 6-52：庆元坊端头节点总平面图

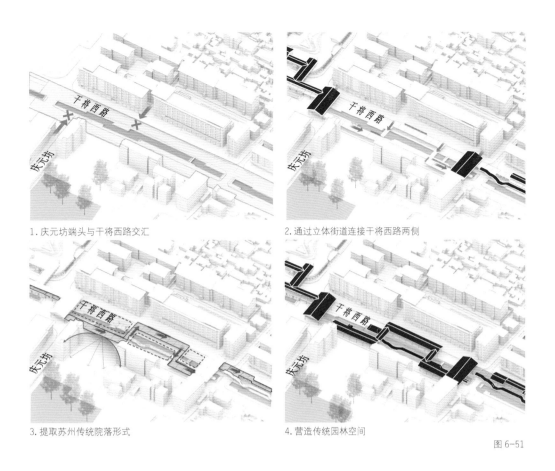

1. 庆元坊端头与干将西路交汇　　　　　2. 通过立体街道连接干将西路两侧

3. 提取苏州传统院落形式　　　　　　　4. 营造传统园林空间

图 6-51

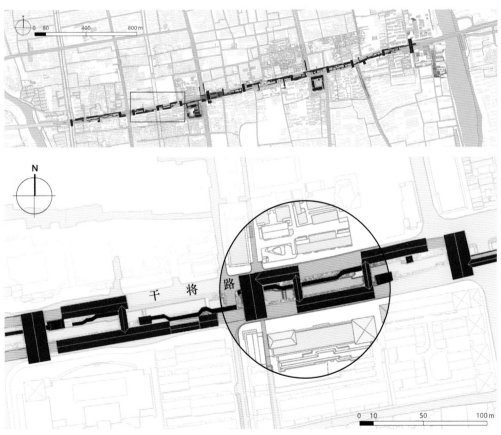

图 6-52

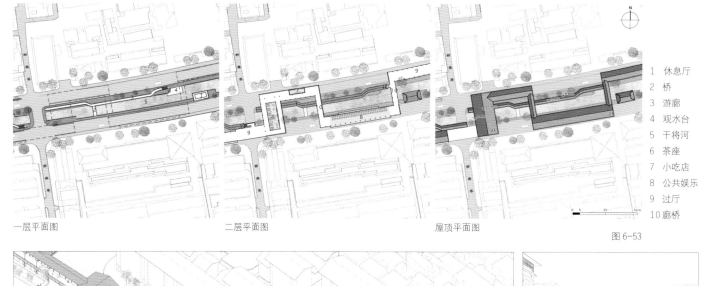

一层平面图　　　　　　　　　二层平面图　　　　　　　　　屋顶平面图

1　休息厅
2　桥
3　游廊
4　观水台
5　干将河
6　茶座
7　小吃店
8　公共娱乐
9　过厅
10　廊桥

图 6-53

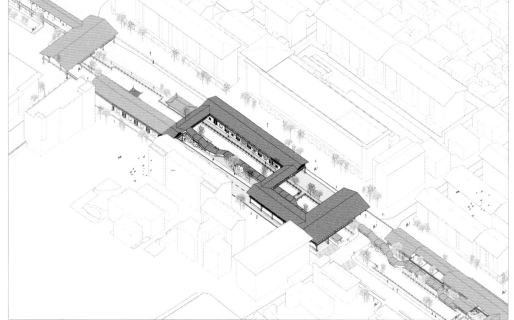

庆元坊端头节点线稿轴测图

庆元坊端头节点滨河白描透视图

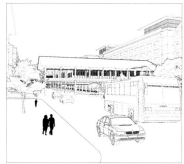

庆元坊端头节点临街白描透视图

图 6-54（a）

平面组织：

建筑平面功能以休闲娱乐为主，业态布置有茶室、观水台、休息厅等。建筑底层架空，沿河设游廊，以爬山廊联系上下两层空间（图 6-53）。

空间建构：

连续的"U"形空间被架构在这条东西贯通、南北曲折的城市高架步行系统上，干将路过大的尺度被修复，城市肌理得到缝合。呈现出的建筑空间张弛有度，路径曲折转换，给人以丰富的空间体验 [图 6-54（a）]。

场所营造：

一条南临水溪，北靠树木的游廊的构建，实现了借水成景的设计愿想。游人穿廊而过，置身其中，顿觉远离道路两侧城市的喧嚣 [图 6-54（b）]。

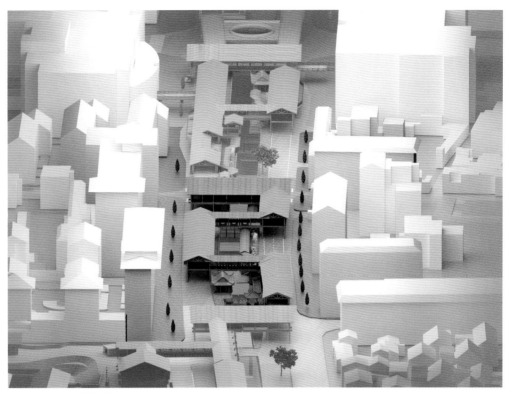

庆元坊端头节点木质轴测图

庆元坊端头节点古风轴测图

图 6-53

图 6-54（a） 图 6-54（b）

图 6-53：庆元坊端头节点平面图
图 6-54：庆元坊端头节点效果图

图 6-54（b）

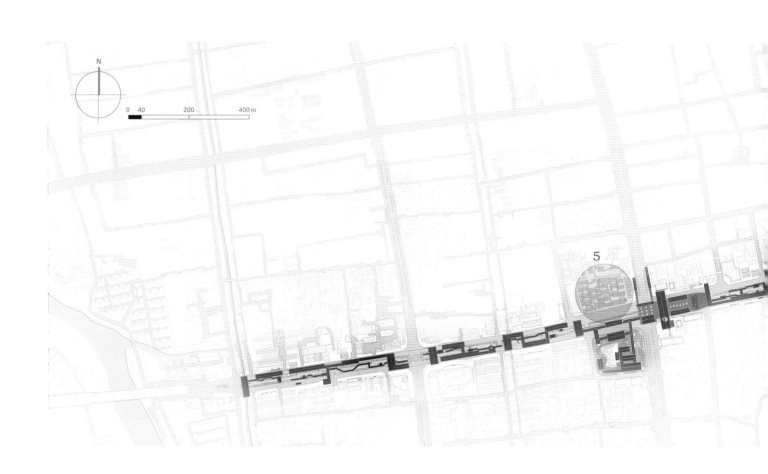

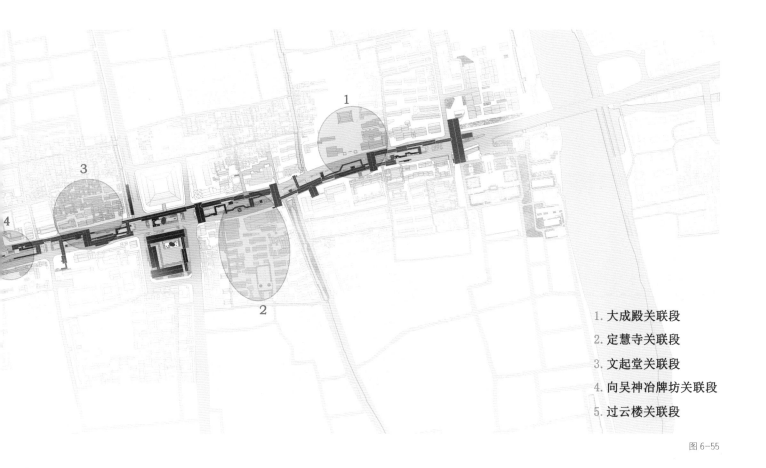

1. 大成殿关联段
2. 定慧寺关联段
3. 文起堂关联段
4. 向吴神冶牌坊关联段
5. 过云楼关联段

图 6-55

图 6-55

图 6-55：五种文物关联：总平面索引图

5 五种文物关联
Five Cultural Relic Correlation

干将路沿线周边现存众多文保建筑，其因为干将路两侧建筑的阻隔和遮挡，未得到充分利用。设计通过构建立体高架，抬高人群视点，采用借景与对望的方式，将文保建筑吸纳到干将路沿街的城市景观中去。

这里选取沿线五个文物进行分析：大成殿关联段、定慧寺双塔关联段、文起堂关联段、句吴神冶牌坊关联段、过云楼关联段（图6-55）。

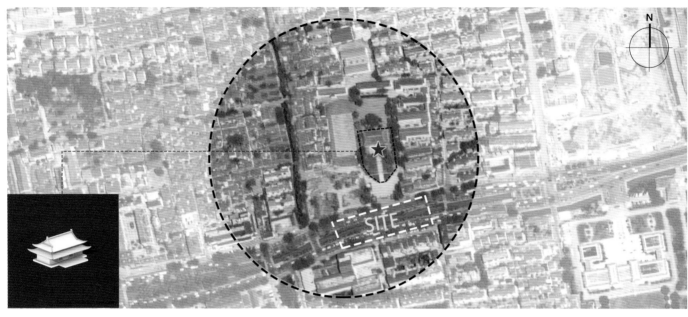

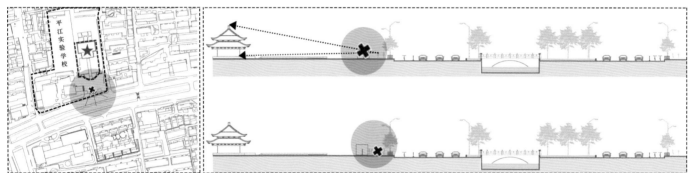

大成殿位于平江实验学校内，处于封闭状态，　大成殿被校门遮挡，无法停留观赏
文物建筑作为城市景观未能有效利用

图 6-56

5.1 大成殿关联段

区位现状：

　　大成殿位于该段北侧平江实验学校内，建筑形制为重檐歇山顶，面阔七间进深六檩，高 18 m。大成殿距离干将路约百米，因校门遮挡视线，很难窥其全貌，并且作为重要的文物景观，因其缺乏停留观赏空间，未得到充分利用（**图 6-56**）。

方法策略：

　　1. 在干将河南侧设置高架，并在高架上布置多种服务型观赏坐憩空间，以此欣赏大成殿正面与屋顶形态。

　　2. 利用小尺度折廊与水榭营造园林空间，提供多样观赏视角（**图 6-57**）。

图 6-56

图 6-57

图 6-56：大成殿关联段现状分析图

图 6-57：大成殿关联段生成分析图

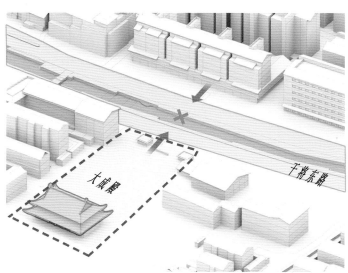

1. 苏州孔庙大成殿，重檐庑殿，面阔七间，进深五间

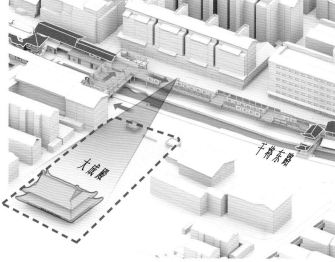

2. 高架联系干将路两侧，营造东西长廊观赏大成殿

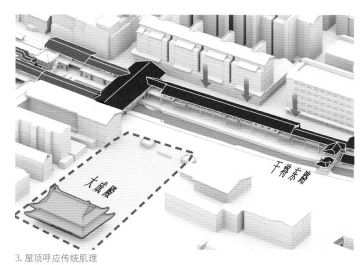

3. 屋顶呼应传统肌理

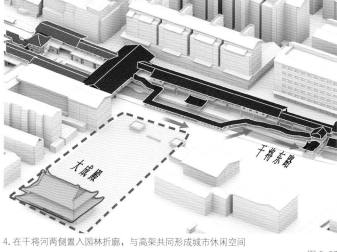

4. 在干将河两侧置入园林折廊，与高架共同形成城市休闲空间

图 6-57

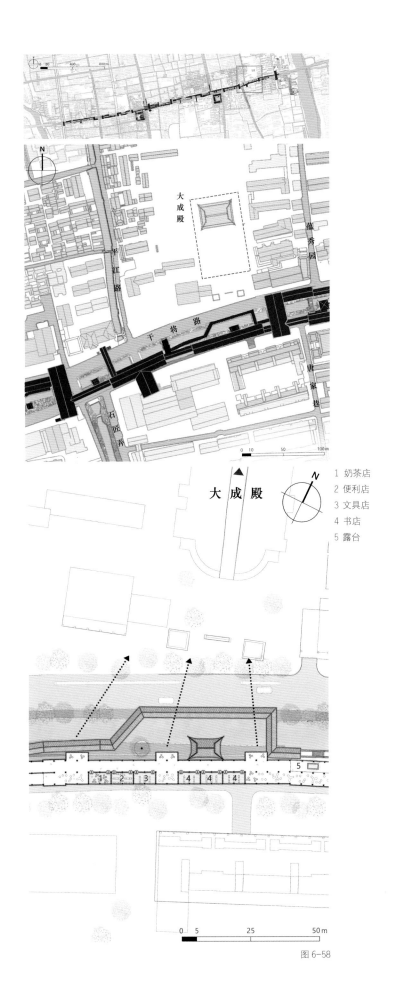

图 6-58

图 6-59

图 6-58：大成殿关联段总平面图与平面分析图

图 6-59：大成殿关联段效果图

大成殿关联段古风轴测图

大成殿

1 奶茶店
2 便利店
3 文具店
4 书店
5 露台

图 6-58

平面组织：

在该段平江路端头设置垂直交通，将两侧人流引导分流至步行高架，其中布置奶茶店、便利店、文具店、书店等服务型业态，以隔墙围合，其余功能区块布置成开敞空间，设置出挑平台观赏大成殿风景（图6-58）。

空间建构：

该段面向大成殿文物处进行基本的避让与退让，将大尺度高架设置在干将路南侧，让观赏点可以更好地看见文物全貌，其尺度与南侧住区也比较和谐。另以游廊与亭台呼应传统民居肌理，彰显园林线性边界空间含蓄隽永之美（图6-59）。

大成殿关联段一层白描透视图

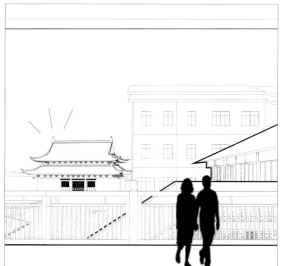

大成殿关联段二层白描透视图

图 6-59

181

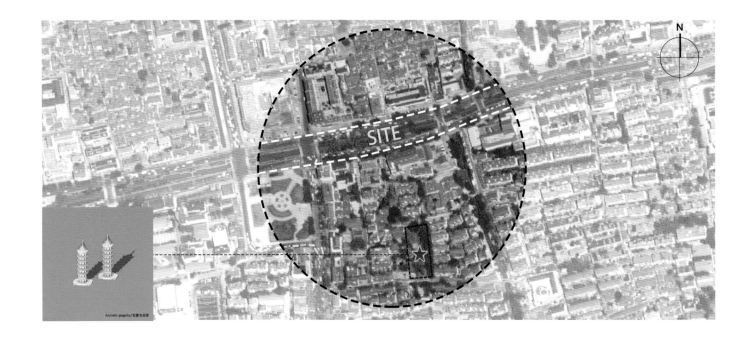

古塔红线和紫线范围

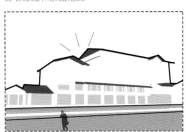

视角 1

干将路古塔侧沿街建筑高度

视角 2

干将路上行人无法望见双塔

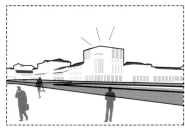

视角 3

图 6-60

5.2 定慧寺双塔关联段

区位现状:

定慧寺双塔位于凤凰街定慧寺巷双塔院内，塔高 7 层。距离干将路较远，因干将路沿街多层建筑体量大，本应在古城民居一二层的高度下十分凸显的高塔，却被建筑遮挡而无法观赏（图 6-60）。

方法策略:

1. 利用高架抬升营造在干将路上眺望定慧寺双塔的视点，在官太尉河、平江路端头、凤凰广场、宏盛大厦附近设置平台或窗口，多角度观赏双塔。

2. 采用借景的中式园林空间艺术处理手法，置入游廊、亭台，构成一幅远、中、近景相互渗透的园林画卷（图 6-61）。

图 6-60

图 6-61

图 6-60: 定慧寺双塔关联段现状分析图
图 6-60: 定慧寺双塔关联段生成分析图

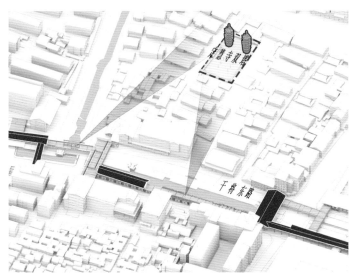

1. 干将路两侧建筑体量大，利用立体街道在周边建筑间隔中望见双塔

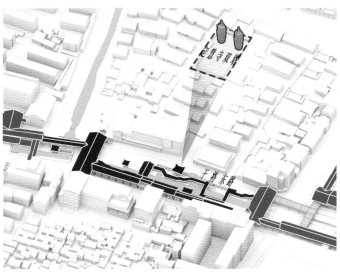

2. 置入园林式折廊，局部营造亭台，提供望见双塔的驻足点

图 6-61

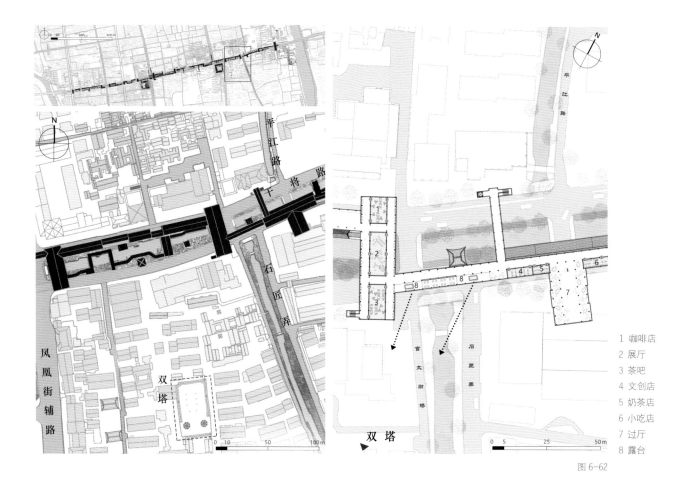

1 咖啡店
2 展厅
3 茶吧
4 文创店
5 奶茶店
6 小吃店
7 过厅
8 露台

图 6-62

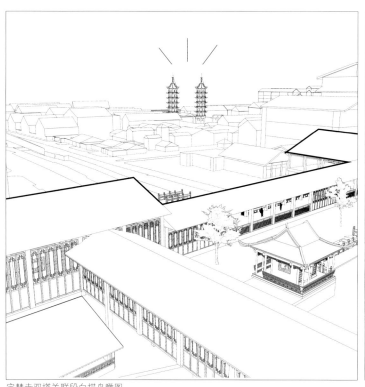

定慧寺双塔关联段白描鸟瞰图

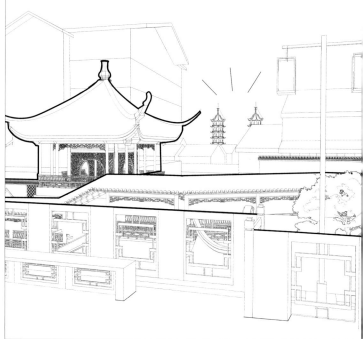

定慧寺双塔关联段白描透视图

图 6-63（a）

平面组织：

    双塔关联段跨度较长，在河边两侧设置不同形式的凉亭与双塔呼应。平面南北高架三跨柱距8.4 m，靠近双塔一侧安排坐憩空间观赏干将路上园林景观与远处双塔，另一侧留出足够的交通空间方便人流集散（图6-62）。

空间建构：

    小尺度游廊段的攒尖顶亭阁设置两层来观望双塔。双塔与游廊、亭台共同丰富了高架上远眺的景观层次［图6-63（a）］。高架上的门板、栏杆、雕梁等都用传统木雕工艺进行修饰，雅致秀美，为现代化的干将路增添古典氛围，利用园林中亭、台、楼、阁的组合以及它们的空间特性，带给市民多重的感知与审美乐趣。游园时穿梭其中，既能感知园林意趣，也能远眺双塔［图6-63（b）］。

图6-62

图6-63（a）   图6-63（b）

图6-62：定慧寺双塔关联段总平面图与平面分析图
图6-63：定慧寺双塔关联段效果图

双塔关联段古风轴测图

定慧寺双塔关联段渲染效果图

定慧寺双塔关联段局部场景图

图6-63（b）

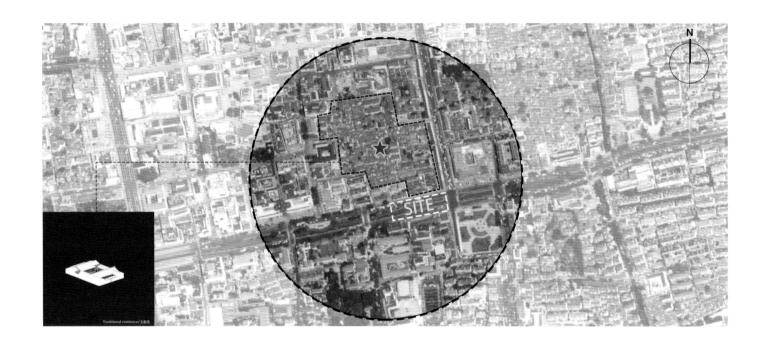

以文起堂为代表的传统民居肌理

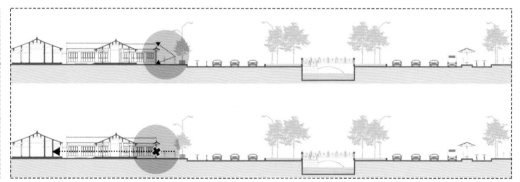

民居多为私人民宅，在干将路无法彰显，只能看到部分沿街立面

图 6-64

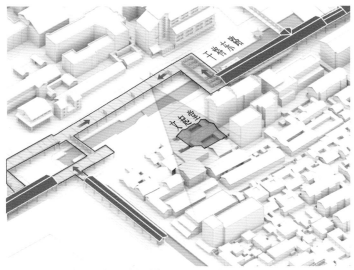

1.引入人流至高架，在被干将路割裂的南面看见文起堂及民居

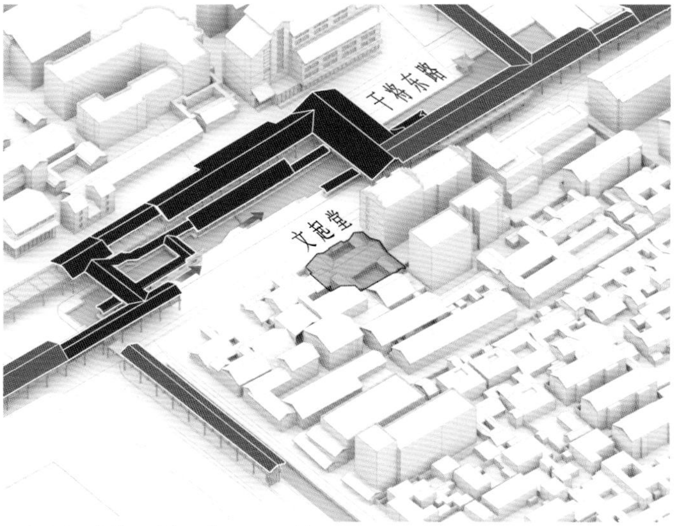

2.在高架北侧植入游廊，营造河上园林

图 6-65

5.3 文起堂关联段

区位现状：

  文起堂关联段位于干将路与临顿路交叉口西北侧，此处有以文起堂[2]为核心的传统民居聚落。文起堂原为三进院，在 1993 年干将路拓宽时拆除了轿厅前的两厢，并缩小了天井，现仅存轿厅、大厅及东西两厢房。其在 1982 年被列为苏州市文物保护单位。人们在干将路上行走时，只能看到建筑的立面和檐口，很难欣赏到街区最具特色的连续的屋顶形态（图 6-64）。

图 6-64 ｜ 图 6-65

图 6-64：文起堂关联段现状分析图
图 6-65：文起堂关联段生成分析图

方法策略：

  1. 在对岸建设高架和平台以欣赏到二进院落的文起堂建筑、庭院全貌。

  2. 在靠近高架一侧营造滨水游廊、廊桥、爬山廊等园林建筑要素，呼应文起堂及北侧传统民居片区传统肌理（图 6-65）。

2　文起堂即张献翼故居，原为三进院，门厅于新中国成立前拆除。后在 1993 年干将路拓宽时拆除了轿厅前的两厢，并缩小了天井，现仅存轿厅、大厅及东西两厢房。1982 年被列为苏州市文物保护单位。

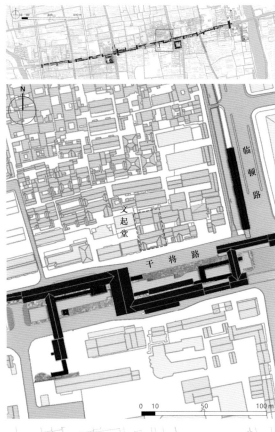

图 6-66 ｜ 图 6-67

图 6-66：文起堂关联段总平面图与平面分析图
图 6-67：文起堂关联段效果图

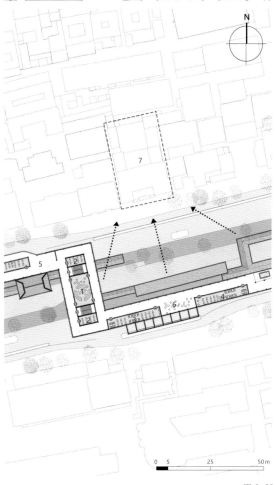

1 旅游售卖
2 零食售卖
3 早晚餐店
4 零食店
5 过厅
6 公共娱乐
7 文起堂

🚌 公交站台

图 6-66

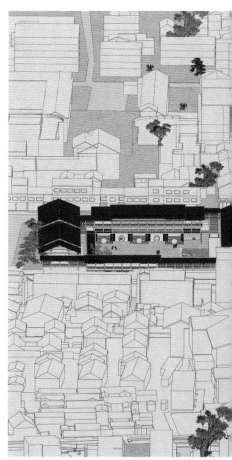

文起堂关联段古风轴测图

平面组织：

利用 U 形体块回应文起堂，在靠近文物一侧以垂直交通引入人流，高架上靠窗两侧的交通空间可满足人流通行需求，中间两跨安排零售，东西向高架置入不同功能业态以满足居民需要（图 6-66）。

空间建构：

该关联段与文起堂及北侧民居遥相呼应，原本过宽过大的道路尺度被消解为苏州传统河街形式，高架以小青瓦屋面回应民居优美连绵起伏的屋顶肌理，支撑结构上采用钢木体系表现对传统的传承与创新，并为大空间灵活布局服务（图 6-67）。

文起堂关联段白描鸟瞰图

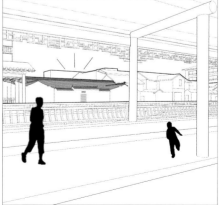

文起堂关联段白描透视图

图 6-67

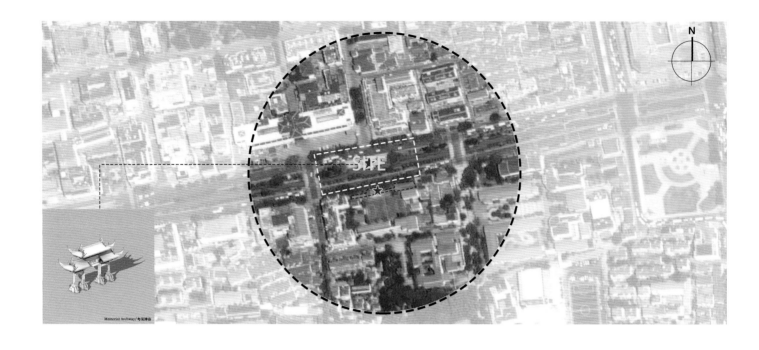

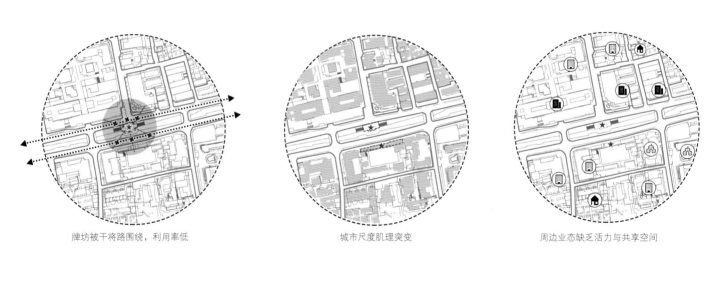

牌坊被干将路围绕，利用率低　　　　　　城市尺度肌理突变　　　　　　周边业态缺乏活力与共享空间

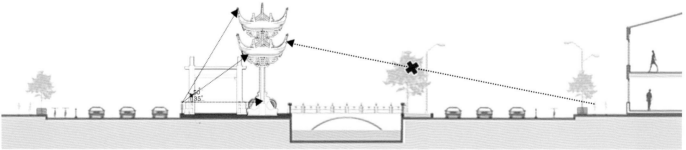

视线遮挡且牌坊观赏性差

图 6-68

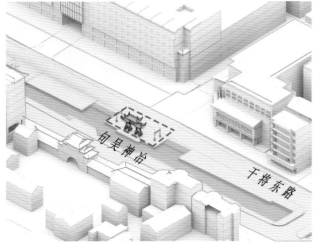

1. 干将路尺度大，缺乏停留场所，行人难以到达牌坊

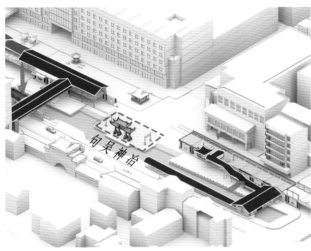

3. 二层平台强化东西两侧联系

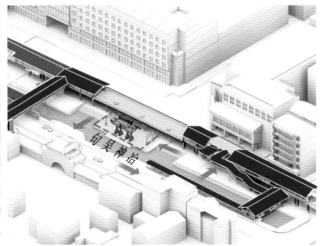

2. 廊桥联系河流两侧，形成东西视点观赏牌坊

4. 室内外变化形成观景系列，与周边建筑形成合院

图 6-69

5.4 句吴神冶牌坊关联段

区位现状：

　　句吴神冶牌坊³位于干将路与宫巷交叉口，临干将河而立，却被干将路两侧快速车流交通包围隔绝，未得到充分利用。此处树木遮挡行人视线，观赏性有待加强（图6-68）。

图 6-68 ｜ 图 6-69

图 6-68：句吴神冶牌坊关联段现状分析图
图 6-69：句吴神冶牌坊关联段生成分析图

方法策略：

　　1. 在距离句吴神冶牌坊侧面百米左右架设南北向高架形成两处观赏牌坊的视点，牌坊面向干将路南侧齐云楼的一面打开，并通过露天平台衔接街道步行系统，形成多重立体观赏视角。

　　2. 二层高架室内外变化丰富，露天平台及室内空间与一层游廊、景观、水面共同营造以牌坊为核心的休闲景点（图6-69）。

---

3 牌坊上"句吴神冶"由钱仲联先生书写，"句"为"勾"，勾吴是苏州古称，"神冶"代指手艺精湛。

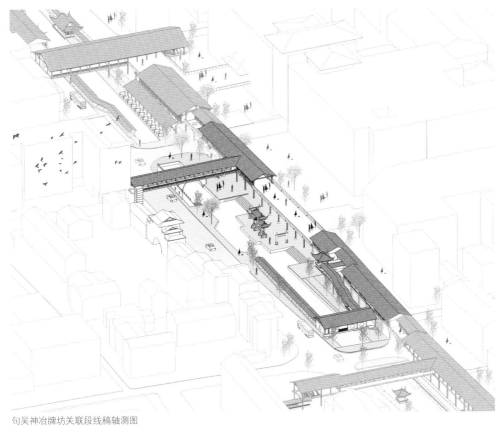

句吴神冶牌坊关联段线稿轴测图

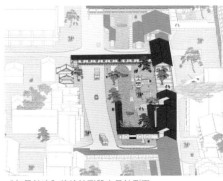

"句吴神冶"牌坊关联段古风轴测图

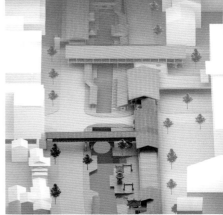

句吴神冶牌坊关联段木质轴测图

图 6-

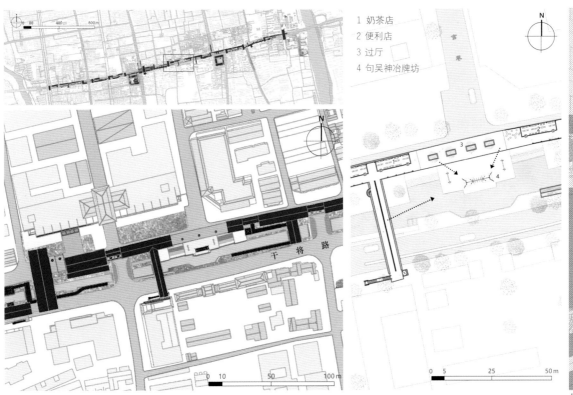

1 奶茶店
2 便利店
3 过厅
4 句吴神冶牌坊

句吴神冶牌坊关联段线稿淡彩透视图

图 6-70

平面组织：

　　根据该段牌坊文物所在位置与体量关系，平面上以U形高架环抱牌坊，并在玄妙广场、公园路等人流较多的位置设置垂直交通，紧邻牌坊的北侧高架进深三跨，设置露天平台提供观赏位置（图6-70）。

空间建构：

　　在该关联段营造了多处可观可游的空间，牌坊不再是三面交通围绕的孤岛 [图6-71（a）]。河道上以拱形构件营造苏州传统拱桥意向，牌坊周边高架、游廊、滨水河岸面向牌坊处打开观景面，高架上的隔墙开启连续门洞，与河面、牌坊相互渗透互为对景 [图6-71（b）]。

图6-71（a）

图6-70　图6-71（b）

图6-70：句吴神冶牌坊关联段总平面图与平面分析图

图6-71：句吴神冶牌坊关联段效果图

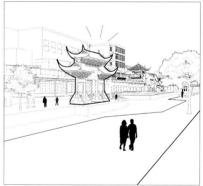

句吴神冶牌坊关联段白描透视图

句吴神冶牌坊关联段白描鸟瞰图

图6-71（b）

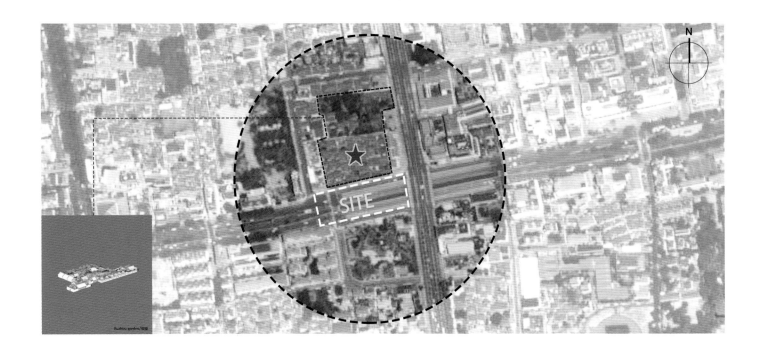

传统民居与园林肌理

纵向空间序列在干将路处断裂

园林被建筑隔断

图 6-72

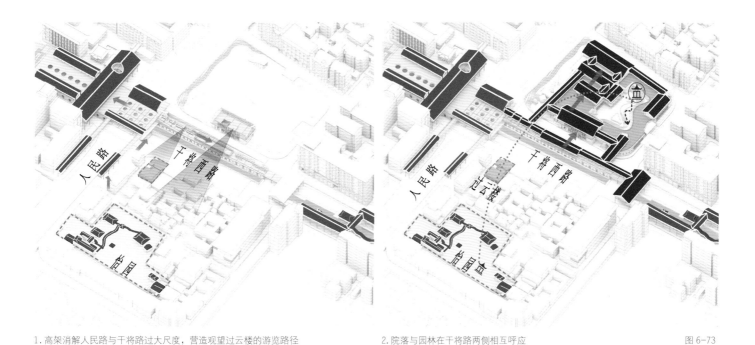

1. 高架消解人民路与干将路过大尺度，营造观望过云楼的游览路径　　　　　　2. 院落与园林在干将路两侧相互呼应　　　　　　　图6-73

5.5 过云楼关联段

区位现状：

　　过云楼[4]位于干将路与人民路交叉口西北侧，此处传统民居与园林小尺度肌理在干将路发生突变，纵向空间序列在干将路处断裂。人们在干将路上行走时，只能看到以过云楼为主的传统民居聚落的立面和檐口，北侧重要园林——怡园则被遮挡在后方，消失在人们日常视野中（图6-72）。

图6-72　｜　图6-73

图6-72：过云楼关联段现状分析图

图6-73：过云楼关联段生成分析图

方法策略：

　　在过云楼对岸建设向东逐步抬升的高架系统，一方面联系人民路上方高架，另一方面形成观望过云楼后侧怡园的视点。与过云楼相对的南侧乐桥广场，则提取北侧苏式传统建筑与景观要素进行重塑，延续苏州地域文脉（图6-73）。

4　"过云楼"是江南著名的私家藏书楼，世有"江南收藏甲天下，过云楼收藏甲江南"之称，现为苏州市文物保护单位。

平面组织：

平面以U形面向过云楼，人民路一侧延伸出小尺度介入二层高架，增加过云楼的步行可达性，南侧乐桥广场构建园林式体验。同时该关联段高架上设置书店、茶馆等业态及部分室外坐憩空间，将过云楼全貌和该段绵延的屋顶肌理更好地展现给游客（图6-74）。

空间建构：

该段紧邻的人民路段是车流与人流的集中交汇点，为引导人流快速疏散，立体高架在干将路一侧设置回形空间，一侧作为疏散空间，另一侧作为观赏过云楼的休闲空间，高架空间布置张弛有度，序列变化丰富（图6-75）。

1 书店
2 茶馆
3 檐下空间
4 室外平台
5 连廊
6 过云楼

🚇 地铁口

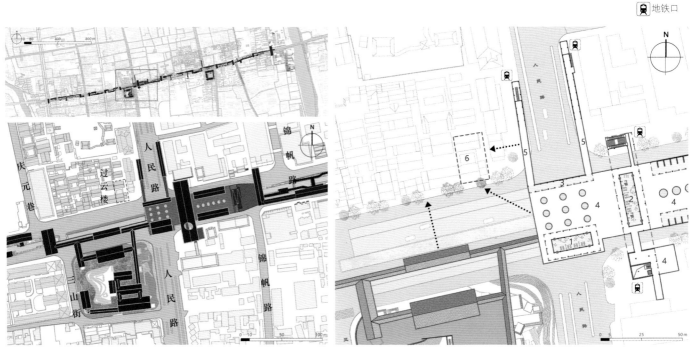

图 6-74

关联段古风轴测图

图 6-75

图 6-74

图 6-74：过云楼关联段总平面图与平
面分析图

图 6-75：过云楼关联段效果图

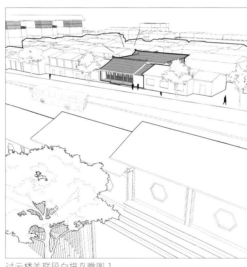

过云楼关联段白描鸟瞰图 1

过云楼关联段白描鸟瞰图 2

图 6-75

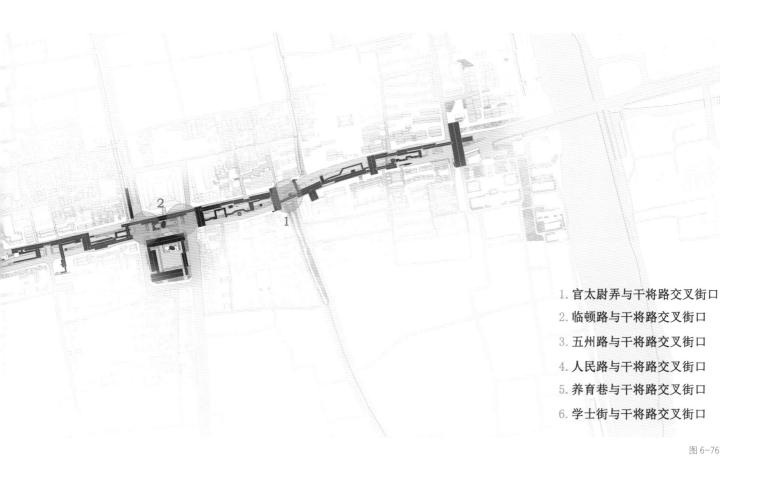

1. 官太尉弄与干将路交叉街口
2. 临顿路与干将路交叉街口
3. 五州路与干将路交叉街口
4. 人民路与干将路交叉街口
5. 养育巷与干将路交叉街口
6. 学士街与干将路交叉街口

图 6-76

6 六处交叉街口　Six Intersections

图 6-76

图 6-76：六处交叉街口：总平面索引图

　　干将路作为横贯古城东西的城市主干路，与南北向多条城市主次道路形成了多个交叉路口。由东到西最具代表性的有：干将路与官太尉弄交叉街口、临顿路交叉街口、五卅路交叉街口、人民路交叉街口、养育巷交叉街口以及学士街交叉街口。其中人民路为城市主干路，官太尉弄为支路，其余均为城市次干路（图 6-76）。

6.1 官太尉弄与干将路交叉街口

区位现状：

官太尉弄与干将路交叉街口双向6车道，此处为主干路与支路交叉口，东西向车流集聚，南北向车流较少，该段两侧分布两处机动车停车场，加之此处官太尉河两侧皆分布有机动车道路，人车混行且方向复杂，有诸多安全隐患（图6-77）。

方法策略：

1. 变6车道为4车道后，官太尉河与干将路交叉街口处增加街道两侧停留空间，利用现有车道减窄后腾出的空间，向上建设立体步行廊桥，减少安全隐患。

2. 东西方向因靠近大型公共建筑，采用小尺度游廊联系呼应，形成对石匠弄、官太尉河等水巷的对望与观赏空间。

3. 将高架一二层分离，底层为双向4车道，二层为连续的步行空间，于干将路北侧设垂直交通方便行人通行（图6-78）。

平面组织：

设计为将公路桥归还给行人，提高了东西向车流通行效率，避免了车辆调头造成的交通拥堵。增大干将路中部安全岛面积，为行人提供充足的停留空间（图6-79）。

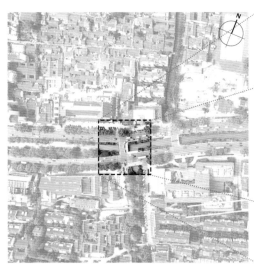
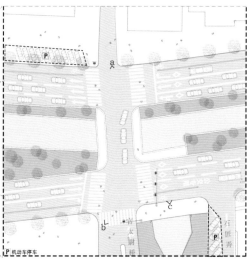

图 6-77

图 6-78

图 6-77 | 图 6-79

图6-77：官太尉桥与干将路交叉街口
区现状分析图

图6-78：官太尉桥与干将路交叉街口
生成分析图

图6-79：官太尉桥与干将路交叉街口
总平面图与一层平面图

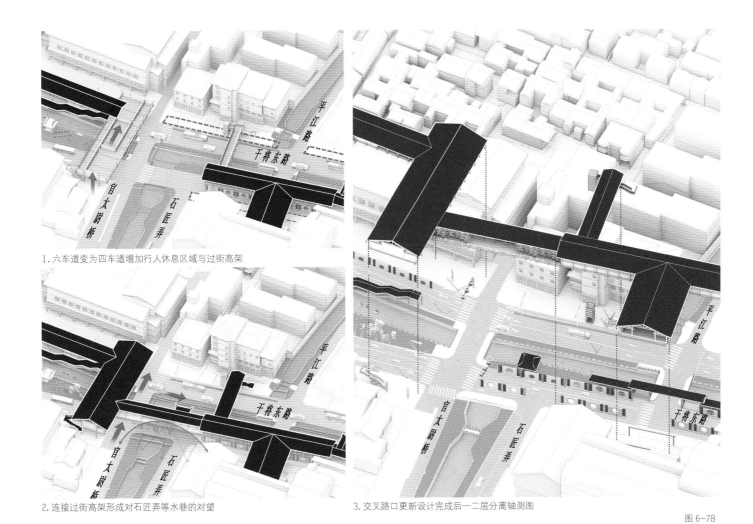

1. 六车道变为四车道增加行人休息区域与过街高架

2. 连接过街高架形成对石匠弄等水巷的对望

3. 交叉路口更新设计完成后一二层分离轴测图

图 6-78

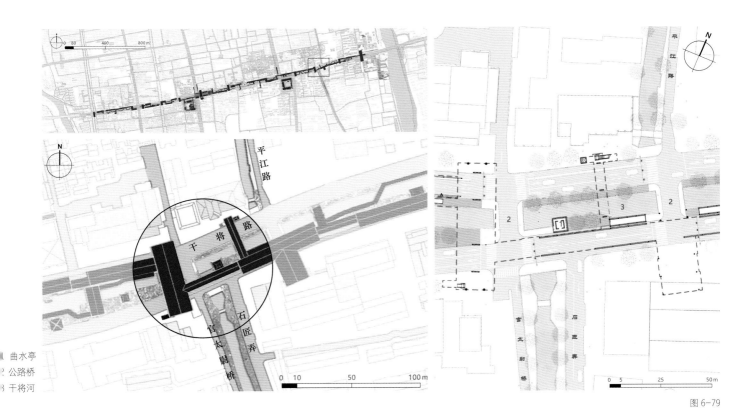

曲水亭

公路桥

干将河

图 6-79

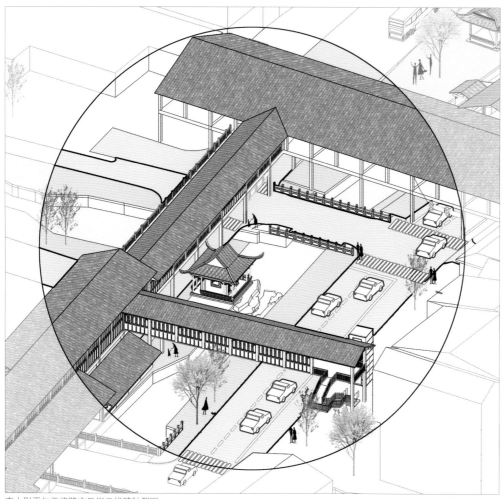

官太尉弄与干将路交叉街口线稿轴测图

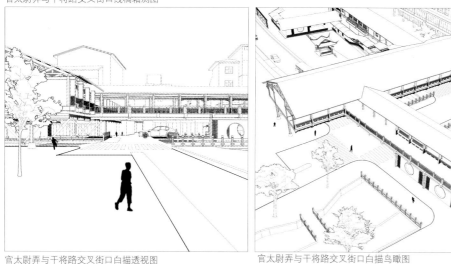

官太尉弄与干将路交叉街口白描透视图　　官太尉弄与干将路交叉街口白描鸟瞰图

图 6-80

空间建构：

　　流线立体分层，人车分行：人在二层"街"上走，车在底层"道"中行。同时，一层设景墙，将机动车道与非机动车道分离，避免车流和人群活动相互干扰，减少安全隐患（图 6-80）。

6.2 临顿路与干将路交叉街口

区位现状：

　　临顿路、凤凰街与干将路交叉街口为短距离内的两个交叉路口，为防止交通阻塞，两交叉口中间车道均为直行车道供汽车快速通过。地铁口外设有非机动停车位，北侧的和基广场人流量和车流量均较大，造成此处的人车流线密集而复杂（图6-81）。

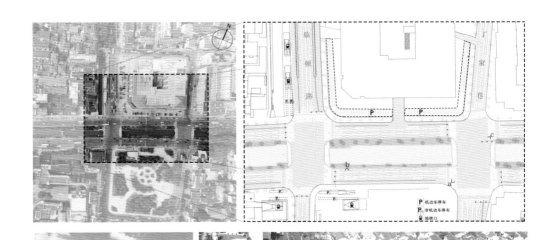

图6-80

图6-81

图6-80：官太尉桥与干将路交叉街口
　　　　效果图

图6-81：临顿路与干将路交叉街口现
　　　　状分析图

图6-81

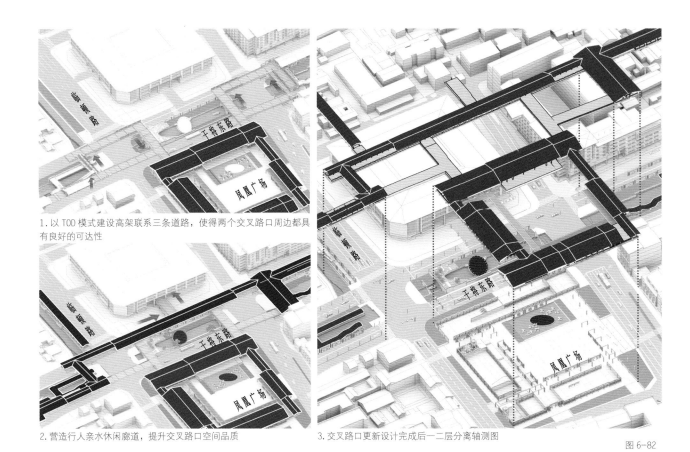

1. 以TOD模式建设高架联系三条道路，使得两个交叉路口周边都具有良好的可达性

2. 营造行人亲水休闲廊道，提升交叉路口空间品质

3. 交叉路口更新设计完成后一二层分离轴测图

图 6-82

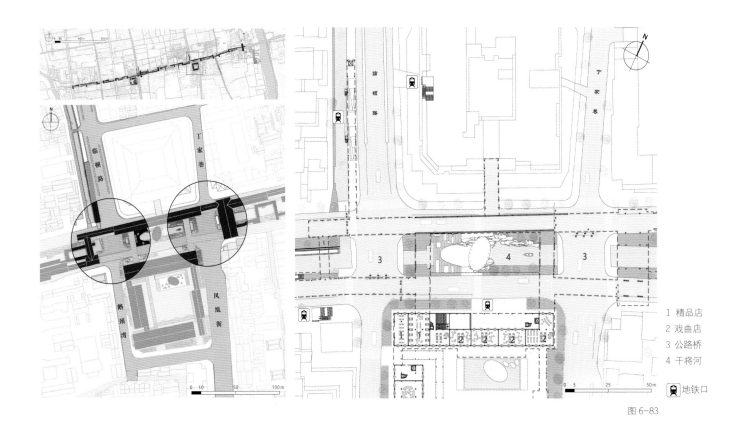

1 精品店
2 戏曲店
3 公路桥
4 干将河

🚇 地铁口

图 6-83

方法策略：

1. 在街口四周建设步行高架，配合垂直交通构建立体交通体系，满足地铁口人流的快速集散，增强各方向上人群的联系。

2. 干将路步行系统将凤凰广场、和基广场串联形成服务型 TOD 模式。

3. 底层为双向 4 车道，高架则在两交叉路口上方搭建成"回"形平台空间，满足人流各个方向的集散（图 6-82）。

平面组织：

利用干将河景致打造环境优美的舞台空间，行人可通过二层平台到达舞台空间，在舞台两侧设置景墙隔离车流。干将路改为双向 4 车道，广场、建筑布置在沿道路一侧，设置对外的文化和商业业态功能，如精品店、戏曲店等（图 6-83）。

空间建构：

广场空间、交通空间、步行空间、舞台空间，各功能空间相对独立又互相联系，共同构成一个具有活力的整体空间系统，基于人车分流组织的交通系统解决了此段人车流线混杂的问题（图 6-84）。

图 6-82

图 6-83　　图 6-84

图 6-82：临顿路与干将路交叉街口生成分析图

图 6-83：临顿路与干将路交叉街口总平面图与一层平面图

图 6-84：临顿路与干将路交叉街口效果图

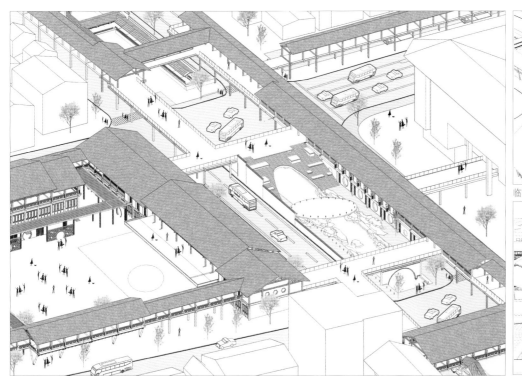

临顿路与干将路交叉街口线稿轴测图

临顿路与干将路交叉街口白描鸟瞰图 1

临顿路与干将路交叉街口白描鸟瞰图 2

图 6-84

6.3 五卅路与干将路交叉街口

区位现状：

　　五卅路与干将路交叉街口为主干路与次干路交叉口，该段车行速度快，且人行横道步行距离长。交叉口西侧有公交站点，北侧为温德姆花园酒店，酒店处退让空间未得到充分利用，仅布置零星绿化（图6-85）。

方法策略：

　　1. 在五卅路与干将路街口建设步行高架，并在街口东侧设置垂直交通与过街廊桥，将人流引入高架与玄妙广场，提升商业活力。

　　2. 在街口周围增加绿化与休憩空间，并在北侧沿河地段营造多媒体空间以丰富街口业态。

　　3. 二层平台与玄妙广场相连，引进人流，激发商业活力（图6-86）。

平面组织：

　　采用多种楼梯形式组织高架与地面的垂直交通，丰富建筑造型，沿河布置亭廊营造市民日常公共活动场所（图6-87）。

图 6-86

图 6-85 ｜ 图 6-87

图 6-85：五卅路与干将路交叉街口现状分析图

图 6-86：五卅路与干将路交叉街口生成分析图

图 6-87：五卅路与干将路交叉街口总平面图与一层平面图

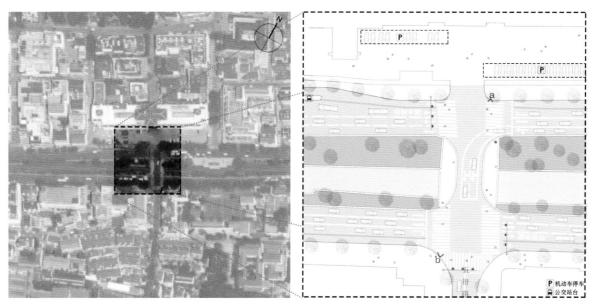

图 6-85

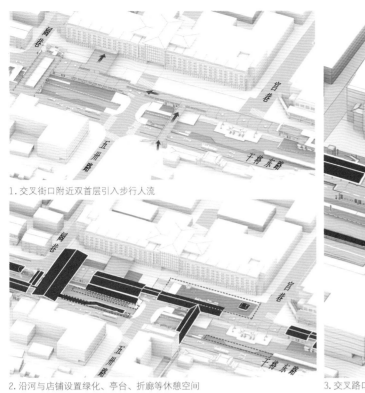

1. 交叉街口附近双首层引入步行人流

2. 沿河与店铺设置绿化、亭台、折廊等休憩空间

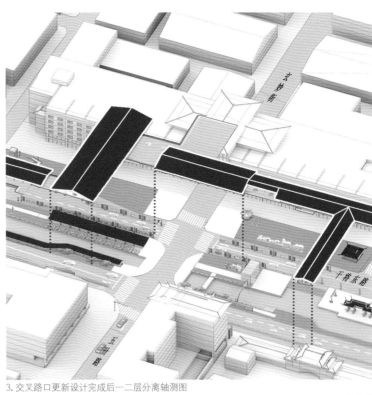

3. 交叉路口更新设计完成后—二层分离轴测图

图6-86

1 公共娱乐
2 廊亭
3 公路桥
4 干将河

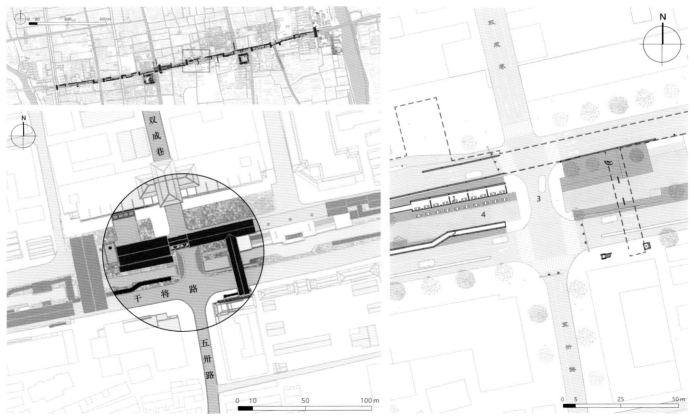

图6-87

207

空间建构:

　　改造后的交叉路口，从空中俯瞰，不再是车流占据绝对主导，步行人流再次回归街道日常。车辆的转弯半径变小，车速变慢，行人步行距离缩短，安全性得以加强（图6-88）。

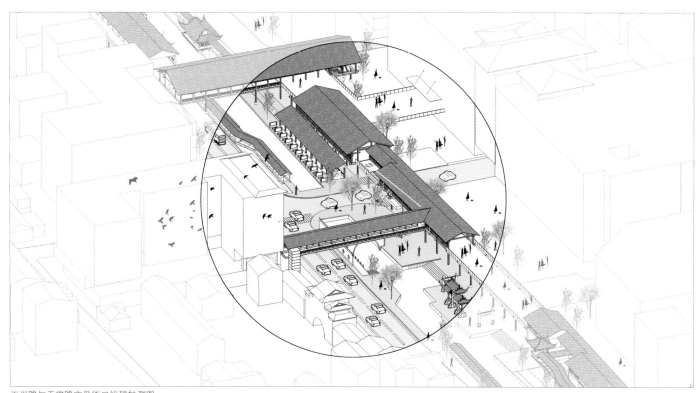

五卅路与干将路交叉街口线稿轴测图

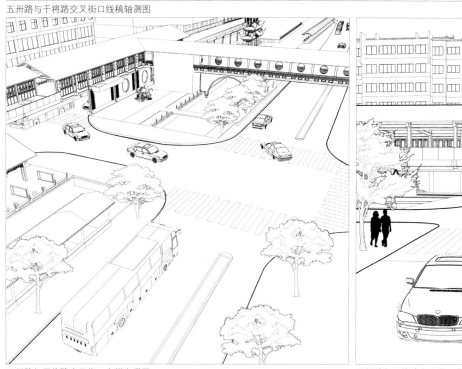

五卅路与干将路交叉街口白描鸟瞰图

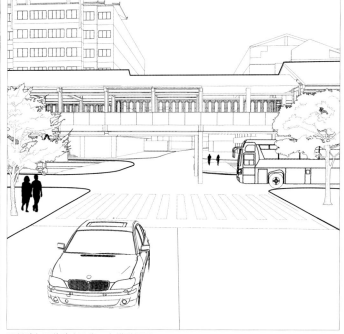

五卅路与干将路交叉街口白描透视图

图 6-88

6.4 人民路与干将路交叉街口

区位现状：

  人民路与干将路同属于城市主干路，车流量大，此处交通宽度扩张，河流宽度缩减。且交叉口周边设有地铁口，人流车流集中，各类流线分布复杂（图6-89）。

方法策略：

  1.利用南北向高架将干将路、人民路的巨大尺度差异"缝合"起来。

  2.通过廊桥、平台联系行人进入乐桥广场的休闲空间，营造一个车在下、交往休闲空间在上的人性化交叉街口。

  3.利用高架分层组织交通空间，下两层车行，上两层步行，人车分流（图6-90）。

图6-88   图6-89

图6-88：五卅路与干将路交叉街口效
    果图

图6-89：人民路与干将路交叉街口现
    状分析图

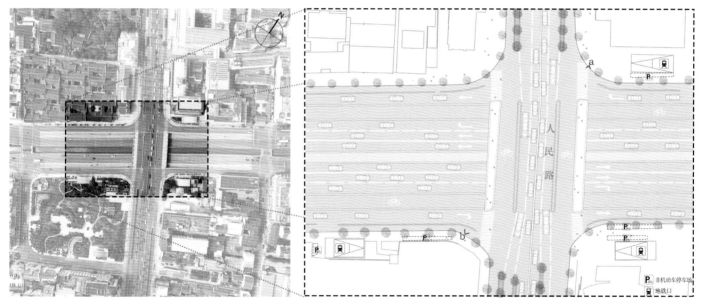

图6-89

平面组织：

柱网排布尊重原有场地，设在路沿或休息平台一侧，避免对车辆行驶造成干扰。在二层打造广场空间，周边布置亭廊提供休憩和活动场所。地铁口设置垂直交通，人流可从地铁出口直达二层广场（图6-91）。

空间建构：

乐桥区段架空平台的设计面积最大，是干将路古城区段的几何中心。在此处打造架在人民路与干将路交叉路口上方的"城市广场"，广场平台局部设置玻璃地面，一方面满足下部道路和滨水空间的采光需求，另一方面为行人提供趣味的观察视角（图6-92）。

图 6-91

图 6-90　　图 6-92

图6-90：人民路与干将路交叉街口生成分析图

图6-91：人民路与干将路交叉街口总平面图与一层平面图

图6-92：人民路与干将路交叉街口效果图

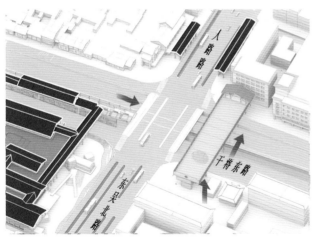

1. 利用高架与过街天桥联系不同高度

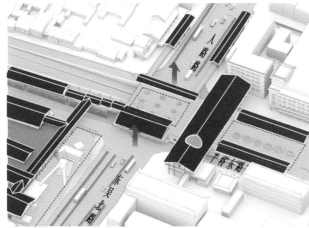

2. 营造路上高架与路口旁休息空间

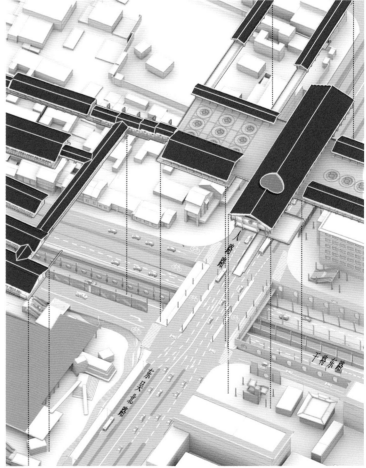

3. 交叉路口更新设计完成后一二层分离轴测图

图 6-90

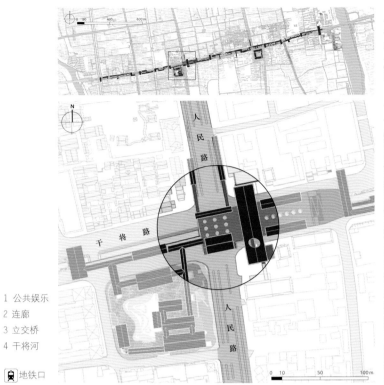

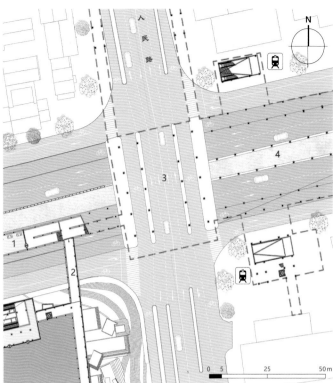

1 公共娱乐
2 连廊
3 立交桥
4 干将河

🚇 地铁口

图 6-91

人民路与干将路交叉街口白描鸟瞰图 1

人民路与干将路交叉街口白描鸟瞰图 2

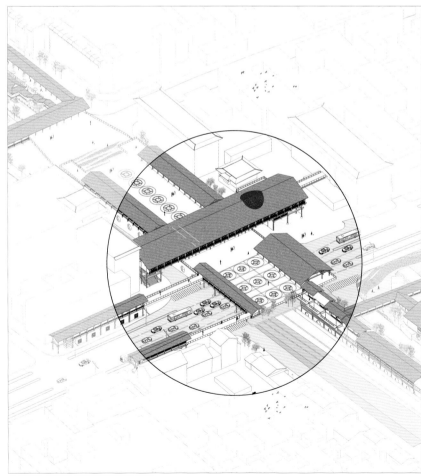

人民路与干将路交叉街口线稿轴测图

图 6-92

211

6.5 养育巷与干将路交叉街口

区位现状：

养育巷与干将路同为双向 6 车道，车流量大。行人南北、东西方向的穿越距离长。为满足商业办公停驻需求，交叉口南部两侧沿街设有机动停车场地（图 6-93）。

方法策略：

1. 养育巷与干将路交叉街口周边商业利用率低，在街口建设两段南北向的高架连接两侧街道与商业区域，激发商业活力。

2. 街口上方布置环形高架健身步道，吸引人群，减少街口处人流聚集（图 6-94）。

平面组织：

平面呈现两处回字形院落布局，室内外空间序列变化相互配合，将路口割裂的步行系统组织起来（图 6-95）。在干将路两侧步行街道与干将河滨河步道上设置多处垂直交通，实现地铁、交通的立体换乘，提升通行效率与安全性。南北向过街高架进深四跨，柱距 8 米，此处设置赏河景、听乐曲的公共休闲空间缓解高架较大的体量感（图 6-96）。

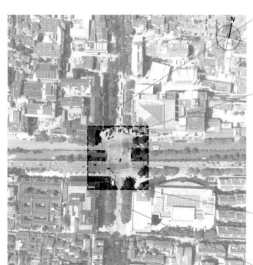
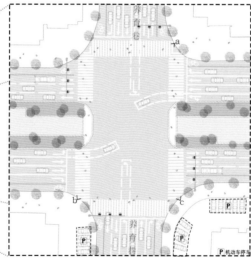

图 6-93

图 6-94　图 6-95

图 6-93　图 6-96

图 6-93：养育巷与干将路交叉街
口现状分析图

图 6-94：养育巷与干将路交叉街
口生成分析图

图 6-95：养育巷与干将路交叉街
口总平面图

图 6-96：养育巷与干将路交叉街
口平面图

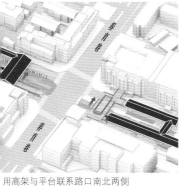

用高架与平台联系路口南北两侧

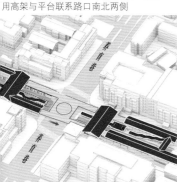

造亲水平台楼阁与路口高架环形休息区

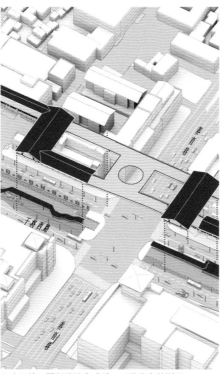

3. 交叉路口更新设计完成后一二层分离轴测图

图 6-94

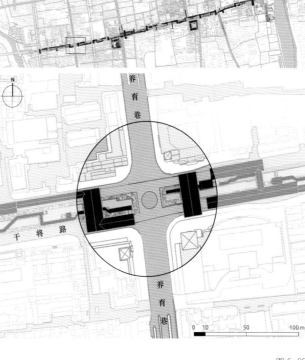

图 6-95

1 休息厅   6 小吃店
2 廊亭   7 书店
3 公路桥   8 奶茶店
4 干将河   9 公共娱乐
5 茶座   10 露台

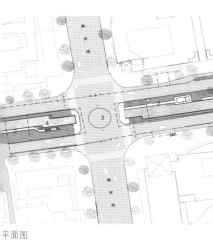

平面图

二层平面图

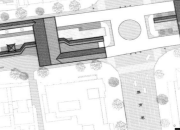

屋顶平面图

图 6-96

213

空间建构：

　　通过人车分流的空间操作手法，一层车行空间效率提升，路口正上方高架采用露天平台并于中心开设天井增加采光，提升车行安全与空间环境品质（图6-97）。

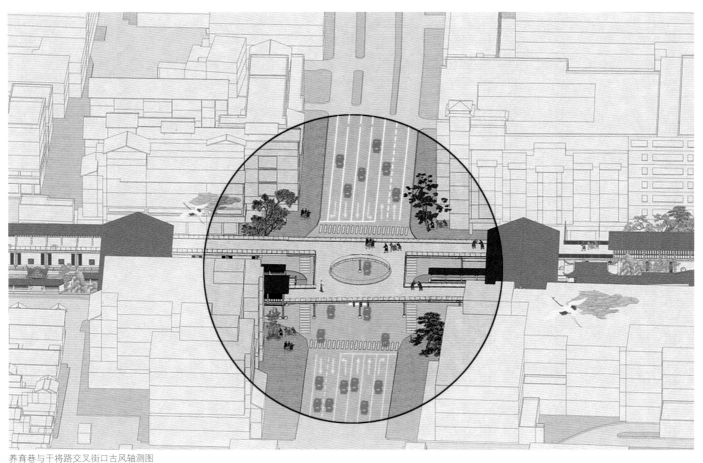

养育巷与干将路交叉街口古风轴测图

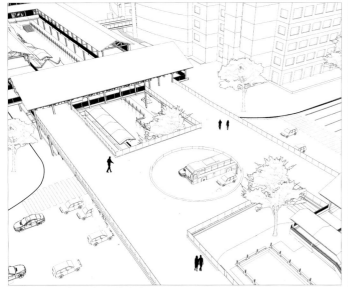

养育巷与干将路交叉街口白描鸟瞰图

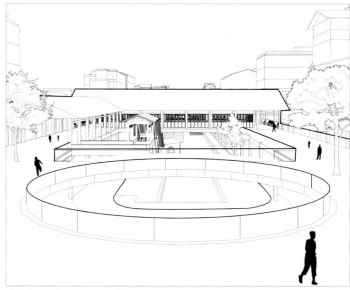

养育巷与干将路交叉街口白描透视图

图 6-97

6.6 学士街与干将路交叉街口

区位现状：

    学士街与干将路交叉街口位于干将路古城区段西侧末端，是车辆聚集与分流的区域，主导车流为干将路上东西方向车流，南北向车流相对较少。此处联系南北的人行横道距离较长，且中部安全岛面积较小（图6-98）。

方法策略：

    1.考虑该交叉街口是步行高架系统的主西侧门户，设计凸显了其建筑形象。

    2.高架步行系统与地铁口结合设计，达成立体换乘的同时缝合了干将路割裂的南北两侧步行街道空间与古城肌理，为古城主要出入口增添地域特色（图6-99）。

图 6-97   图 6-98

图 6-97：养育巷与干将路交叉街口效果图

图 6-98：学士街与干将路交叉街口现状分析图

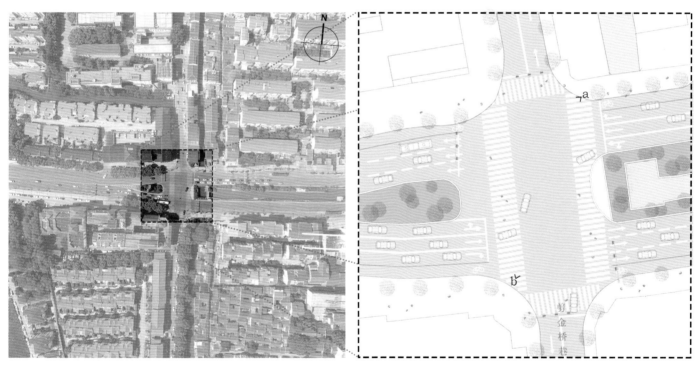

图 6-98

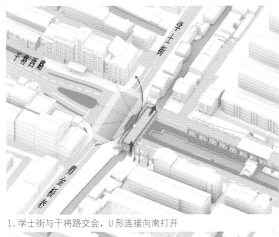

1.学士街与干将路交会，U形连接向南打开

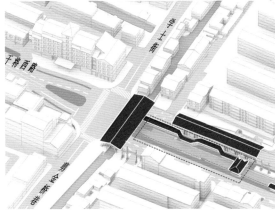

2.置入折廊丰富干将河两侧业态

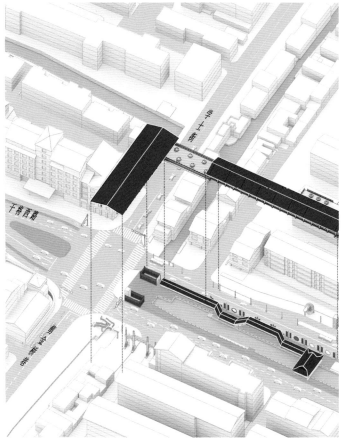

3.交叉路口更新设计完成后一二层分离轴测图

图 6-99

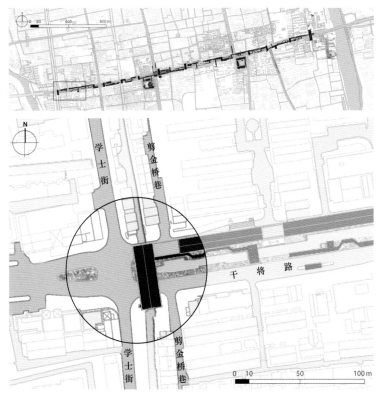

1 休息厅
2 游廊
3 牌坊
4 干将河

图 6-100

图 6-99 | 图 6-101

图 6-100 |

图 6-99：学士街与干将路交叉街口
生成分析图

图 6-100：学士街与干将路交叉街口
总平面图与平面图

图 6-101：学士街与干将路交叉街口
效果图

平面组织：

在干将河末端搭建高架面向交叉路口作为南北向两条河流上的景观廊桥，重塑姑苏"河、街、桥"的地域特征（图 6-100）。

空间组织：

设计以连接南北的过街高架作为入口的第一印象，支撑结构以木材饰面，镂空的传统格栅门、精致典雅的栏杆花窗以及小青瓦屋面，无处不彰显着苏州地域特色（图 6-101）。

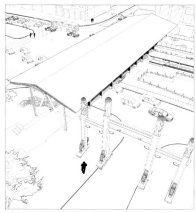

学士街与干将路交叉街口白描鸟瞰图

学士街与干将路交叉街口白描透视图

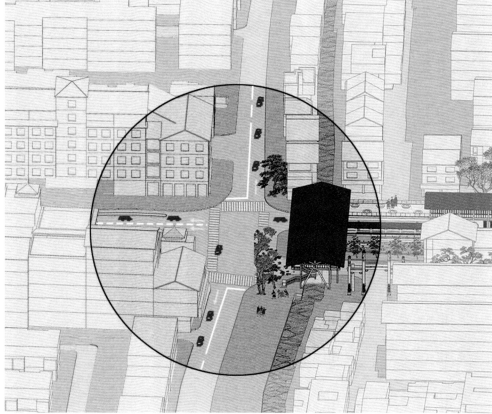

学士街与干将路交叉街口古风轴测图

图 6-101

参考文献：

[1] 孙宇, 王耀武, 戴冬晖. 从方向到路径: 对我国城市街道活力发展的思考 [J]. 建筑学报, 2020(S1):154-158.

[2] 庞瑞秋, 侯春蕾, 满文君, 宋飏, 赵梓渝. 长春城市广场空间结构特征与可达性研究 [J]. 经济地理, 2015,35(10):88-93.

图表来源：

图表均为作者绘制。

柒 Chapter VII

分段设计成果
Sectional Design Results

1. 仓街段

2. 平江路段

3. 定慧寺双塔段

4. 临顿路段

5. 公园路段

6. 宫巷段

7. 人民路段

8. 养育巷段

9. 学士街段

图 7-0

图 7-0：重塑姑苏繁华图——干将路
长卷轴测图（立轴）

图 7-0

221

1 仓街段 Cang Avenue Section

图 7-1-1

编号	1-1	1-2	1-3	1-4	1-5	1-6	1-7	1-8	2-1	2-4	2-5
名称	沿街商办	北疆酒店	沿街商住	东舟公寓	沿街商办	顾亭酒家	顾亭苑	翰林花园	平江实验学校	庸缦酒店	美居酒店
功能	临街商业+办公	商业	临街商业+居住	居住	临街商业+办公	商业	居住	临街商业+居住	教育	商业	商业
层高（m）	3	3.5	3.9	3.9	3.9	3	3	3.2/4.5	3.9	3/4.5	3
层数（F）	3	5	3	6	5	3	3	7	4	6/7	1/2/6/9
后退	有	有	有	有	有	有	有	有	有	有	有
交通需求	有	有	有	有	有	有	有	有	有	有	有

图 7-1-2

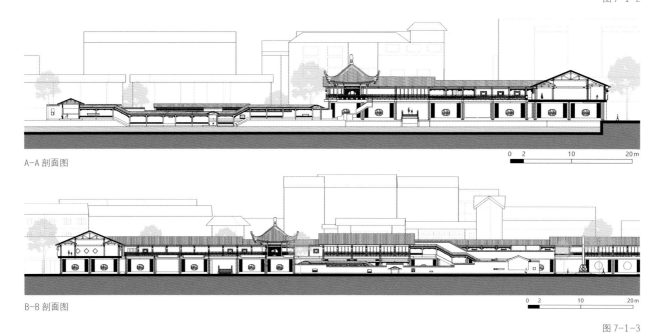

A-A 剖面图

0 2   10   20 m

B-B 剖面图

0 2   10   20 m

图 7-1-3

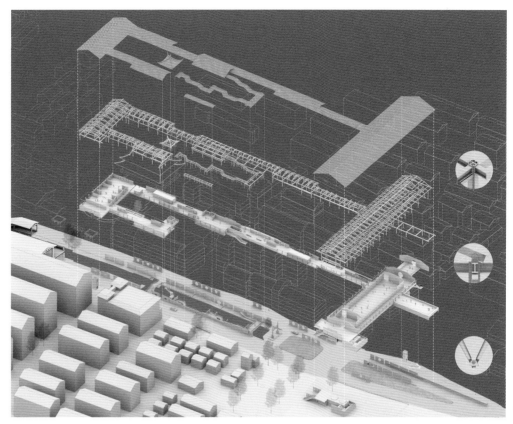

图 7-1-4

图 7-1-1 ┃ 图 7-1-4
图 7-1-2
图 7-1-3 ┃ 图 7-1-5

图 7-1-1：仓街段总平面索引图
图 7-1-2：仓街段现状建筑分析图
图 7-1-3：仓街段 A-A 剖面图、B-B 剖面图
图 7-1-4：仓街段结构爆炸轴测图
图 7-1-5：仓街段木质轴测图（分析图）

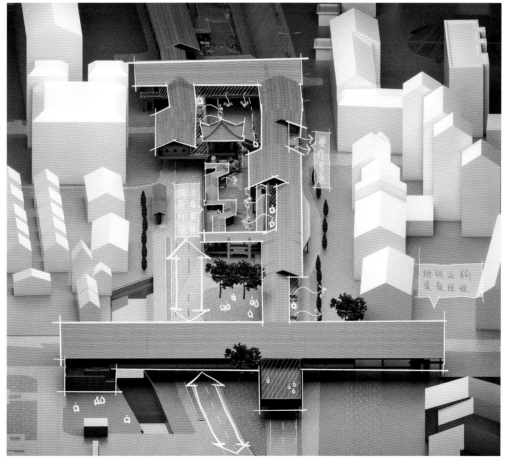

图 7-1-5

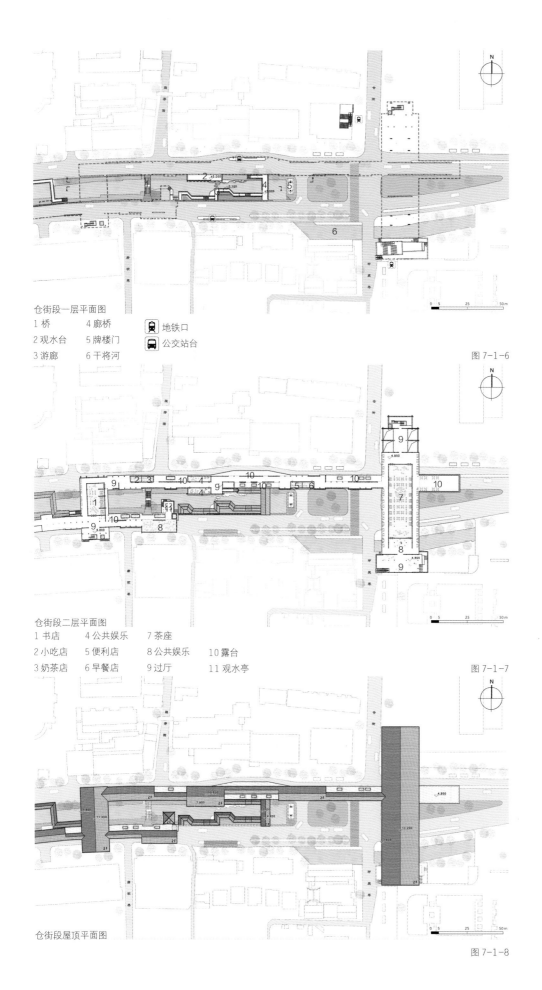

仓街段一层平面图

1 桥　　　4 廊桥

2 观水台　5 牌楼门

3 游廊　　6 干将河

🚇 地铁口
🚌 公交站台

图 7-1-6

仓街段二层平面图

1 书店　　4 公共娱乐　7 茶座

2 小吃店　5 便利店　　8 公共娱乐　10 露台

3 奶茶店　6 早餐店　　9 过厅　　　11 观水亭

图 7-1-7

仓街段屋顶平面图

图 7-1-8

图 7-1-6
图 7-1-7　图 7-1-9
图 7-1-8

图 7-1-6：仓街段一层平面图
图 7-1-7：仓街段二层平面图
图 7-1-8：仓街段屋顶平面图
图 7-1-9：仓街段渲染效果图

图 7-1-9

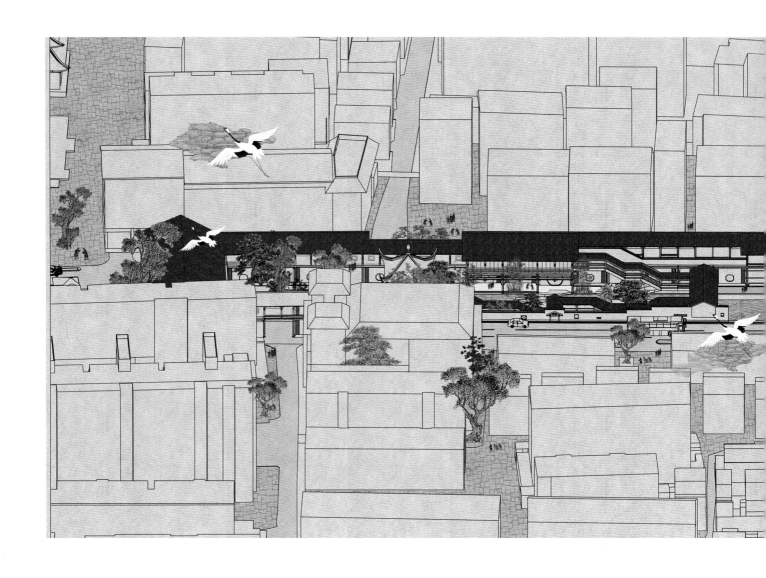

图 7-1-11

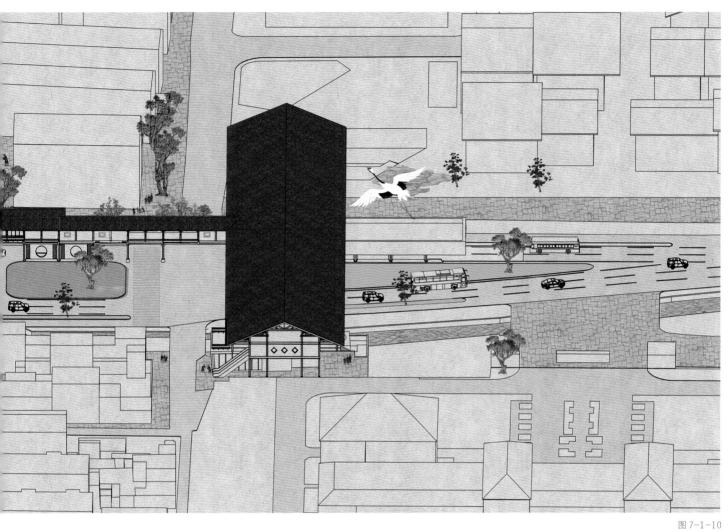

图 7-1-10

图 7-1-10
图 7-1-11   图 7-1-12

图 7-1-10：仓街段古风轴测图
图 7-1-11：仓街段节点场景图
图 7-1-12：仓街段白描轴测图

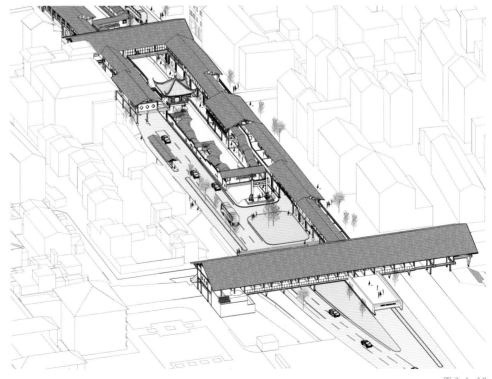

图 7-1-12

2 平江路段　Pingjiang Road Section

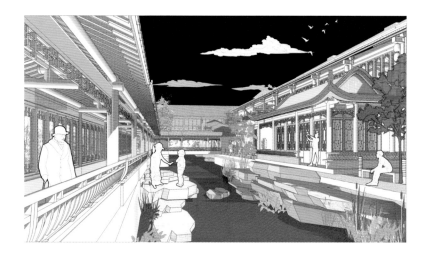

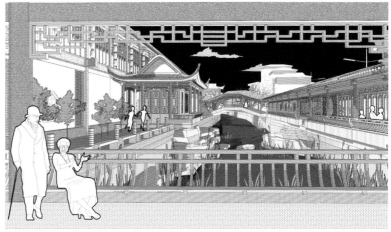

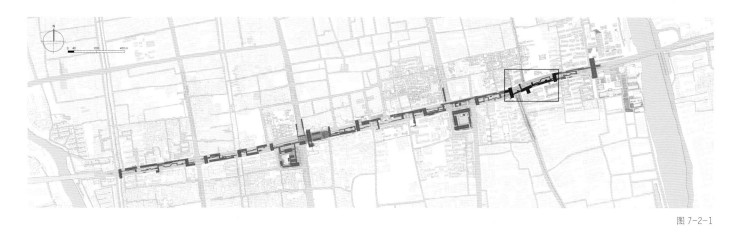

图 7-2-1

干将路北侧轮廓

干将路南侧轮廓

编号	1-4	1-5	1-8	2-1	2-2	2-3	2-4	2-5	3-1	3-5
名称	东舟公寓	沿街商办	廊缦酒店	平江实验学校	漫心酒店	办公楼	翰林花园	美居酒店	宏盛大厦	东凌商务大厦
功能	居住	临街商业+办公	商业	教育	商业	临街商业+办公	临街商业+住宅	商业	临街商业+办公	临街商业+办公
层高（m）	3.9	3.9	3/4.5	3.9	4	3.9	3.2/4.5	3	3.9	3.9/4.5
层数（F）	6	5	6/7	4	5	3	7	1/2/6/9	6	5/6
后退	有	有	有	有	有	有	有	有	有	有
交通需求	有	有	有	有	有	有	有	有	有	有

图 7-2-2

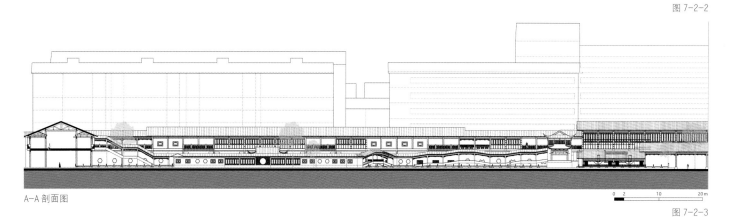

A—A 剖面图

图 7-2-3

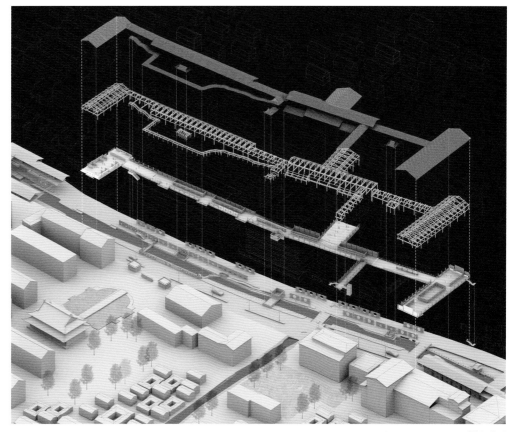

图 7-2-4

图 7-2-1 | 图 7-2-4
图 7-2-2
图 7-2-3 | 图 7-2-5

图 7-2-1：平江路段总平面索引图
图 7-2-2：平江路段现状建筑分析图
图 7-2-3：平江路段 A-A 剖面图
图 7-2-4：平江路段结构爆炸轴测图
图 7-2-5：平江路段木质轴测图

图 7-2-5

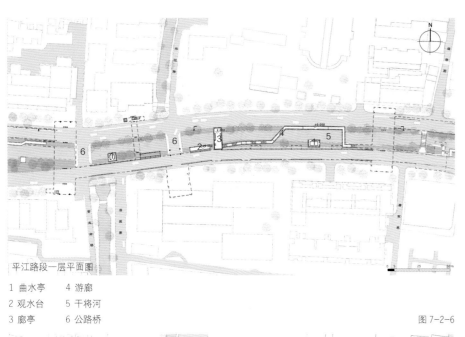

平江路段一层平面图

1 曲水亭	4 游廊
2 观水台	5 干将河
3 廊亭	6 公路桥

图 7-2-6

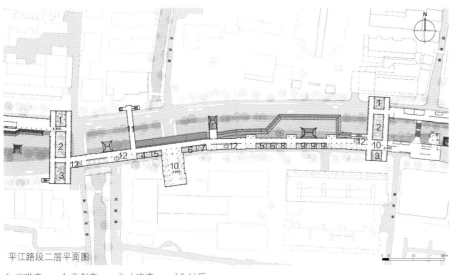

平江路段二层平面图

1 咖啡店	4 文创店	7 小吃店	10 过厅
2 展厅	5 奶茶店	8 文具店	11 天桥
3 茶吧	6 便利店	9 书店	12 露台

图 7-2-7

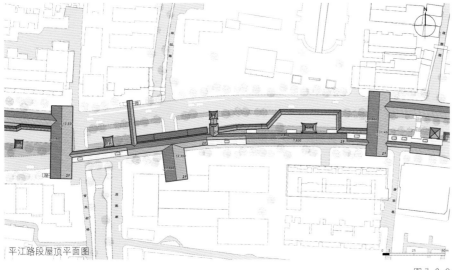

平江路段屋顶平面图

图 7-2-8

图 7-2-6
图 7-2-7 ｜ 图 7-2-9
图 7-2-8

图 7-2-6：平江路段一层平面图
图 7-2-7：平江路段二层平面图
图 7-2-8：平江路段屋顶平面图
图 7-2-9：平江路段渲染效果图

图 7-2-9

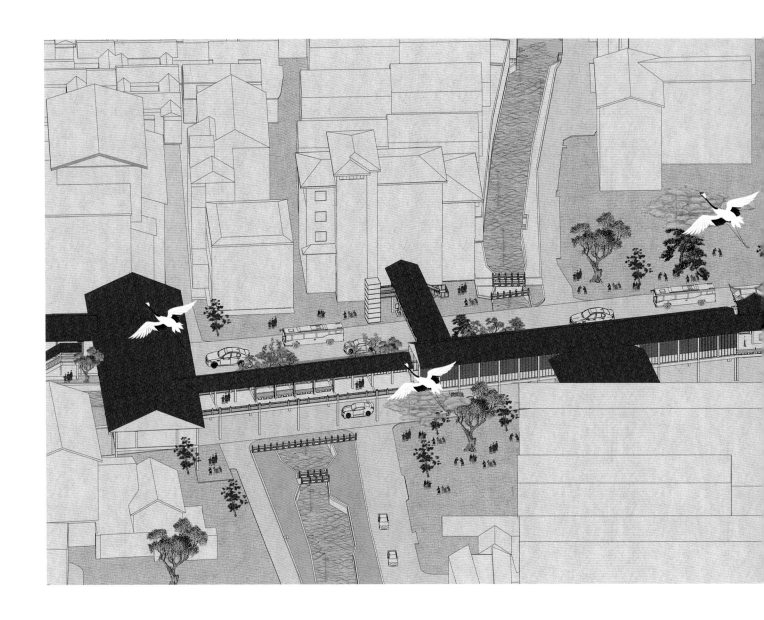

图 7-2-11

图 7-2-10

图 7-2-10

图 7-2-11   图 7-2-12

图 7-2-10：平江路段古风轴测图
图 7-2-11：平江路段节点场景图
图 7-2-12：平江路段白描轴测图

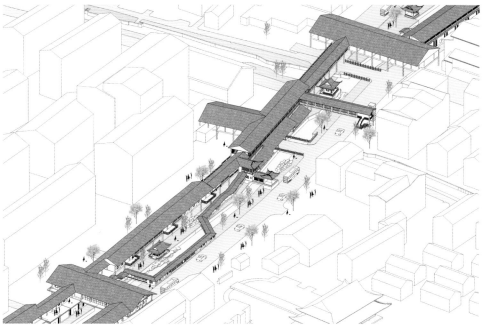

图 7-2-12

3 定慧寺双塔段 Dinghuisi Shuangta Section

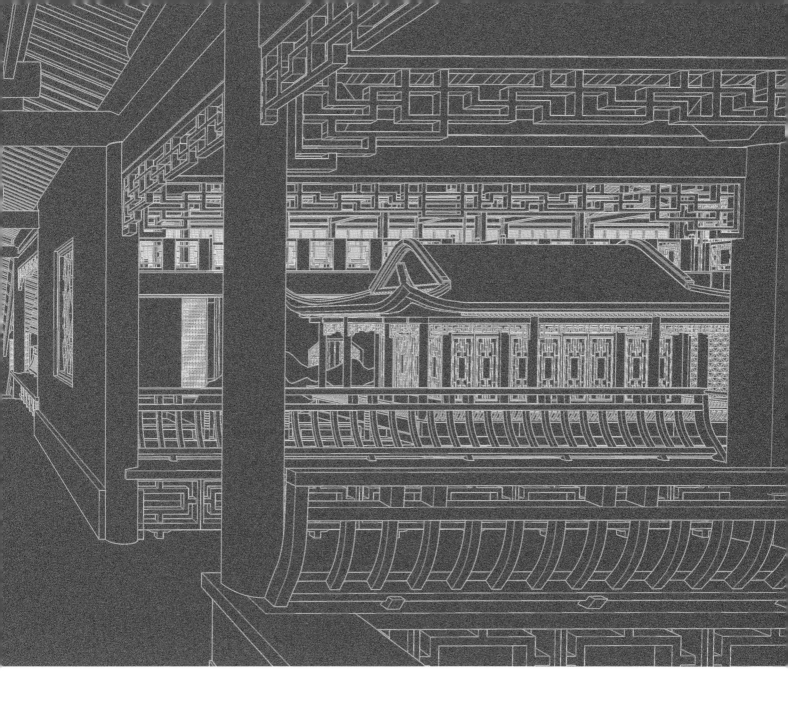

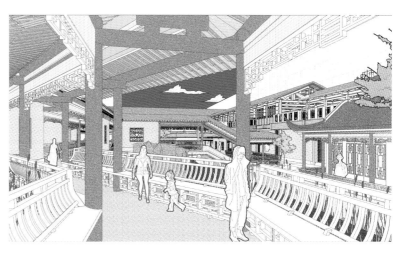

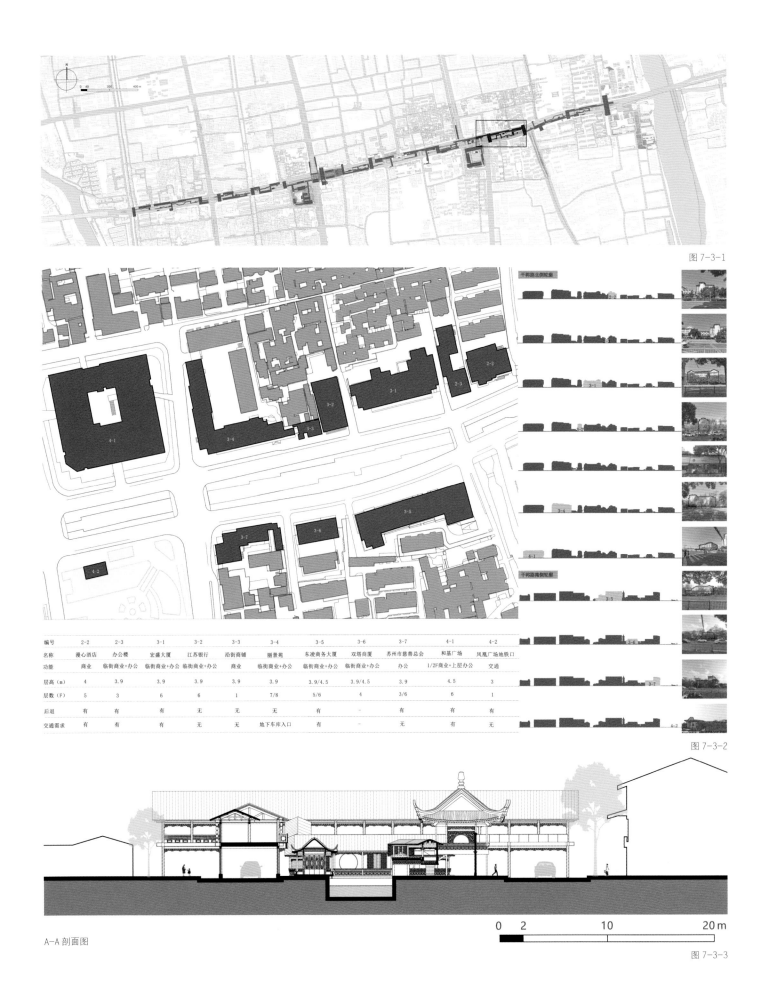

图 7-3-1

干将路北侧轮廓

干将路南侧轮廓

图 7-3-2

编号	2-2	2-3	3-1	3-2	3-3	3-4	3-5	3-6	3-7	4-1	4-2
名称	漫心酒店	办公楼	宏盛大厦	江苏银行	沿街商铺	丽景苑	东凌商务大厦	双塔商厦	苏州市慈善总会	和基广场	凤凰广场地铁口
功能	商业	临街商业+办公	临街商业+办公	临街商业+办公	商业	临街商业+办公	临街商业+办公	临街商业+办公	办公	1/2F商业+上层办公	交通
层高（m）	4	3.9	3.9	3.9	3.9	3.9	3.9/4.5	3.9/4.5	3.9	4.5	3
层数（F）	5	3	6	6	1	7/8	5/6	4	3/6	6	1
后退	有	有	有	无	无	有	-		有	有	有
交通需求	有	有	有	无	无	地下车库入口	-		无	有	无

A-A 剖面图

0　2　　　　10　　　　　　　20 m

图 7-3-3

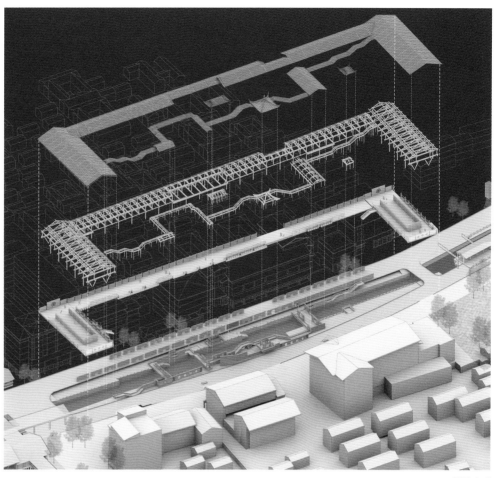

图 7-3-4

图 7-3-1 ｜ 图 7-3-4
图 7-3-2
图 7-3-3 ｜ 图 7-3-5

图 7-3-1: 定慧寺双塔段总平面索引图
图 7-3-2: 定慧寺双塔段现状建筑分析图
图 7-3-3: 定慧寺双塔段 A-A 剖面图
图 7-3-4: 定慧寺双塔段结构爆炸轴测图
图 7-3-5: 定慧寺双塔段木质轴测图（分析图）

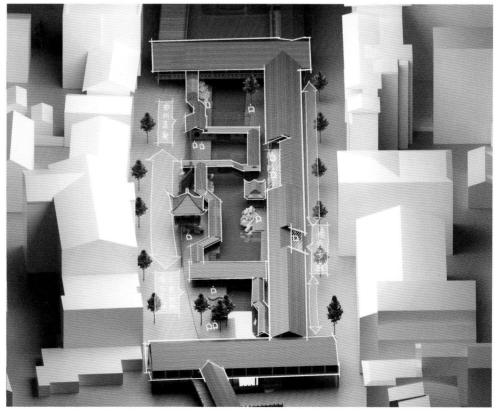

图 7-3-5

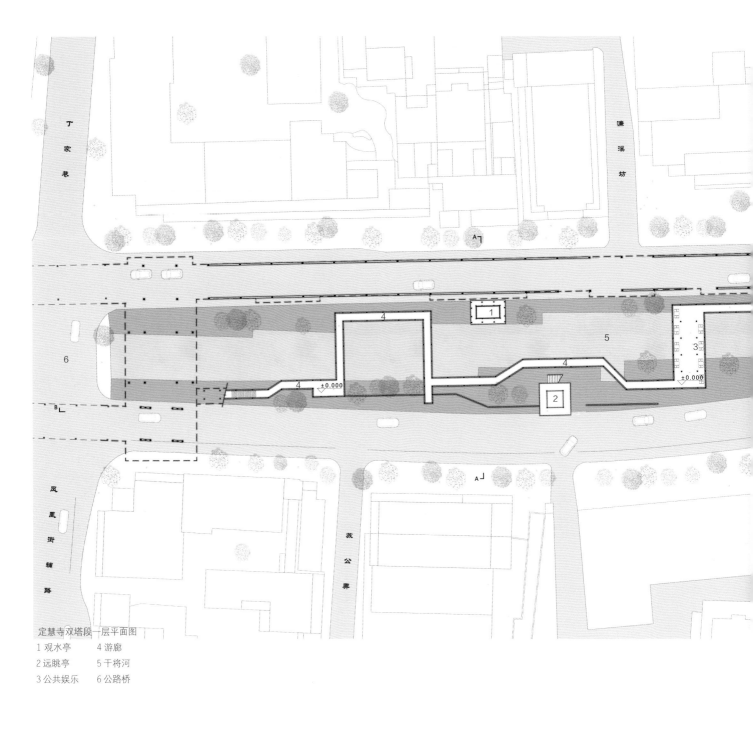

定慧寺双塔段一层平面图
1 观水亭　　4 游廊
2 远眺亭　　5 干将河
3 公共娱乐　6 公路桥

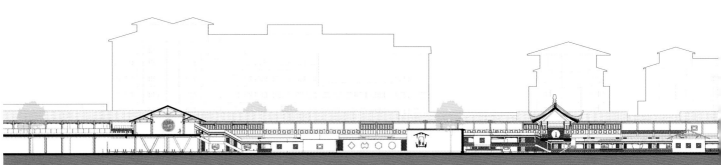

B—B 剖面图

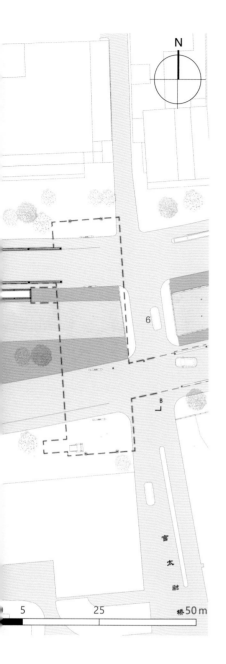

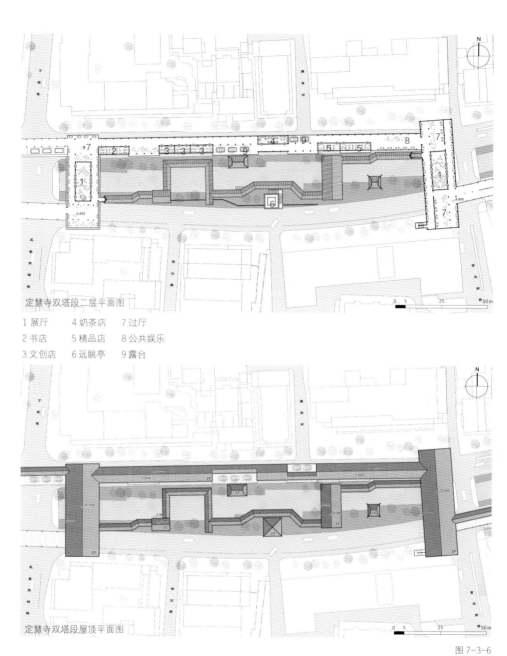

定慧寺双塔段二层平面图

1 展厅　　4 奶茶店　　7 过厅
2 书店　　5 精品店　　8 公共娱乐
3 文创店　6 远眺亭　　9 露台

定慧寺双塔段屋顶平面图

图 7-3-6

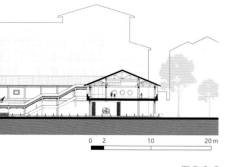

图 7-3-6

图 7-3-7

图 7-3-6：定慧寺双塔段一层平面图、
　　　　　二层平面图和屋顶平面图
图 7-3-7：定慧寺双塔段 B-B 剖面图

图 7-3-7

图 7-3-8

图 7-3-8 ｜ 图 7-3-10

　　　　　｜ 图 7-3-11

图 7-3-9 ｜ 图 7-3-12

图 7-3-8：定慧寺双塔段渲染效果图视角一

图 7-3-9：定慧寺双塔段渲染效果图视角二

图 7-3-10：定慧寺双塔段渲染效果图视角三

图 7-3-11：定慧寺双塔段渲染效果图视角四

图 7-3-12：定慧寺双塔段渲染效果图视角五

图 7-3-10

图 7-3-9

图 7-3-11

图 7-3-12

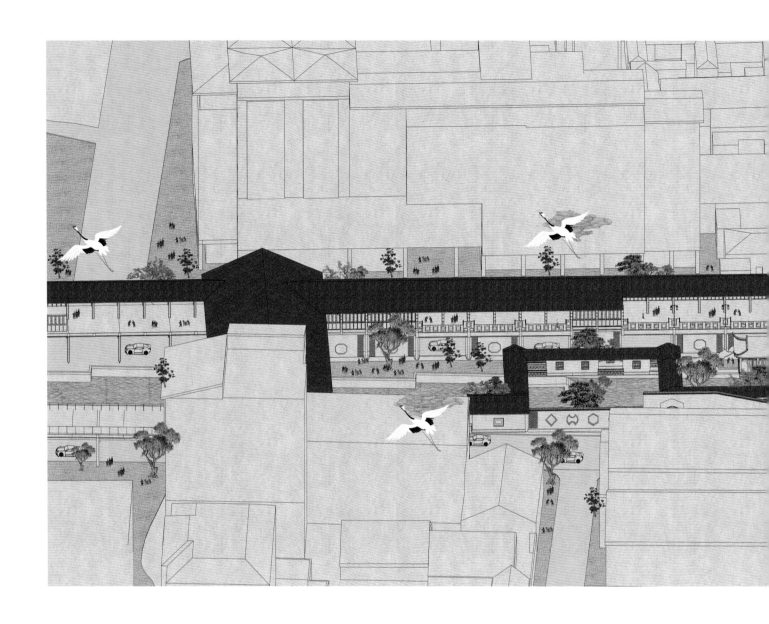

图 7-3-14

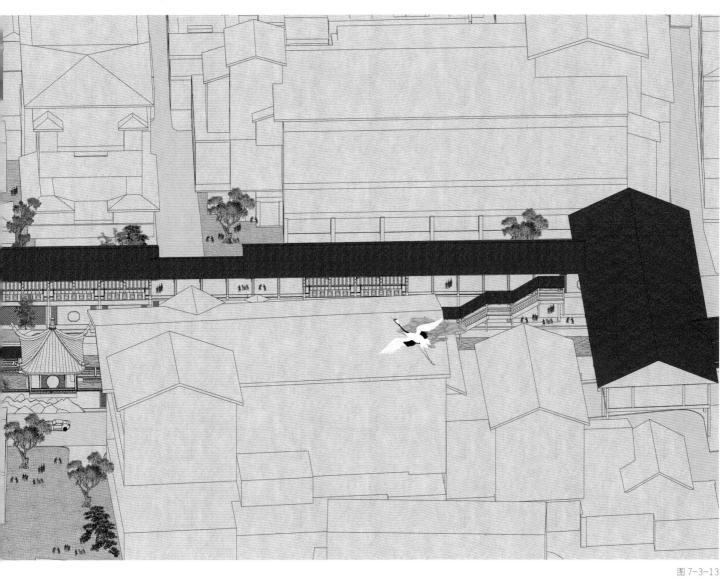

图 7-3-13

图 7-3-13

图 7-3-14　　图 7-3-15

图 7-3-13：定慧寺双塔段古风轴测图
图 7-3-14：定慧寺双塔段节点场景图
图 7-3-15：定慧寺双塔段白描轴测图

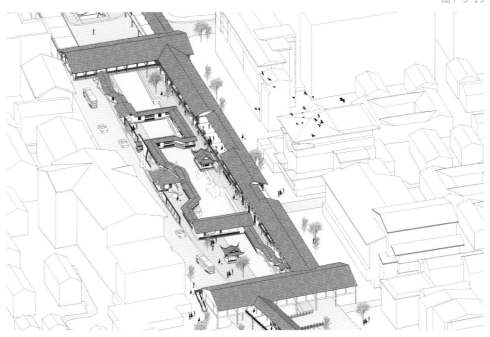

图 7-3-15

4 临顿路段 Lindun Road Section

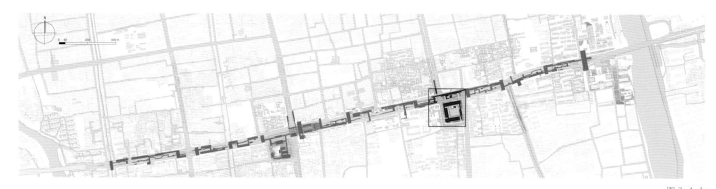

图 7-4-1

编号	3-2	3-3	3-4	3-6	3-7	4-1	4-2	5-1	5-2	5-5	5-6
名称	江苏银行	沿街商铺	丽景苑	双塔商厦	苏州市慈善总会	和基广场	凤凰广场地铁口	苏式传统建筑	文起堂	朝华培训	少儿艺术团
功能	临街商业+办公	商业	临街商业+办公	临街商业+办公	办公	1/2F商业+上层办公	交通	商业	文物保护建筑	商业/办公	教育
层高（m）	3.9	3.9	3.9	3.9/4.5	3.9	4.5	3	3	3	3.6/4.5	4
层数（F）	6	1	7/8	4	3/6	6	1	1/2	1	3	1
后退	无	无	无	–	无	有	有	无	有	有	有
交通需求	无	无	地下车库入口	–	无	有	无	无	无	无	无

图 7-4-2

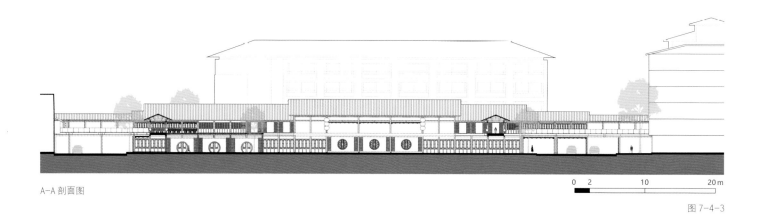

A–A 剖面图

0 2   10   20 m

图 7-4-3

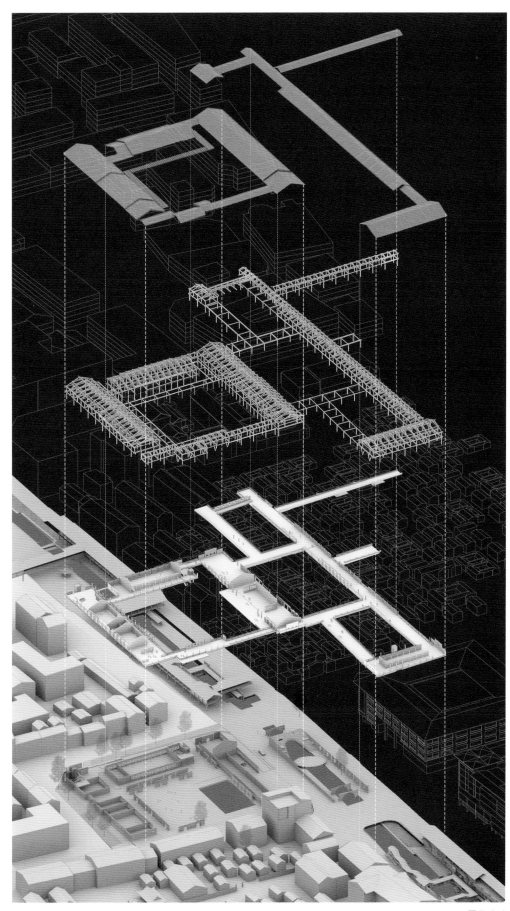

图 7-4-1
图 7-4-2　　图 7-4-4
图 7-4-3

图 7-4-1：临顿路段总平面索引图
图 7-4-2：临顿路段现状建筑分析图
图 7-4-3：临顿路段 A-A 剖面图
图 7-4-4：临顿路段结构爆炸轴测图

图 7-4-4

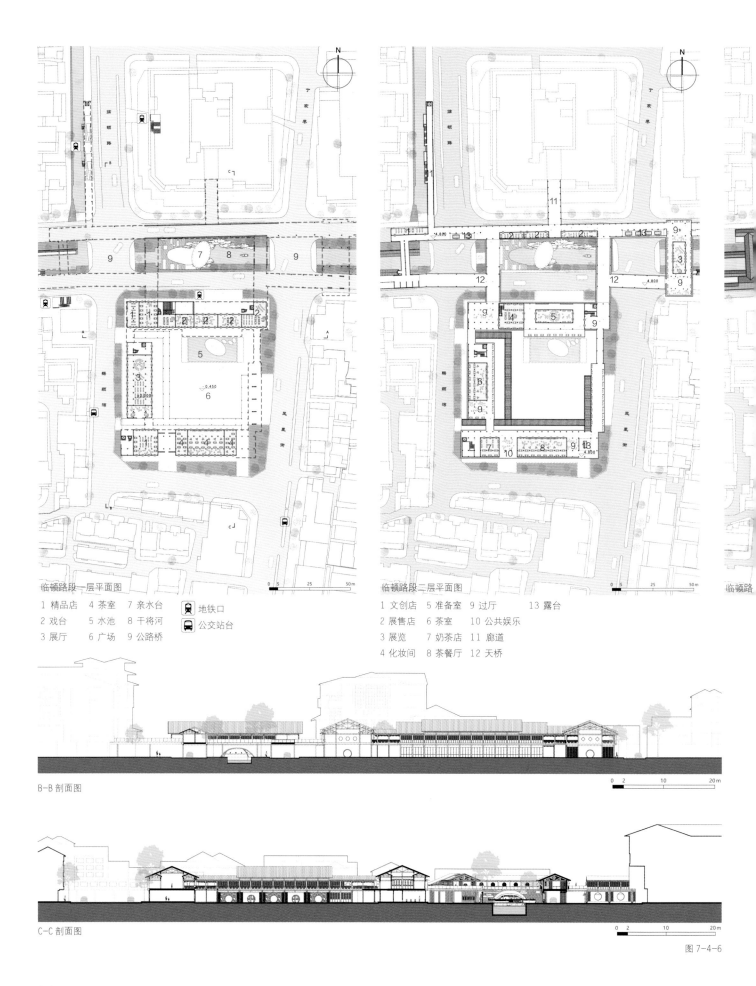

临顿路段一层平面图

1 精品店　4 茶室　7 亲水台
2 戏台　　5 水池　8 干将河
3 展厅　　6 广场　9 公路桥

🚇 地铁口
🚌 公交站台

临顿路段二层平面图

1 文创店　5 准备室　9 过厅　　13 露台
2 展售店　6 茶室　　10 公共娱乐
3 展览　　7 奶茶店　11 廊道
4 化妆间　8 茶餐厅　12 天桥

B-B 剖面图

C-C 剖面图

图 7-4-6

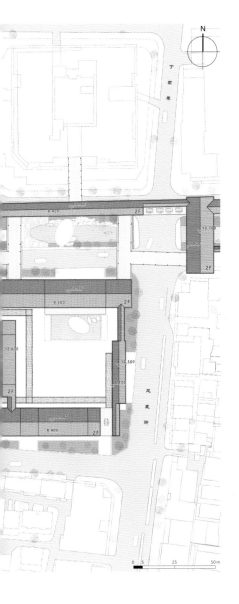

图 7-4-5

图 7-4-5
图 7-4-6
　　　　　图 7-4-7

图 7-4-5：临顿路段一层平面图、二层平面图
　　　　　和屋顶平面图
图 7-4-6：临顿路段 B-B 剖面图、C-C 剖面图
图 7-4-7：临顿路段渲染效果图

图 7-4-7

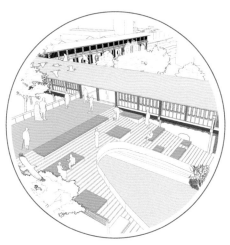

图 7-4-9

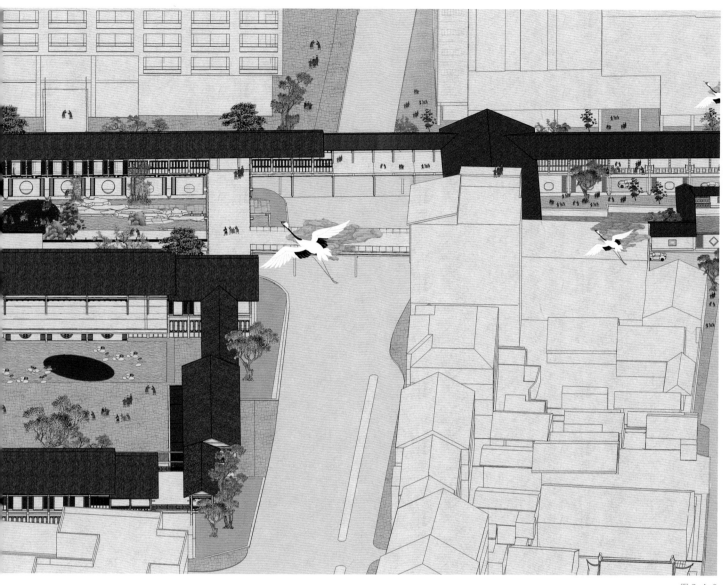

图 7-4-8

图 7-4-8

图 7-4-9 | 图 7-4-10

图 7-4-8：临顿路段古风轴测图

图 7-4-9：临顿路段节点场景图

图 7-4-10：临顿路段白描轴测图

图 7-4-10

5 公园路段 Gongyuan Road Section

图 7-5-1

干祥路北侧轮廓

干祥路南侧轮廓

图 7-5-2

编号	4-1	4-2	5-1	5-2	5-3	5-4	5-5	5-6	5-7	6-1	6-6
名称	和基广场	凤凰广场地铁口	苏式传统建筑	文起堂	临街商住	中国光大银行	朝华培训	少儿艺术团	宁波银行	青年都市迷你酒店	公园路幼儿园
功能	1/2F商业+上层办公	交通	商业	文物保护建筑	底层商业+上层居住	商业+办公	商业/办公	教育	办公	商业	教育
层高(m)	4.5	3	3	3	3.6	3.6	3.6/4.5	4	3.6/4.5	3.6/4	3/3.6
层数(F)	6	1	1/2	1	4/5	3	3	1	6/7	4	3/4
后退	有	有	有	有	有	有	有	有	有	有	有
交通需求	有	无	无	无	无	有	无	无	有	有	有

A-A 剖面图

0 2   10   20 m

图 7-5-3

258

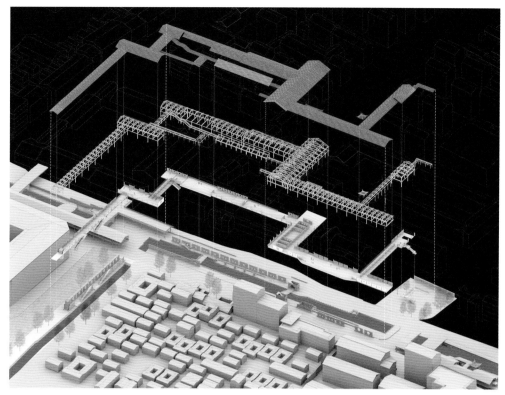

图 7-5-4

图 7-5-1 │ 图 7-5-4
图 7-5-2
图 7-5-3 │ 图 7-5-5

图 7-5-1：公园路段总平面索引图
图 7-5-2：公园路段现状建筑分析图
图 7-5-3：公园路段 A-A 剖面图
图 7-5-4：公园路段结构爆炸轴测图
图 7-5-5：公园路段木质轴测图

图 7-5-5

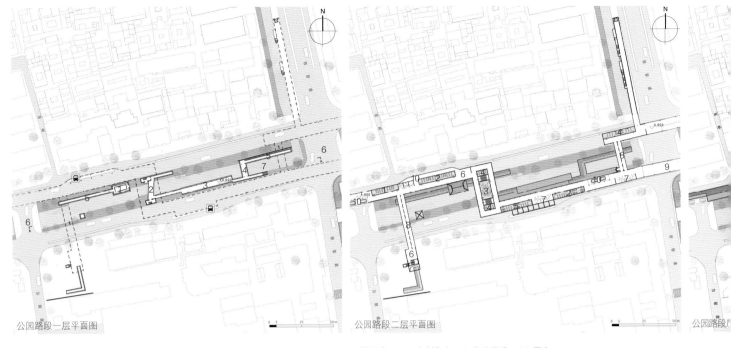

公园路段一层平面图

1 观水亭　　4 桥廊　　7 干将河　　🚌 公交站台
2 斜桥廊　　5 游廊
3 观水廊　　6 公路桥

公园路段二层平面图

1 饮品店　　4 文创售卖　　7 公共娱乐　　10 露台
2 零食店　　5 早晚餐店　　8 天桥
3 旅游售卖　　6 过厅　　　9 露天廊

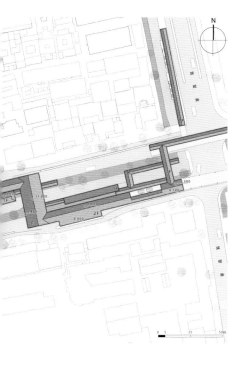

图 7-5-6

图 7-5-6

图 7-5-7

图 7-5-6：公园路段一层平面图、二层平
面图和屋顶平面图
图 7-5-7：公园路段渲染效果图

图 7-5-7

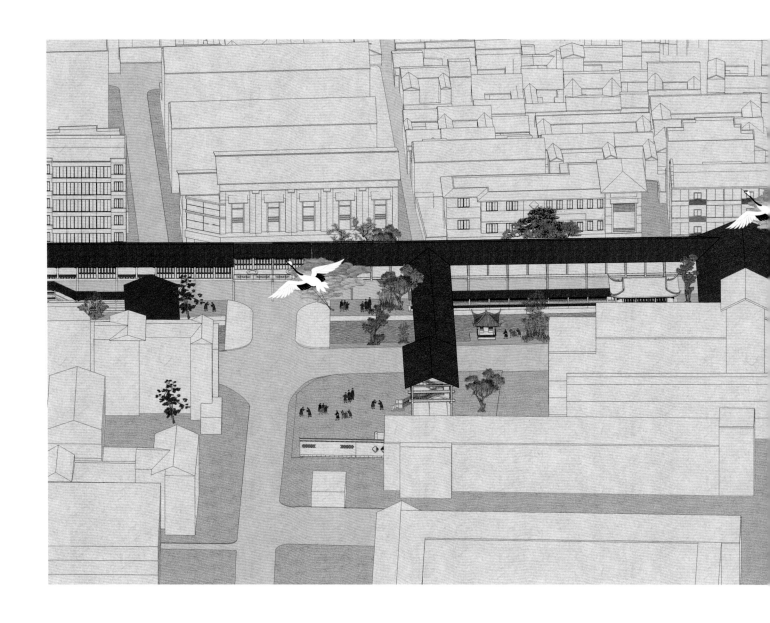

图 7-5-9

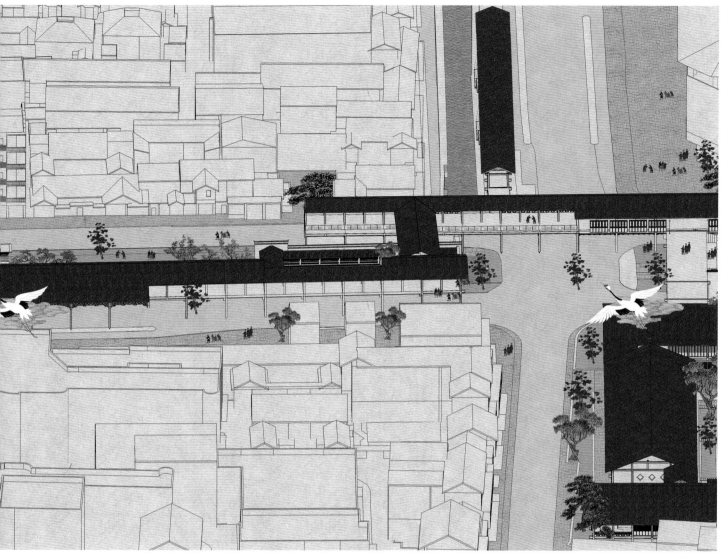

图 7-5-8

图 7-5-8

图 7-5-9 ｜ 图 7-5-10

图 7-5-8：公园路段古风轴测图

图 7-5-9：公园路段节点场景图

图 7-5-10：公园路段白描轴测图

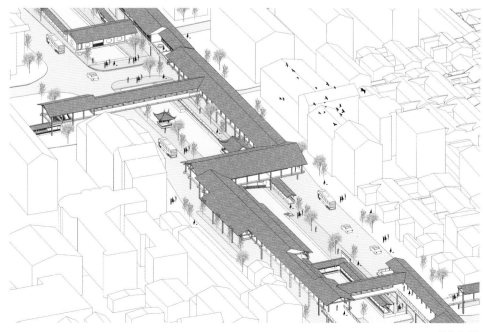

图 7-5-10

6 宫巷段 Gong Alley Section

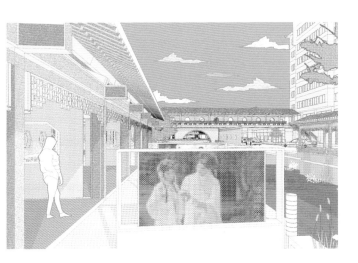

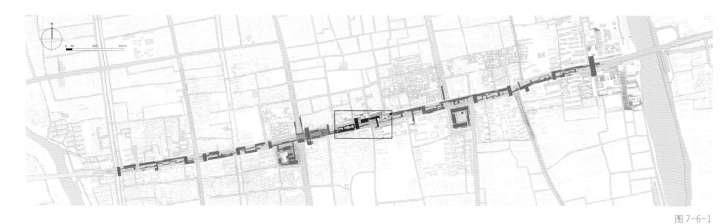

图 7-6-1

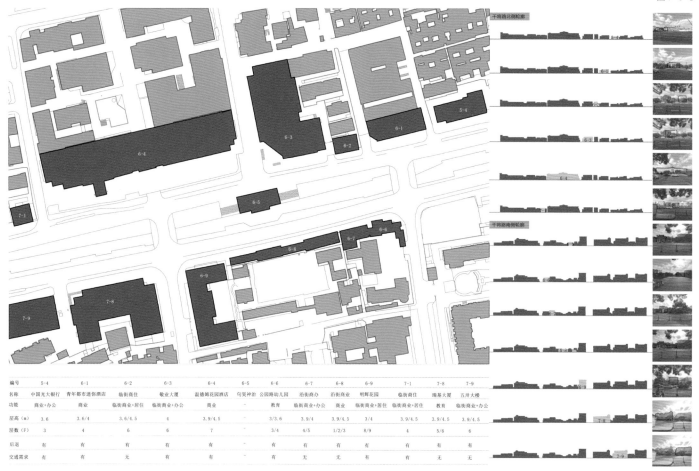

干将路北侧轮廓

干将路南侧轮廓

编号	5-4	6-1	6-2	6-3	6-4	6-5	6-6	6-7	6-8	6-9	7-1	7-8	7-9
名称	中国光大银行	青年都市迷你酒店	临街商住	敬业大厦	温德姆花园酒店	句吴神治	公园路幼儿园	沿街商办	沿街商业	明辉花园	临街商住	瑞基大厦	五卅大楼
功能	商业+办公	商业	临街商业+居住	临街商业+办公	商业	—	教育	临街商业+办公	商业	临街商业+居住	临街商业+居住	教育	临街商业+办公
层高（m）	3.6	3.6/4	3.6/4.5	4	3.9/4.5		3/3.6	3.9/4	3.9/4.5	3/4	3.9/4.5		3.9/4.5
层数（F）	3	4	6	6	7		3/4	4/5	1/2/3	8/9	4	5/6	6
后退	有	有	有	有	有		有	有	有	有	有	有	有
交通需求	有	有	无	有	有		有	无	无	有	有	无	无

图 7-6-2

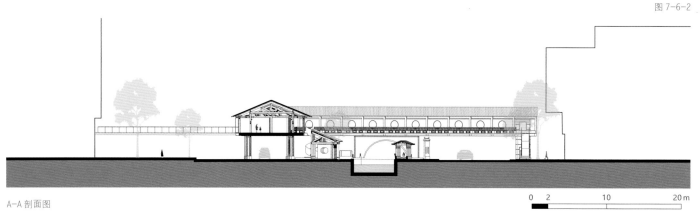

A-A 剖面图

0 2 10 20 m

图 7-6-3

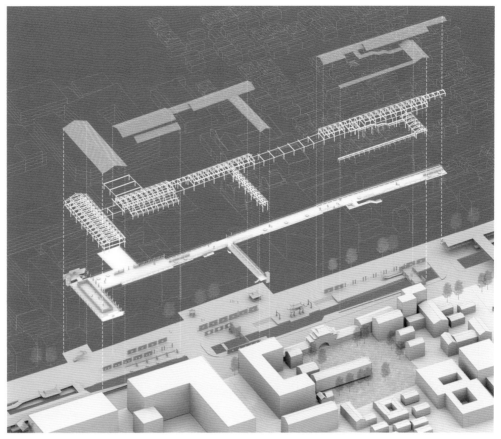

图 7-6-4

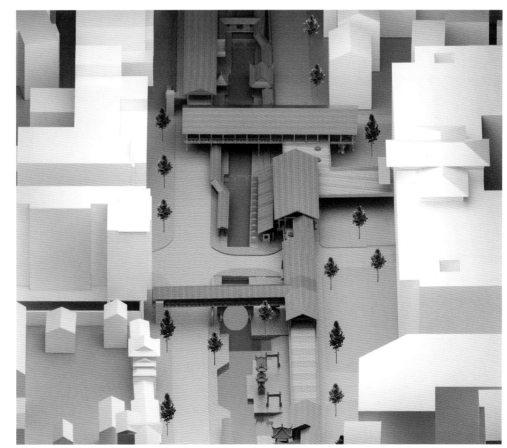

图 7-6-1 | 图 7-6-4
图 7-6-2 |
图 7-6-3 | 图 7-6-5

图 7-6-1：宫巷段总平面索引图
图 7-6-2：宫巷段现状建筑分析图
图 7-6-3：宫巷段 A-A 剖面图
图 7-6-4：宫巷段结构爆炸轴测图
图 7-6-5：宫巷段木质轴测图

图 7-6-5

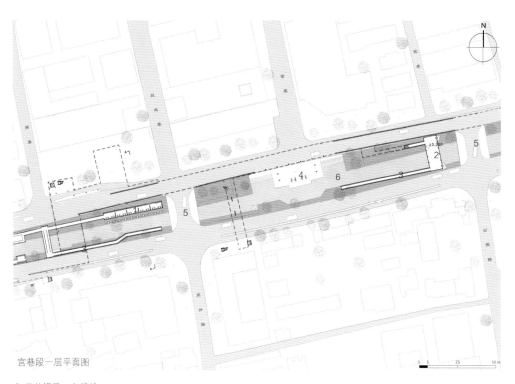

宫巷段一层平面图

1 公共娱乐　4 牌坊
2 桥廊　　　5 公路桥
3 游廊　　　6 干将河

宫巷段二层平面图

1 展览　　　4 奶茶店　7 零食店　10 观水亭
2 小吃店　　5 便利店　8 过厅
3 纪念品店　6 早餐店　9 露台

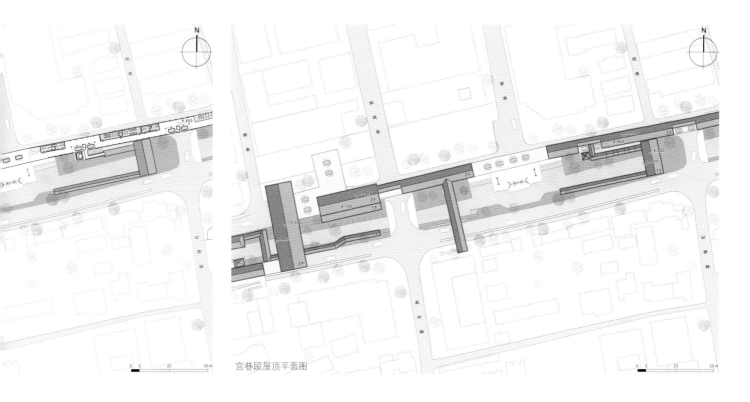

宫巷段屋顶平面图

图 7-6-6

图 7-6-6

图 7-6-7

图 7-6-6：宫巷段一层平面图、二
　　　　　层平面图和屋顶平面图
图 7-6-7：宫巷段渲染效果图

图 7-6-7

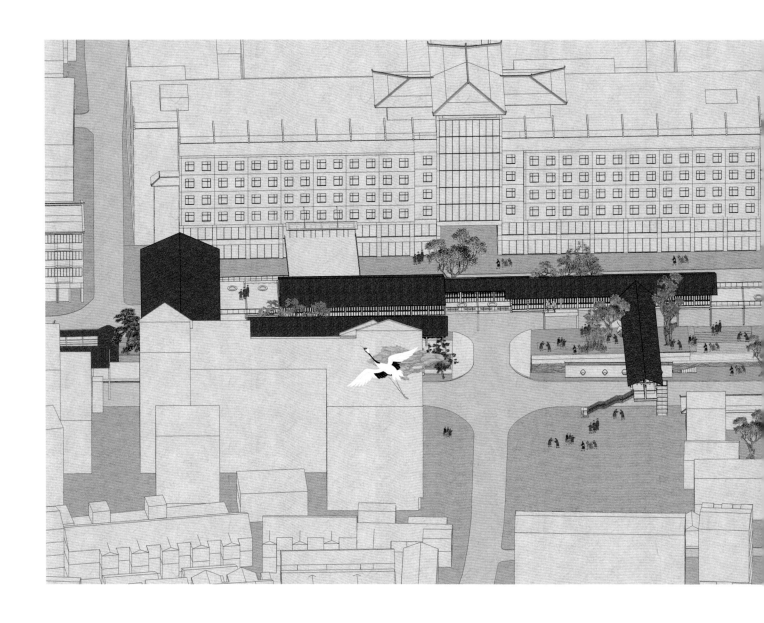

图 7-6-9

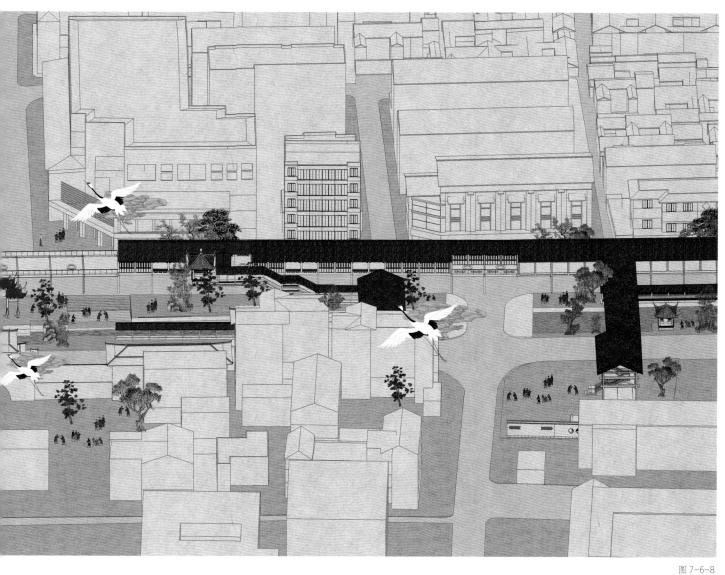

图 7-6-8

图 7-6-8

图 7-6-9 ┃ 图 7-6-10

图 7-6-8：宫巷段古风轴测图
图 7-6-9：宫巷段节点场景图
图 7-6-10：宫巷段白描轴测图

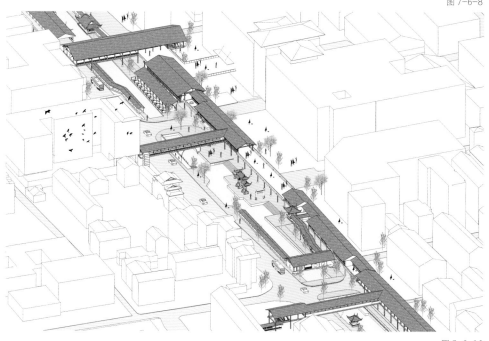

图 7-6-10

7 人民路段 Renmin Road Section

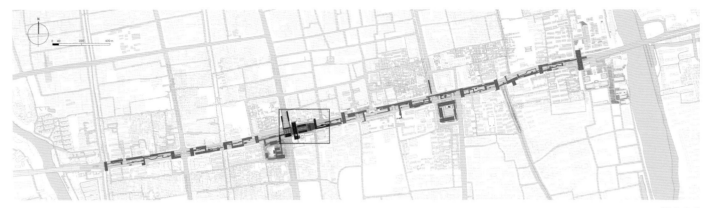

图 7-7-1

编号	7-1	7-2	7-3	7-4	7-5	7-6	7-7	7-8	7-9	7-10	7-11	7-12	7-13	7-14
名称	居民楼	沿街商铺	商办	字龙楼	言子庙	富骅时尚酒店	苏州文物商场	瑞基大厦	五卅大楼	居民楼	国美电器	住房城乡建设局	广场酒店	社区公园
功能	底商上主	商业	商办	商办	文保	居住	商业	教育	办公	底商上住	商场	办公	居住	公园
层高（m）	4.5/3.9	4.5/3.9	5/3.9	4.5	6.83	5.9/3.9	4.5/3.9	4.5/3.9	4.5/3.9	4.5	4.5/3.9	3.9	3	
层数（F）	4	3（局部4）	4	4（局部1）	2（局部1）	5（局部6）	5	5（局部6）	6	4	5（局部6）	5	7	
后退	有	有	有	有	有	有	有	有	有	有	有	无	有	
交通需求	有	无	无	有	无	无	有	无	无	有	无	有	有，轿车	

图 7-7-2

A—A 剖面图

图 7-7-3

图 7-7-4

图 7-7-1 ｜ 图 7-7-4
图 7-7-2
图 7-7-3 ｜ 图 7-7-5

图 7-7-1：人民路段总平面索引图
图 7-7-2：人民路段现状建筑分析图
图 7-7-3：人民路段 A-A 剖面图
图 7-7-4：人民路段爆炸轴测图
图 7-7-5：人民路段木质轴测图（分析图）

图 7-7-5

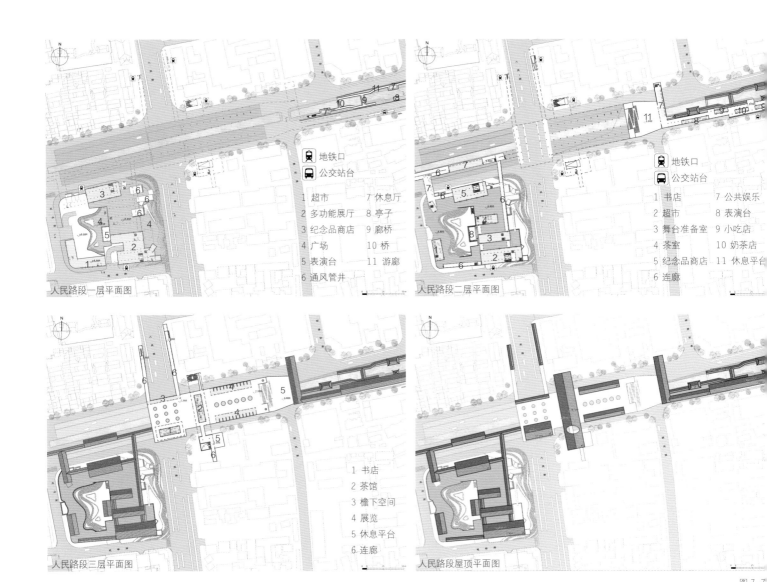

地铁口
公交站台

1 超市　　　7 休息厅
2 多功能展厅　8 亭子
3 纪念品商店　9 廊桥
4 广场　　　10 桥
5 表演台　　11 游廊
6 通风管井

人民路段一层平面图

地铁口
公交站台

1 书店　　　7 公共娱乐
2 超市　　　8 表演台
3 舞台准备室　9 小吃店
4 茶室　　　10 奶茶店
5 纪念品商店　11 休息平台
6 连廊

人民路段二层平面图

1 书店
2 茶馆
3 檐下空间
4 展览
5 休息平台
6 连廊

人民路段三层平面图

人民路段屋顶平面图

图 7-7

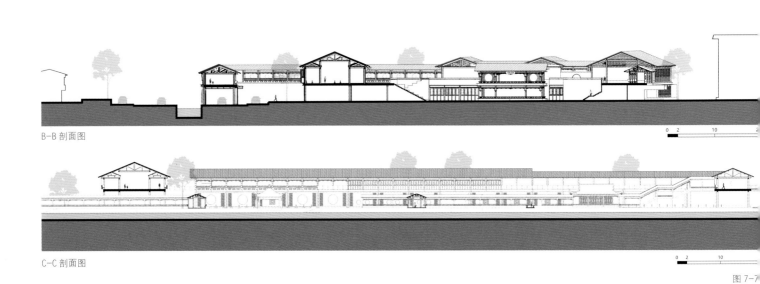

B-B 剖面图

C-C 剖面图

图 7-7

图 7-7-6

图 7-7-8

图 7-7-7

图 7-7-6：人民路段一层平面图、二层
　　　　　平面图、三层平面图、屋顶
　　　　　平面图

图 7-7-7：人民路段 B-B、C-C 剖面图

图 7-7-8：人民路段渲染效果图

图 7-7-8

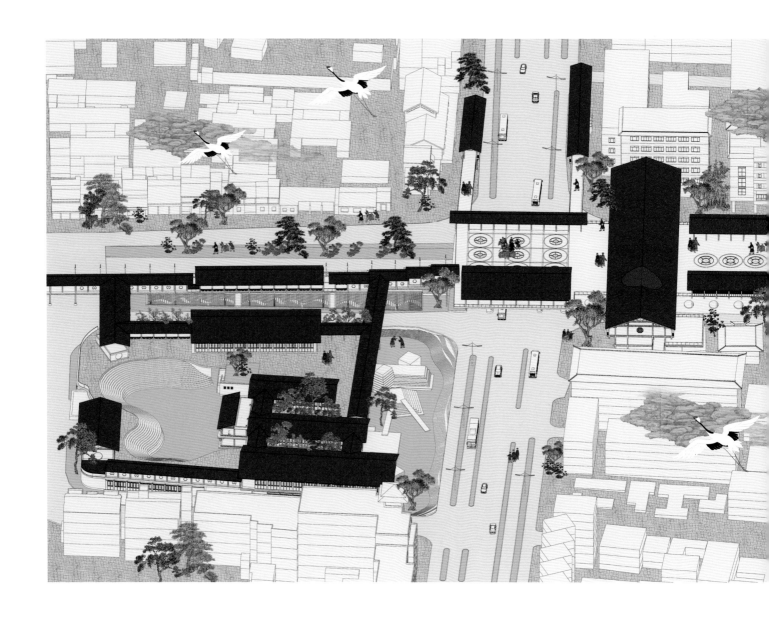

图 7-7-10

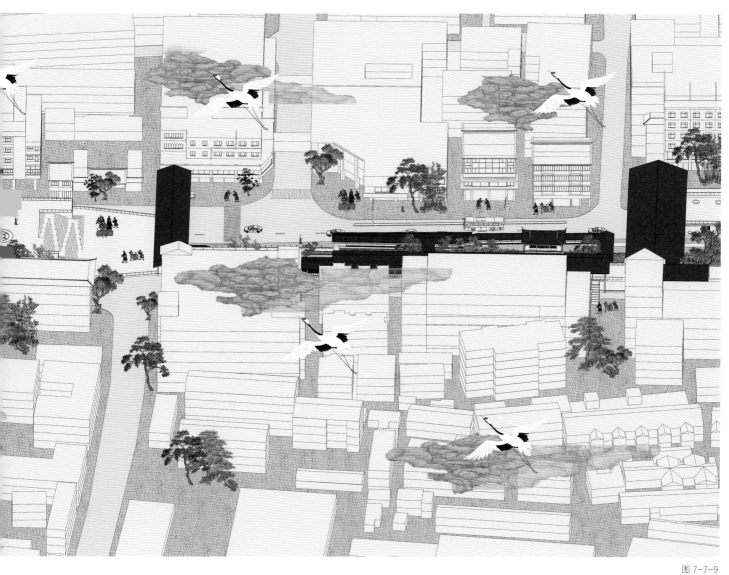

图 7-7-9

图 7-7-9
图 7-7-10 　图 7-7-11
图 7-7-9: 人民路段古风轴测图
图 7-7-10: 人民路段节点场景图
图 7-7-11: 人民路段白描轴测图

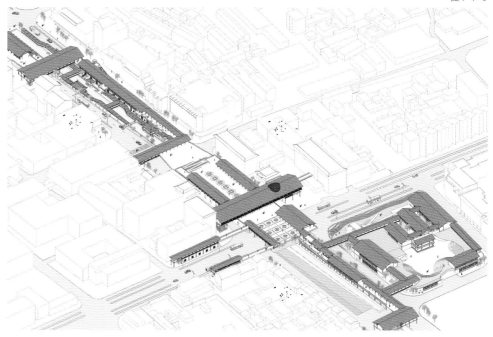

图 7-7-11

8 养育巷段 Yangyu Alley Section

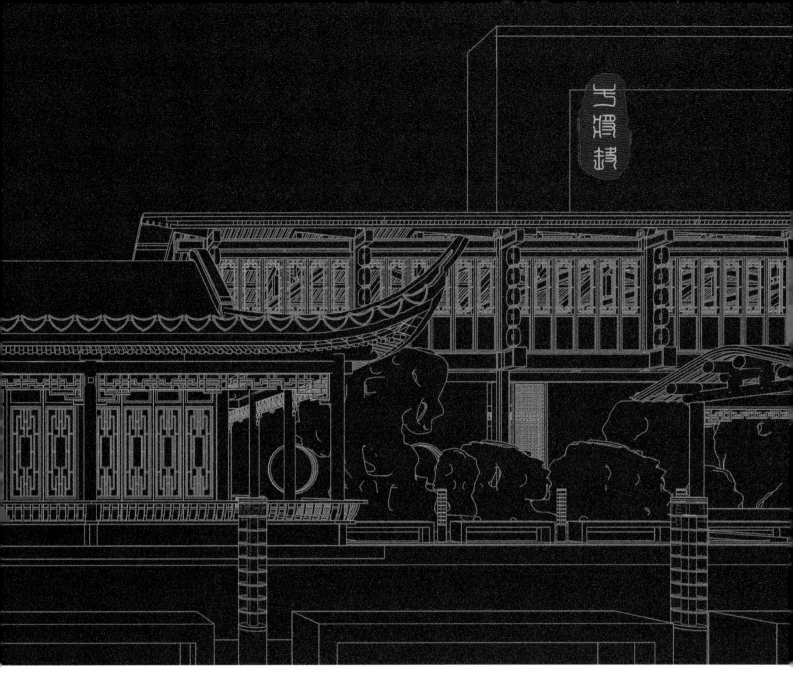

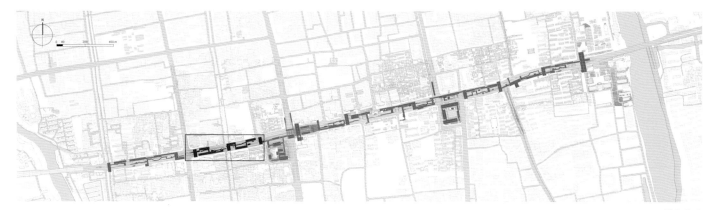

图 7-8-1

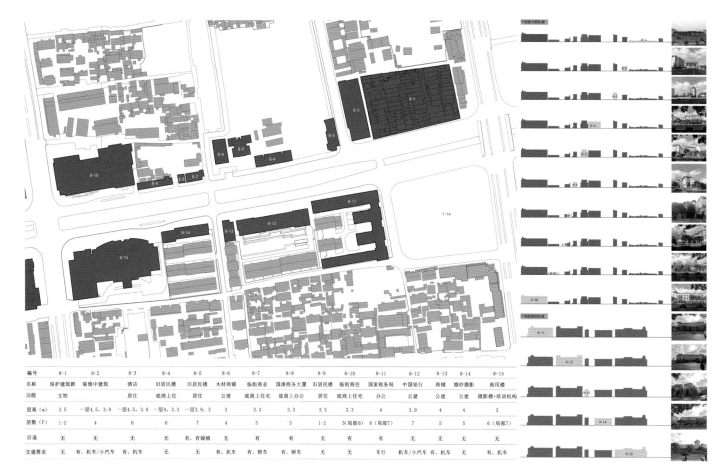

编号	8-1	8-2	8-3	8-4	8-5	8-6	8-7	8-8	8-9	8-10	8-11	8-12	8-13	8-14	8-15
名称	保护建筑群	装修中建筑	酒店	旧居民楼	旧居民楼	木材商铺	临街商业	国涛商务大厦	旧居民楼	临街商住	国家税务局	中国银行	商铺	婚纱摄影	商用楼
功能	文物			居住	底商上住		公建	底商上住宅	底商上办公	居住	底商上住宅	办公	公建	公建	摄影楼+培训机构
层高 (m)	3.5	一层4.5、3.9	一层4.5、3.9	一层4、3.3	一层3.9、3	3	3.3	3.3	3.3	3.3	4	3.9	4	4	4
层数 (F)	1-2	4	6	6	7	4	3	3	1-2	5(局部6)	6(局部7)	7	5	5	6(局部7)
后退	无	无	无	无	有，有绿植	无	有	有	无	有	有	无	无	无	无
交通需求	无	有，机车/小汽车	有，机车	无	有，机车	有，轿车	有，轿车	无	无	车行	机车/小汽车	有，机车	无	有，机车	

图 7-8-2

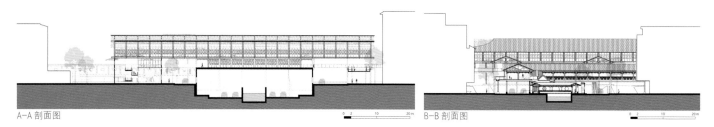

A-A 剖面图   B-B 剖面图

图 7-8-3

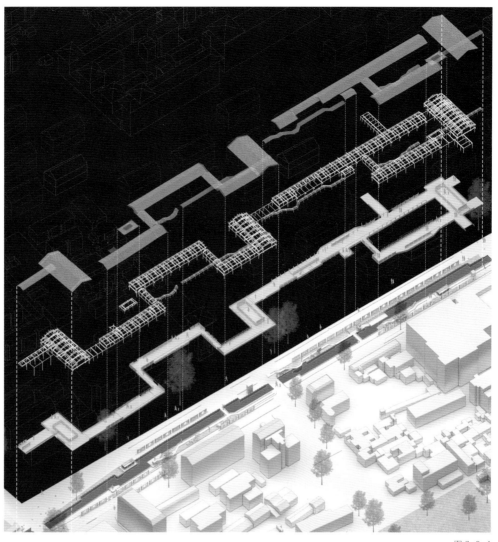

图 7-8-4

图 7-8-1 ┃ 图 7-8-4
图 7-8-2
图 7-8-3 ┃ 图 7-8-5

图 7-8-1：养育巷段总平面索引图
图 7-8-2：养育巷段现状建筑分析图
图 7-8-3：养育巷段 A-A、B-B 剖面图
图 7-8-4：养育巷段爆炸轴测图
图 7-8-5：养育巷段木质轴测图（分析图）

图 7-8-5

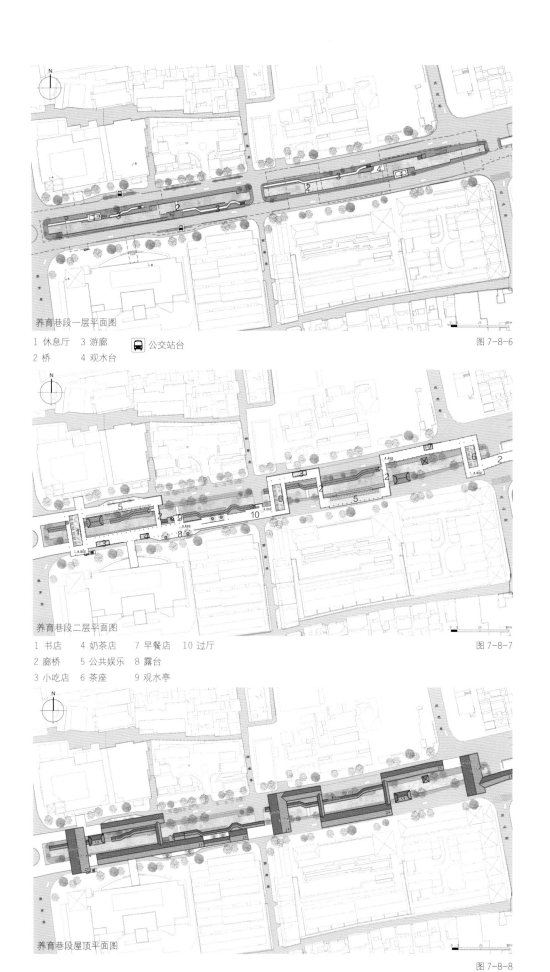

养育巷段一层平面图

1 休息厅　3 游廊　🚌 公交站台
2 桥　　　4 观水台

图 7-8-6

养育巷段二层平面图

1 书店　　4 奶茶店　7 早餐店　10 过厅
2 廊桥　　5 公共娱乐　8 露台
3 小吃店　6 茶座　　9 观水亭

图 7-8-7

养育巷段屋顶平面图

图 7-8-8

图 7-8-6
图 7-8-7　　图 7-8-9
图 7-8-8

图 7-8-6：养育巷段一层平面图
图 7-8-7：养育巷段二层平面图
图 7-8-8：养育巷段屋顶平面图
图 7-8-9：养育巷段渲染效果图

图 7-8-9

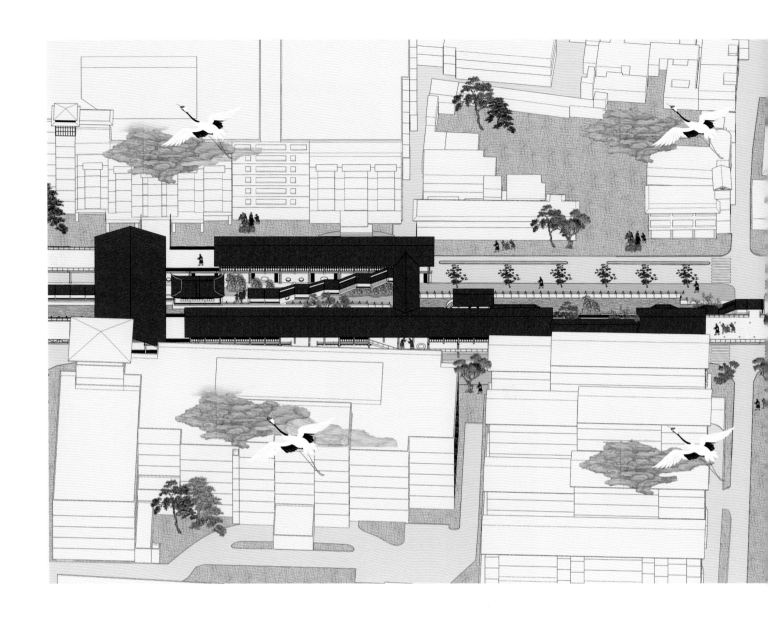

图 7-8-11

图 7-8-10

图 7-8-10

图 7-8-11 │ 图 7-8-12

图 7-8-10：养育巷段古风轴测图

图 7-8-11：养育巷段节点场景图

图 7-8-12：养育巷段白描轴测图

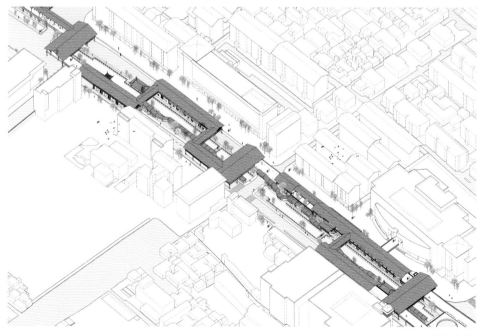

图 7-8-12

9 学士街段 Xueshi Avenue Section

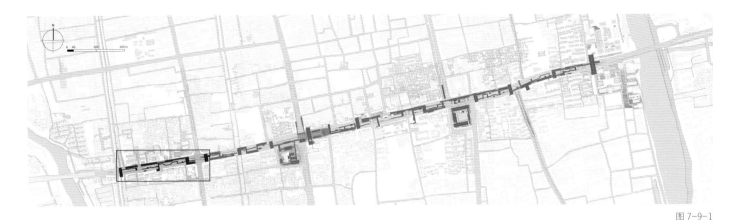

图 7-9-1

编号	9-1	9-2	9-3	9-4	9-5	9-6	9-7	9-8	9-9	9-10	9-11	9-12	9-13
名称	太平洋保险	商铺	太平洋保险	整修中建筑	家具店	旧居民楼	苏州人才市场	旧居民楼	旧居民楼	旧居民楼	旧居民楼	旧居民楼	汉庭酒店
功能	公建	公建	公建		公建	底商上住	公建	居住	居住	底商上住	底商上住	底商上住	酒店
层高（m）	4.5	4.5	4	4	4	4	4.5	3.3	3.3	3.3	3.3	3.3	3.9
层数（F）	4-6	2	5	5	2	3	5-6	3	3	3	3	3	4-6
后退	无	无	有，广场	有，有绿植隔离	有，广场	有，广场	有	有，有绿植隔离	有	有	无	无	
交通需求	有，小汽车和机车	无	有，小汽车和机车		机车	机车	机车	无	共享单车，机车	无	有，小汽车为主	无	无

编号	9-14	9-15	9-16	9-17	9-18	9-19	9-20	9-21	9-22	9-23	9-24	9-25	9-26
名称	某商务大厦	吴宅	祥韵牙雕艺术馆	吴宅	乐家大厦	临街商办	康美医疗美容院	市侨办公室	荣利大厦	临街商办	剪金桥巷牌坊	临街商办	临街商铺
功能	商业上办	历史保护建筑	零售&展览	历史保护建筑	底商上办	商业上办	医疗/6F旅行社	底商上办	商业上教育	底商上办		底商上办	底商上办
层高（m）	4	3.3	4	3.3	4	4	4	3.5	3	3			3	4.5/3.9
层数（F）	6（局部7）	2	1（局部2）	2	5	5	6	3	4	6			6	3（局部4）
后退	有	有	有	有	有	有	有	有（较大）	无	有		有	无
交通需求	有	无	无	无	无	无	有（小车为主）	无	无	无	车行入口	无	无

图 7-9-2

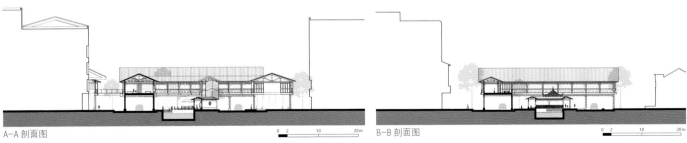

A-A 剖面图   0 2 10   20m

B-B 剖面图   0 2 10   20m

图 7-9-3

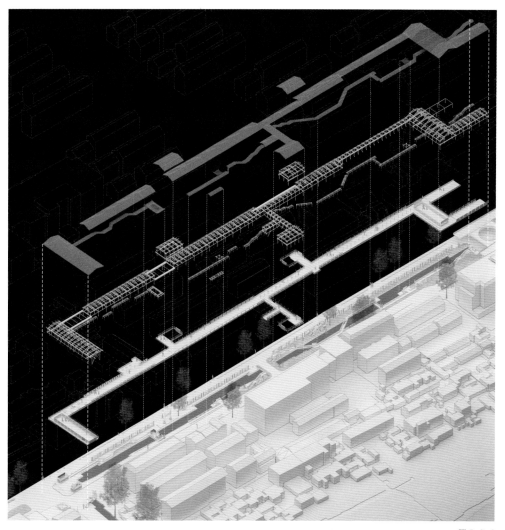

图 7-9-4

图 7-9-1	图 7-9-4
图 7-9-2	
图 7-9-3	图 7-9-5

图 7-9-1：学士街段总平面索引图
图 7-9-2：学士街段现状建筑分析图
图 7-9-3：学士街段 A-A、B-B 剖面图
图 7-9-4：学士街段爆炸轴测图
图 7-9-5：学士街段木质轴测图（分析图）

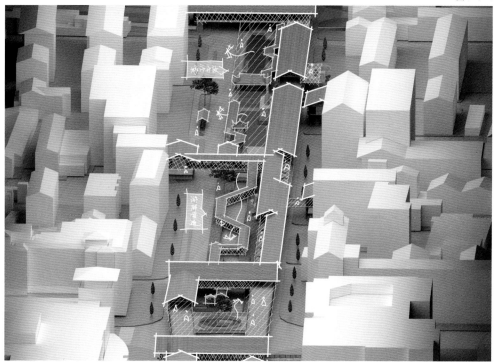

图 7-9-5

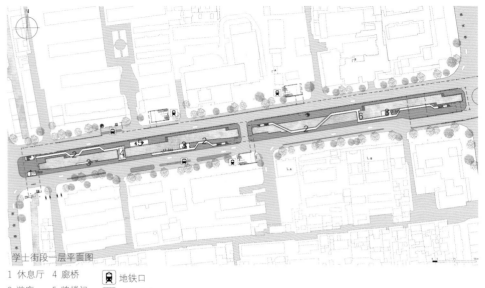

学士街段一层平面图

1 休息厅　4 廊桥　　地铁口
2 游廊　　5 牌楼门　公交站台
3 观水台

图 7-9-6

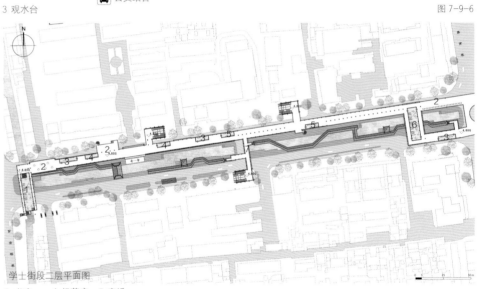

学士街段二层平面图

1 书店　　4 奶茶店　7 廊桥
2 露台　　5 早餐店
3 小吃店　6 茶座

图 7-9-7

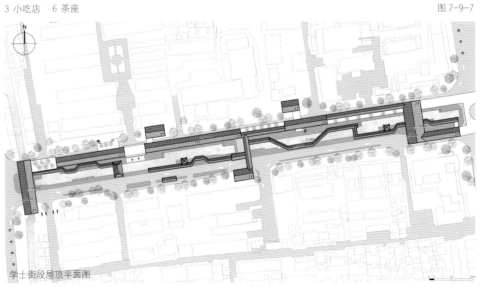

学士街段屋顶平面图

图 7-9-8

图 7-9-6
图 7-9-7　　图 7-9-9
图 7-9-8

图 7-9-6：学士街段一层平面图
图 7-9-7：学士街段二层平面图
图 7-9-8：学士街段屋顶平面图
图 7-9-9：学士街段渲染效果图

图 7-9-9

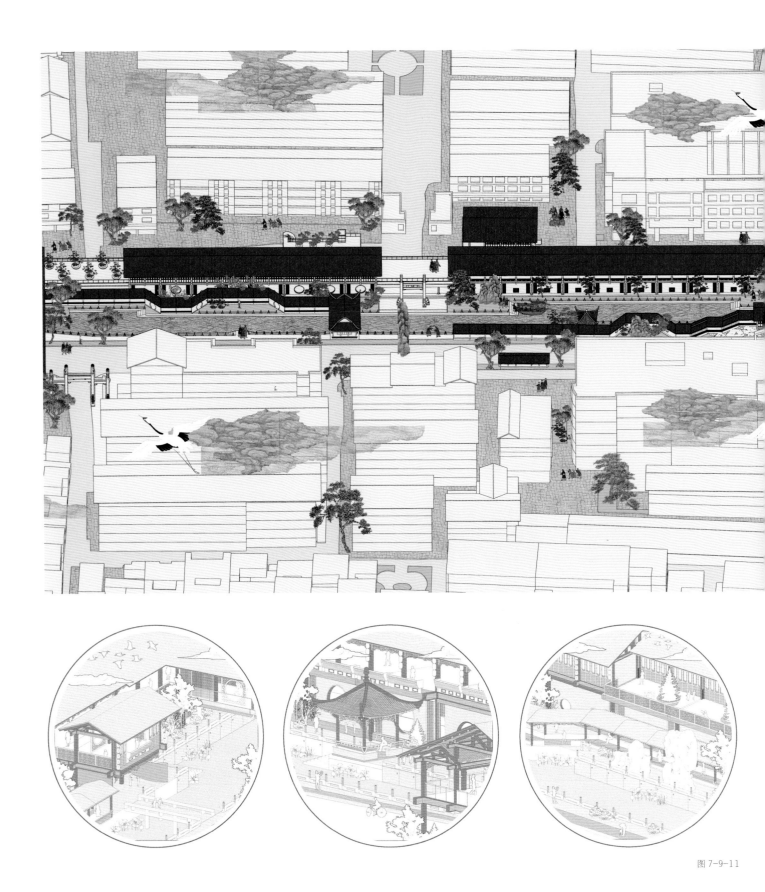

图 7-9-11

图片来源：

图表均为作者绘制。

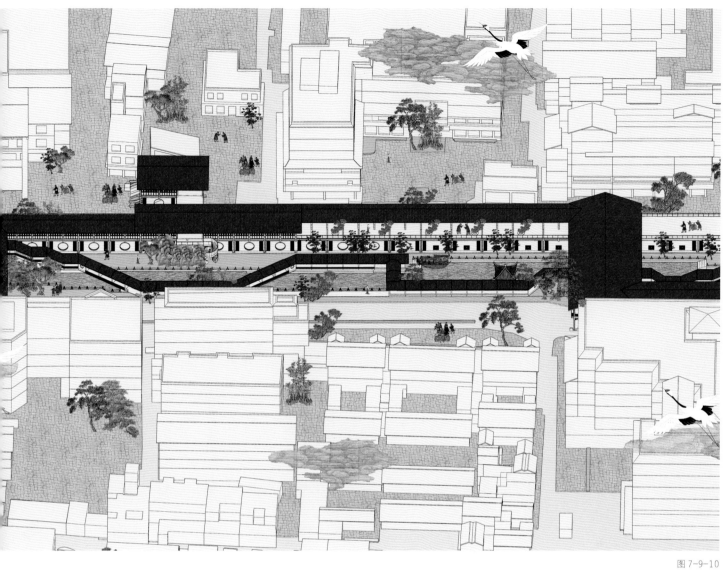

图 7-9-10

图 7-9-10

图 7-9-11 图 7-9-12

图 7-9-10：学士街段古风轴测图

图 7-9-11：学士街段节点场景图

图 7-9-12：学士街段白描轴测图

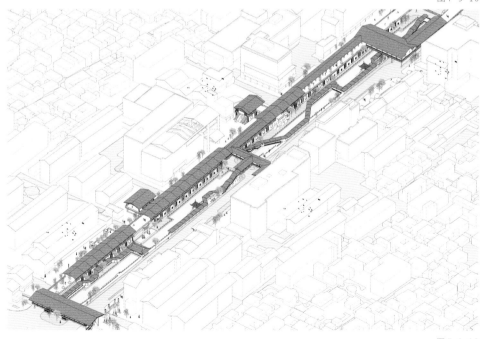

图 7-9-12

捌 Chapter VIII

后记
Postscript

1. 起：设计缘起，叙事起点

2. 承：织补网络，缝合结构

3. 转：街的转译，园的新生

4. 叠：空间层叠，功能复合

5. 串：穿街游廊，节点串联

6. 合：缝合复兴，活力重塑

1 起：设计缘起，叙事起点　Origin

图 8-1

图 8-1：古代长卷：《姑苏繁华图》局部

　　城市是一场源远流长的叙事，空间的叙事一旦发轫就永无停顿。城市空间随着时代不断堆叠向前、进化流变。对城市的再设计与每一段改动，却有其不同的动机和出发点，或曰缘起。此次苏州干将路古城区段的城市更新设计，即源自对一座古城的历史图卷意味深长的回顾与凝视。

　　《姑苏繁华图》又称为《盛世滋生图》，是清代宫廷画家徐扬创作的一幅纸本画作。此画创作历时 24 年，完成于 1759 年，现收藏于辽宁省博物馆。图全长超过 12 米，幅面达 1 225 厘米 ×35.8 厘米，以散点透视的全景式长卷形式，描绘了康乾盛世时苏州"商贾辐辏，百货骈阗"的市井风情。画面"自灵岩山起，由木渎镇东行，过横山，渡石湖，历上方山，介狮和两山之间，入姑苏郡城，自葑、盘、胥三门出阊门外，转山塘桥，至虎丘山止"。据统计，全画中共计一万两千余人，船近四百只，五十多座桥，二百多家店铺，两千多栋房屋（图 8-1）。

　　这样一轴翔实的历史写实长卷，生动再现了正值苏州经济文化鼎盛时期的城郊百里的市井风貌，细致地记录了城市空间"百业兴旺、人文荟萃"的繁盛景况，也对底层社会生活的各个层面有着生动形象的揭示：涵盖了商贾市场、起居饮食、科举教育、丝竹曲艺、婚礼习俗、园林胜景等各种城市活动和空间场景。作为百科全书式的宏伟长卷，《姑

图 8-1

苏繁华图》是当时姑苏城真实的写照，堪称全面展示苏州城市风貌的宝贵遗产——是为史。

回到 21 世纪的今天，我们把目光从历史图卷重新投向姑苏古城时，会惊觉传统空间中的城市生活文化和精神核心已悄然隐迹，能够恰切描绘百业兴盛、自然与人文在特定时空中和谐交融的城市风貌已面目模糊。混杂繁复、隔绝断裂、特色全无的现代城市空间，正渐渐失去契合"在地性"生活场景和经济文化特征的精神内核。

比如当代的都市长卷之一：干将路古城区段。干将路是于 20 世纪 90 年代拓宽改造的、穿越姑苏古城区、贯通现代化苏州的重要交通干道。按当初的规划要求，道路南北控制宽度 50 米，双向 6 车道，中间为 8-12 米的干将河，两侧建筑控制高度 24 米。在当时，干将路的拓宽建设确实及时满足了地面交通与地下管网等一系列城市公共市政功能要求，沿街建筑群也保留了主要的苏式风格。如今再次对照审视历史图景所描绘的市场、行业、城市景观、生活文化等传统城市精神内涵，可以察觉出新旧交织中产生的诸多城市问题和矛盾。

新建的宽阔快速路，其宽度和速度已然切断了古城旧有的、绵密连续的空间肌理。机动车的往来穿梭，割裂了街道两旁鳞次栉比的有序商业生活场景。两侧多层新建筑单一的连续界面，无形中"屏蔽"了古城核心区的诸多历史建筑和古典园林遗产。而有机形态的自然景观干将河，被快速道路夹裹，阻隔于日常和自然之外。星星点点的景观广场被交通环绕干扰，无法真正地融入城市日常活动中。这些问题的呈现，将传统街市中交融并置的都市景观轻易抹去——是为现实。

现代城市的矛盾林林总总，足以引发对空间设计的重新思考和再讨论：传统城市中社会人文生活与自然景观无缝衔接、百业繁盛融洽的图景于今日可否再现？令人印象深刻、耳目一新的城市活力去哪儿了？城市空间的历史遗产该如何传承与再造？"看得见的城市"如何再次灵活地包容与激励生活日常的复杂度与丰富性？

带着这些问题，九城都市总设计师张应鹏先生以 2017—2019 年度东南大学建筑学院设计课程为契机，带领研究生们共同完成了一项专题设计实验：重塑姑苏繁华图——苏州市干将路古城区段缝合与复兴。设计研究的课题即以干将路古城区段为研究对象，希望探索构建新的城市设计方法框架，去综合解决现实的、新老交汇的城市空间问题，进而促进古城区段的缝合和复兴，重塑当代城市的生活核心与精神核心。设计研究的成果也应邀参加了 2018 年的威尼斯国际建筑双年展，代表了中国传统城市在转折时刻的设计观念、方法论的新探索。

比照当下隔绝而割裂的城市现状，历史图景所描绘出的"混杂却流畅"的都市景观和文化的整体性旷观，至少蕴含着三种内在性的关联和启示。其一，即为整体性的空间格局，以旷观的姿态包容了自然、人文、生态、经济、生活的和谐共生。其二，体现出一种深刻理解和观察城市的方法：空间的"复合、并置与叠加"。其三，一种隐含糅合了"散点、线性、多维"的空间叙事方法。设计实验即由此展开——此为历史地段再造与重塑及面向传统与未来的缘起，也是新都市长卷的叙事起点。

2 承：织补网络，缝合结构 Proceeding

理想图卷中的自然景观向人文生活的过渡、渗透、无缝衔接……彰显着今时今日城市空间尤为突出的割裂性事实。面对干将路沿线新旧隔绝对立的城市空间现状，设计研究从历史图景的三种内在关联出发，在方法论层面提出了"缝合与织补"的先决策略，并从整合后的空间网络中依次生发出具体的、适合此时此地的城市更新方法。

当下新旧交织的时代，因传统城市与飞速新建地块之间隔绝、割裂而产生的城市片段化和碎片化问题，催生了对重新缝合整体性空间网络的迫切需求。"城市织补"，正是应对城市物质空间破碎化的重要概念和有效的操作手段。"织补"的概念在柯林·罗（Colin Rowe）的《拼贴城市》一书中，被阐释为用文脉主义的方法织补城市片段的设想，对破碎的城市肌理进行缝合[1]。织补的具体做法，往往要以其介质和设计布局的柔性、流动性、渗透性特质，在缝合城市裂痕和碎片中发挥出作用，从而重新整合一体协作的空间网络、修复整体性城市肌理、重建地域文脉和生活日常性的城市精神。

城市，从表象及内里来看都是一种纷繁复杂的系统，是反映统一的自然空间、社会经济空间组成要素总体特征的集合体和空间体系。它既是一种显性具体的、可视可操作的物质环境，又承载着政治、经济、社会等诸多层面的内在运行机制，体现着相应的历史脉络与文化氛围，从而赋予一座城市独有的内在基因。传统都市欣欣向荣的市井活力，即来源于底层蓬勃而生的城市生活日常性基因，外化在实体空间中又表现出一座城市独特的、多维交织的文脉肌理。

城市肌理（urban fabric 或 urban texture），呈现的就是一种织体性的概念，认为城市是一种多维的、网络状的形态。整体性的城市肌理意味着特定的结构化的物质环境。这种物质环境对应着独特时空背景下，复杂而深刻的社会网络和生活方式。

因此，城市整体性空间的特定结构化网络，由隐及显，既有其内部性规律，也有至关重要的外部性影响。从外部性的视角可以认为：城市网络的"隐性结构"对应于特定的城市经济结构、文化结构和社会网络。城市生产和生活的内容、方式和重点发生转换，其结构演变和转型就必须拥有相应的变形和转换灵活性。

从内部性的角度考虑：应以具有显性特征的城市"实体结构"的不断创新或微妙转译来应对城市的流变。"织"是一种集零为整的空间操作，以线性串联和编织来重塑结构化网络的整体性。"补"则是一种弥合缺失的空间黏合，以柔性灵动的多功能空间，增加结构创新性的布点，激发新的网络效应。"织与补"的空间模式具体可指向网络化的多层级空间系统、复合叠加的立体化街道、柔性收纳的园林组合等等本体性元素，以此弥合与减少城市空间隔绝与断裂产生的"熵增"。

城市的传承与复兴需"亦织亦补"。一方面，以缝合、重塑结构化空间网络的方法应对城市空间割裂的片段化、碎片化问题；另一方面，是在其"外部性"上重新黏合和激活特有的城市底层驱动机制。灵活包容的结构化网络是城市空间复杂生长的形态结果；织补与缝合，则是方法论层面对它的重整操作策略。值得注意的是，纵观历史古城结构的发展演变过程，内部性和外部性、显性结构与隐性结构，总是构成一对互动的推力，推动城市的整体框架发展。所以建筑学科的研究，在探索修补空间实体要素之间关联的基础上，理应重视外部性的决定性影响，从经济、社会、文化诸多层面思考问题、汲取力量。

回到本次设计研究的对象，随着近年古城外围交通的疏解以及城市功能的拓展，干将路的穿越性交通功能已逐渐减弱。设计实验的目的即在这种前提与背景之下，利用释放的交通空间，构建新的线性串联系统，建立丰富人流与日常生活交织的城市立体"街市"，从而改变城市空间尺度并重新激活商业行为[2]；并以"街道中的园林"等景观布点的柔性渗透去缝合割裂的肌理，将平面绘画的理想图景转译为今天城市生活中的现实空间。

围绕"缘起"所论及的城市碎片化问题，"承"的方法论策略首先重视回归"流畅融合"的都市文化景观，继承和发扬空间格局的整体性"旷观"；以灵活织补网络的方式去开放式地理解和利用新旧城市空间，并为后续的"叠合并置"和"散点、线性、多维"的叙事策略铺设好基础（图8-2、图8-3）。"承"的织补缝合、新旧网络结构的布局谋篇，是城市整体叙事方法论的起首，是重新唤醒城市文化精神和空间集体记忆首要的总体性策略。

图 8-2　图 8-3

图 8-2：干将路长卷轴测图（立轴）
图 8-3：干将路部分区段轴测分析图

图 8-2

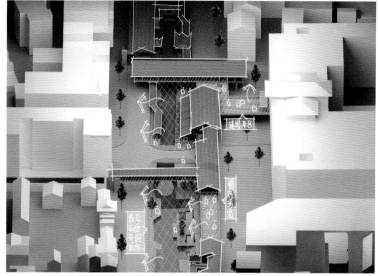

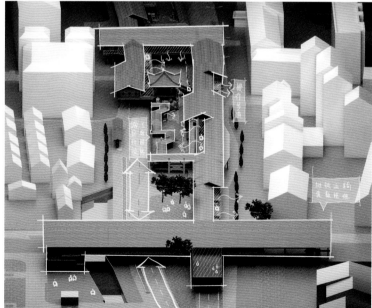

图 8-3

3 转：街的转译，园的新生　Transformation

　　"转"为转译。对城市传统文化及生活和谐图景的传承，需要将其中抽象凝聚的精神核心在现实语境中加以转译。

　　转译的动作意味着重新定义。具体而言：在本次设计研究所针对的城市结构缝合和重塑中，主要指向"街与园"两种要素系统。街巷与园林，无疑是姑苏古城最为迷人的城市元素，是江南历史空间中自成体系的特色文化主题。

　　转译之一，是重新定义街道功能。传统城市空间蓬勃生动的"生活日常性"扎根于真实生活所需与旅行、穿游的体验。"街与市"二者一体两面，真实地承载着城市生活内容，有着激发市民真实需求的实体空间价值。背后起决定性作用的是空间机制的驱动力、经济市场和社会网络的底层逻辑。由此考察"街"在市场网络中的转译，必然由市场交易的机制和人的真实生活决定。街道空间中能够发生什么？什么样的街道空间才会有根源性的活力？——都要交给社会网络的交往互动和市场协作交易的真实需求去决定。与传统城市空间熙熙攘攘、自然融洽的精神相对照：现代城市生活氛围的单调、商业活力的缺失，地域文脉的消退，空间尺度的异化，城市肌理的断裂……所有这些表象呈现出的问题并不仅仅是因为现代机动车快速交通的主导、现代城市功能的割裂，而是物质环境没有紧随、无法承托日益变化的复杂底层机制的结果[3]。"现代城市生活"这一高度变化的结构性网络需要灵活流变的现实物质载体。隔绝、割裂、僵化的单一街道功能早已无法支持其所需的"流动的统一"。

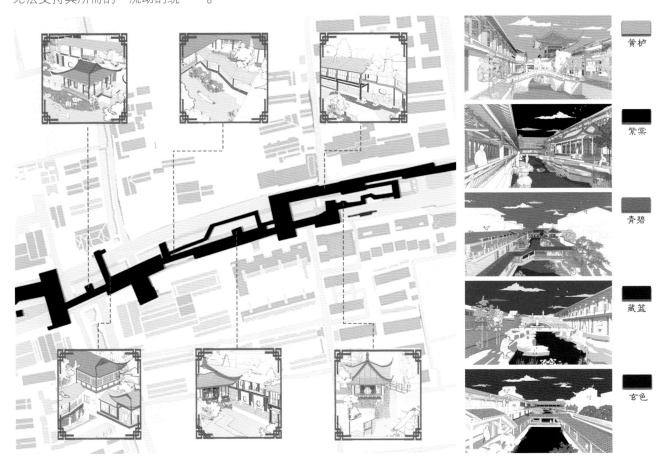

图 8-4

3 转：街的转译，园的新生

究其本质，街的转译是要回归真实而丰盛的日常生活性，重新发掘和创造生动的戏剧化场景。历史图景中的百业兴旺，来源于城市生活细碎而真实的日常需求和社会交往互动，并且隐含着底层驱动机制的结构性网络。研究认为这种网络结构首先源自商业交易。城市、街市、市井所共有的"市"字指向促进繁盛交易的商品和服务市场。重塑物质环境的活力与文化精神，就要落实于以形式激发交易、以"街"向"市"的转译触发生活场景的日常性交互。

具体而言，在城市设计的策略层面，"街的转译"这一步操作，首先是对快速穿掠和拥堵的车行交通进行疏导、缓冲和退让；再将释放出来的快速车道加以改造和利用，构建立体多维的穿游体验空间——融合车行系统、步行系统、公交地铁换乘组织、立体通廊、慢行一体化道路等的综合性"立体街市"。设计试图以有机的步行路径形态、亲和的路网密度修复街区肌理，形成"街道上的街道"；叠置立体游廊和街巷、院落、园林等指向性的链接元素去缝合割裂的城市空间尺度。这样做的好处和目的就在于减缓交通压力，激励人的活动和空间的交互，在生活和文化感知的层面增强城市漫游体验。研究从穿行与停驻、居民与游客、商业与文化、盈利与福利、白天与晚上等成对的层面上双向地重新定义街道功能，重塑城市精神与地域活力。转译操作在具体的形式策略层面上，参考历史营建方式和材料细部，对营造文化氛围的各种"城市漫游"的类型要素加以创新。借鉴传统形制营造的目的则在于重塑文化氛围，亭台楼榭、游廊街巷的形式目标皆为了回归地域性"街与市"的场所精神。

"转"字所蕴含的方法论之二，是园林的新生（图8-4）。

图8-4：园林的转译——步移景异的"街园"

转译，在空间叙事现代性的意义上又是一种"陌生化"。如以明清私家古典宅园为代表的苏式文人园林，一直沉浸在江南水乡都市静谧的角落和集体文化记忆深处。对园林的当代转译，关键就在于以恰当的"疏离感"和陌生化，重新唤起集体记忆和文化精神中鲜活而丰盛的感知。设计实验在现代"街市"网络系统基础上，刻意营造"街道中的园林"，将古典形式的园林作为现代城市网络结构的柔性渗透介质，在公共性城市网络中布点，发挥出"空间涟漪"的文化扩散效应，并以此重新激活现代性的公众日常。这种线性园林，在要素类型、空间节奏、传统营建和材料细部上皆应和着重塑传统文化氛围的目的，并通过园林、廊道、绿庭、水景、边界空间形成一系列相互串联的空间节点。

设计运用古典园林的景观、构造、动线、形式，将文人私家园林的叙事、转折、时空游历和精神体验外化为城市公共交互界面，并与戏剧、水景、商业、漫游的城市主题紧密结合，形成一套新鲜化的现代城市景观系统。这种散点分布的、环环相套的柔性公共空间体系，与立体街道共同承托起现代城市生活底层机制所需的"流动的统一"。步移景异的"街巷园林"不仅能极大地激活人与人在城市空间中社会生活层面的交往互动，更能够充分融合丰富的商业行业和各种综合性的城市功能。

传统空间历史遗存在文化精神的层面上，仿佛一座"看不见的城市"。物质环境的更新唯有包容"生活日常性"的复杂丰富性，方能与之对应。紧随城市现代性功能的复杂进化，历史环境才有可能真正重生。转译所注重的多重意义和复合性，是挖掘和创新存量空间价值的重要方法内涵，是城市回归传统自然、人文、生态、生活和谐共生的必经之路。因此，"街巷"和"园林"重新获得复合而灵活的多重功能和文化含义，是干将路整体叙事框架中的最为核心的方法步骤。

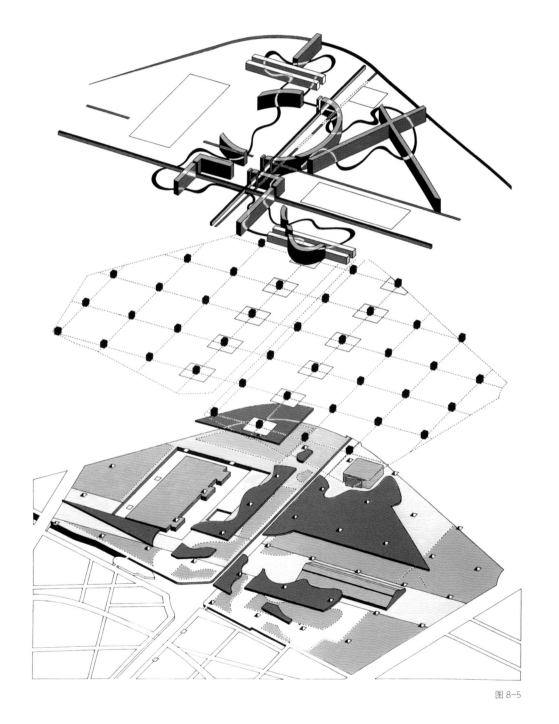

图 8-5

图 8-5：拉维莱特公园层级分析图

图 8-5

4 叠：空间层叠，功能复合 Hierarchy

"转"为方向，以"叠"引领。

"叠"在设计实验中主要落实为"空间层叠和功能复合"，在具体方法层面包括构建"街道上的街道"，以复合叠加的手法去实现混合功能效应（图 8-5）。而"叠"的理论考量，来源于对城市空间历时性与共时性的思索。

20 世纪强调功能实用性的现代主义城市设计，在努力摆脱历史性空间束缚的同时，忽略了城市"历时性"于时间维度上的连续性。而复古主义思潮仅仅热衷于空间片段的复原和仿效，对历史传承的呼吁局限于形式的单一维度。类型学则重新思索两个概念之间的关系，为融合现代主义和单边保护的复古主义倾向提供了借鉴，即追求"共时性"（synchronic）和"历时性"（diachronic）[1]的统一。历时性概念正是现代主义城市曾经忽略的：现代主义仅着眼于当下的功能、技术和行业状态，而忽视了这些共时性要素在时间维度上的延续性和衍生进化空间。类型学思想则在概念源头上认为："类型并不意味着事物形象的抄袭和完美的模仿，而是意味着某一种因素的观念，这种观念本身即是形成模型的法则……"（Q. 德·昆西）[2]。所以"类型"与样板的复制不同，而是要回到揭示事物原初动因去重新寻求答案。"类型"与"原型"（Arch-type）的关系在根本上是维系于这种不断"历时性"变化的、凝结集体无意识的"城市灵魂"。

城市"历时性与共时性统一"是当代生活方式与传统空间意蕴在时间和空间网络两个维度上的紧密结合，是透过城市空间的形式表象去重新探索历史图景的内在结构和深层成因[4]。设计的出发点不是实现单纯的功能或式样，而是从城市结构中个体与整体之间的关系入手，发掘类型和类型之间的结构关联，并寻找类型与现实的对应。它使我们认识到城市建筑不仅是空间的形式与功能组合，更是生活意义与城市精神的载体。"历时性与共时性的统一"不只依靠形式塑造，更依赖于元素之间、建筑与城市之间的有效关联来实现。

具体如罗西将城市分为实体和意象两个层面：实体的城市是短暂的、变化的、偶然的，依赖于意象的 "类似性城市"[3]。意象城市则由场所感、街区、类型构成，是一种心理存在，是"集体记忆"（Collective）的场所[4][5]。城市的空间实体不断发生变化，但意象是长久存在的、超越时空的，具有无时性（Timelessness）和永恒性（Permanence）。城市的历史感也在变化的实体的不断比较中显现出来。城市空间的现实形态凝聚了人类

1　历时性，意指考察系统（城市）发展的历史性变化情况（过去—现在—将来）。共时性，则是在某一特定时刻系统（城市）内部各因素（空间）之间的关系。

2　见德·昆西所著《建筑学历史词典》第二卷"类型"词条。

3　罗西在《城市建筑学》中引用了 18 世纪意大利画家卡纳雷多（Giovanni Antonio Canaletto）的画。画中将三座著名建筑以"共时"的方式拼贴在一起，依靠这种场景拼贴方法，罗西发展出"类似性城市"研究视角。

4　集体记忆这一概念最初由法国社会心理学家莫里斯·哈布瓦赫（Maurice Halbwachs）于 1925 年提出，并将其定义为"一个特定社会群体的成员共享往事的过程和结果"，以与个人记忆区分开。

生活所具有的含义和特性。城市是这种生活特性的聚合体，在实体中融合着重要的抽象意义。

城市就是这种人类生活对应于空间的集体记忆，集体记忆反过来又会影响对未来城市形象的塑造……当这种记忆被某些城市片段所触发，历时性元素就转化为了共时性的空间形态，历时性的城市精神与灵魂就在共时性空间中呈现出来。罗西就曾在他理想的城市设计中，试图用历史元素取得人们的共鸣，但并不局限于具象的模仿，而是通过抽象的手段，理性地对历史和传统进行分析和筛选，从中分析出类型的本质关联、归纳出抽象的底层深意，以重构的"类型"来融合历史信息，以达到"神似"的境界。

空间层叠与复合功能的操作，本质上即为了回归、挖掘传统城市精神，重塑与扩张城市空间未来的功能机制，进一步地丰富城市空间背后的社会网络。研究在"叠"字的方法上着重于挖掘"实体叠合意象"的可能性：将现代性的城市生活功能叠合，重置历史遗存和传统文化脉络，从而重新探索空间业态定位的灵活可变性；以"街道上的街道""街巷中的园林"来构建功能复合、多维线性的多层级立体街市；以复合并置的"非功能空间"节点去切换、整合不同层面的城市精神与地域活力（图8-6）。

"叠"，是城市"文化叙事"回归整体性的重要一面。叠合，这一方法步骤，承接前述缝合织补、转译"街园"等主题元素，以重构的复合类型唤醒深层集体意识对于城市文化的独特记忆，达成历史与现实的融合，回应历时性与共时性的统一。这种整体性文化叙事的构建，是对传统城市精神内核的真正溯源和尊重，是对历史空间的结构性传承更为宏观、更为长久的凝视。

"叠"，对于空间叙事的深刻意蕴和重要拓展作用，即在于能够充分汲取历史灵魂的养分，将传统精神的"历时性"投射叠合于现实城市"共时性"的未来显影之中。空间的复合、并置、叠加手段，也是向传统的整体性理解城市的方式回归。转译之上，层叠复合的目的，正是为了追溯空间类型的本源，从原型、意象、网络的关联耦合中，唤醒历时性与共时性对立统一的城市集体记忆，传承与发扬空间历史遗产的真正内在精髓。

5 串：穿街游廊，节点串联 Concatenation

"叠"为拓展，以"串"勾连。

重构的、层叠的空间，需要通过不同形式的"穿游"路径串联起城市结构的整体价值。"叠"是"串"的丰富性前置；"串"为"叠"建构交互性的整体。例如，设计实验以林林总总的"街与廊"，形成有机的步行路径网络，以亲和的路网密度缝合起传统街区肌理。"串"的操作，以游廊植入和外化于街巷中的线性院落、街市园林等复合元素，勾连起各层叠空间的网络结构，去打通通盘的交互效应，激活城市空间中丰富的人的生活与漫游活动（图8-7）。

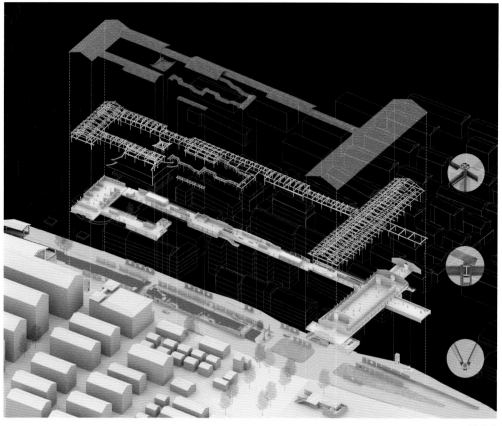

图 8-6

图 8-6：立体街市——干将路仓街
段轴测爆炸图

图 8-6

  用穿街游廊将各个"层叠空间＋复合功能"的影响节点串联起来，是"城市织补"的重要法则，是一种经纬交织的编织型城市设计方法，是从"空间句法"[5]和"关联耦合"[6]的角度统摄城市存量和增量空间，建构新旧空间的微妙对话机制，联络和挖掘二者不断发展、互动的最大价值。

  "串"更是城市叙事最为重要的结构逻辑与方法。与单体空间的漫游体验相比较，城市在更为宏大和深刻的层面，体现出文化叙事的强烈影响能力。这种影响对于置身城市之中的人们是潜意识性的，更为底层、更为隐秘，也更为持续深远。设计实验引介文学艺术领域的叙事理论及方法，以串联的手法推进空间编排，推敲叙事结构和空间结构之间的关系；通过"蒙太奇"式时空剪辑与转换手法[7]，探索空间场景秩序的内在逻辑与历史文化含义。叙事性设计的概念和思维，注重围绕场所精神铺陈叙事、激活空间行为。城市独特的"场所感"，很大程度上来源于空间脚本和行为模式的呼应与互动。

---

5 空间句法（Space Syntax）是源自语言学的专有名词，在建筑学领域用于对建筑、聚落、城市乃至景观在内的人居环境进行量化描述，推敲城市空间组织与各种社会要素之间复杂的交互关系。

6 "关联耦合"这一概念建立于当代系统论和结构主义哲学基础之上，强调研究事物之间相互关联、相互影响的关系。

7 蒙太奇，在城市建筑学领域，是指一种形式构成的总体性方法，即通过不同空间（镜头）的并置、交互拼贴、剪切转换来定义特定的动态视觉秩序，感知隐喻和空间叙事逻辑。

"串"于叙事，重在组织线索和建构转折，即用多条线索将"叠"的组件和节点串联起来，以关联耦合的句法篇章将存量和增量空间组织出独特的叙事节奏——是构建城市整体叙事架构的基础性方法。设计实验尝试从不同的维度、用疏密有致的节奏，将各种文化地标节点串联成不同主题的、交织的空间网络和文化网络；让街巷、园林、商业、文旅……转译而来，又复合叠加的现代功能诸多元素，在立体的空间网络里碰撞出新的火花，让古典与现代恰如其分地相互激励、交相辉映。

　　独立的、丰富而迥异的各个节点在"串"的穿游中得到整合与统一，获得有节奏、有嵌入的独特城市体验，回归各取所需、丰富多彩的生活日常性。在此，"串"的节奏、韵律和传统精神是设计最应当关注的关键细节。每个城市都有自己独特的主题和韵律内涵；而"串"的关键就在于用最恰当的节奏将城市建设的存量与增量织就为和谐发展的整体，发挥出最大的空间网络价值[6]。对于干将路而言，江南古城历史活力的根源即在于"步移景异"的流畅性。百业交融、流畅柔软的各种生活场景的和谐统一不应被无数次新建"隔绝与割裂"。城市的整体精神和鲜活生动的"旷观"即来源于自然景观与城市商业场景、社会人文生活空间的无缝融洽过渡。江南水乡都市的"流动性、柔性、渗透性"特质被穿街游廊和"街市园林"的复合体勾连织就的空间网络发挥得淋漓尽致。

　　事实上，城市流畅鲜活的时代精神，即来自一系列串接而起的叙事脚本，这些流动的、渗透的、散布的、勾连的空间场景，被充分地组织与灵活地切换。江南水乡都市独特的文化主题、风貌韵律、精神内涵、历史记忆……皆可纳入这种不断发展进化的时光溪流中，得以不断交融和重生。

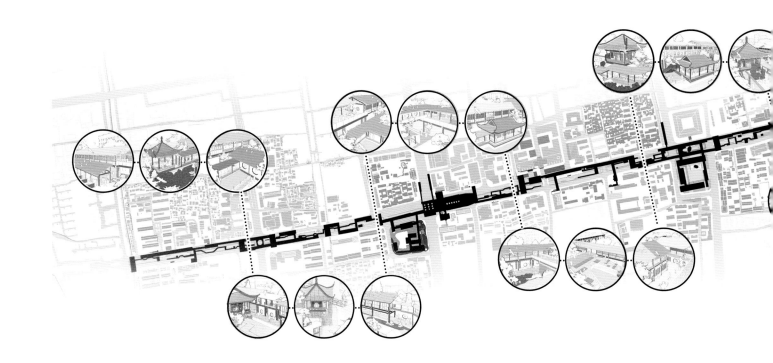

6 合：缝合复兴，活力重塑 Integration

综上各项，起、承、转、叠、串……"合"为叙事。

回到缘起的城市问题本身：新旧交织的历史时刻，城市和空间究竟该如何传承？答案或许和设计方法一样，是开放而错综复合的。从历史理想图卷中管窥得来的经验表明，复杂而丰富的融洽正来源于开放旷达的城市理解方式，传统城市文化的精髓源自整体性的空间格局。在此，自然与人文、商业与生活、百业混杂与流畅兴旺……每一组比对的双方希望再次融洽地和谐共生。设计即试图回归传统城市特有的、微妙恰当的平衡，恢复功能"复合、并置、叠加"的灵活弹性与包容度，重新厘清"散点、线性、多维"的空间叙事逻辑（图8-8）。

城市空间的实体环境，是比历史长卷更为现实和重要的文化载体。城市，作为历史文化精神的物质载体，在经验和时间的双轴刻度上，潜移默化地镌刻着历史叙事的内核信息。空间缝合的目的就是为了复兴城市文化、为了重塑城市活力，回归历史空间的传统精神内核——或者说朝着某种整体性的价值理想不断前行。就此价值目标而言，从空间历时性叙事的角度，通盘梳理城市更新的流程与方法论殊为重要。

对干将路古城区段"缝合与复兴"的实验解析，也借鉴了文学领域的历史叙事视角和理论，尝试以一连串组合性的空间设计手法，推敲城市设计的叙事性更新方法。本篇所述的"起、承、转、叠、串、合"就是这种方法论的初步呈现。这一方法论框架将"历时性叙事"与空间结构关联耦合起来，通过空间叙事的线索勾连、铺陈转折和叠合流变，探索城市网络结构、存量增量之间缝合织补的丰富可能性。设计在"空间叙事"思维的基础之上，通过分步递进的方法操作，重新组织构建"要素、连接、网络、序列、行为、生活、场所、意象、文化、记忆……"一连串循序渐进、相互关联的价值目标。

简言概之，研究实验直面当下的城市问题，以"起"为观察视角，在设计的叙事起点回顾历史文化的整体性旷观，打开重塑姑苏繁华图的新思路。"承"为缝合，以深层的空间网络织补来弥合历史与现代的鸿沟。"转"为新译，以"街园"的现代性定义来包容城市生活日常性的丰盛杂糅。"叠"为拓展，以叠合并置激发历时性与共时性的交相辉映。"串"为勾连，以散点多维的线性蒙太奇组织起流动渗透的空间叙事框架。"合"为一体，以方法的整合唤醒江南都市独特的空间新续。

城市，作为历时性的空间文本，一直体现着深层的社会网络结构不断发展变化的历史变迁。空间叙事是认知和体验城市的关键。理解空间叙事、把握空间的共时性和历时性，运用适宜的城市更新手段是空间迭代的重要路径。如何建立健全新旧空间之间的对话机制，如何弥合存量与增量之间的间隙和矛盾，更是现代城市设计方法论的重要课题。本次设计研究，拓宽了城市存量空间更新与历史地段再设计的方法新思路和研究边界，合成了一套体系完备的方法框架。这种开放、复合、分步递进的方法论研究，对于当下历史时刻中国城市传统空间片段的转型与再造，无疑有着深刻的启发。

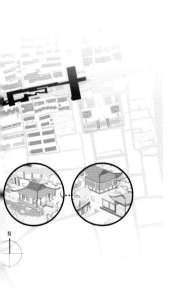

图8-7

图8-7：空间的穿游串联

图8-7

城市，在本研究的视野中，是一种集合了多种叙事方法的空间叙事，也可谓一场空间多声部的合奏。我们设计与再造城市的出发点，往往同时缘起于历史与当下，而指向不同长度的未来。无论是缝合织补、转译新用，还是层叠复合、多维串联……在这场合奏中都可以递进、综合地为城市乐章所用，为空间的历史流转增光添彩。

孙磊磊

2022 年 12 月

于苏州大学

图 8-8

图 8-8：干将路缝合与复兴多维
视角拼贴图

图 8-8

参考文献：

[1] ROWE Colin,KOETTER Fred. Collage City[M].Cambridge：Mass-MIT Press,1978.

[2] 陈泳,王全燕,奚文沁,毛婕.街区空间形态对居民步行通行的影响分析[J].规划师,2017,33(2):74-80.

[3] Jacobs Jane.The Death and Life of Great American Cites[M].New York:Random House,1961.

[4] 孙磊磊,闫婧宇,薛强.集群空间的"结构性"重塑：数字方法介入"历时性"城市更新的可能性[J].新建筑,2018(4):28-33.

[5] Aldo Rossi. The Architecture of the City[M].Boston:MIT Press,1984.

[6] 林岩,沈旸.长卷与立轴：两种城市"片段秩序"画法与城市历史空间更新方法[J].建筑学报,2017(8):14-20.

图片来源：

图 8-1：古代长卷《姑苏繁华图》局部 [图片来源:（清）徐扬,绘; 杨东胜,主编.姑苏繁华图:珍藏版[M].天津：天津人民美术出版社,2008.]

图 8-2：干将路长卷轴测图（立轴）

图 8-3：干将路部分区段轴测分析图

图 8-4：园林的转译——步移景异的"街园"

图 8-5：拉维莱特公园层级分析图（图片来源: 伯纳德·屈米建筑事务所 http://www.tschumi.com/projects/3/)

图 8-6：立体街市——干将路仓街段轴测爆炸图

图 8-7：空间的穿游串联

图 8-8：干将路缝合与复兴多维视角拼贴图

除标明图片来源以外，其余图片均为作者绘制。

玖 Chapter IX

附录
Appendix

团队成员　Team Members

　　2017 年至 2019 年，以东南大学建筑学院研究生设计课程为契机，张应鹏老师先后带领两届研究生对苏州市干将路古城区段在新时代的缝合复兴进行了全新探索，设计成果应邀参加了第十六届威尼斯国际建筑双年展。2021 年，张应鹏老师邀请苏州大学孙磊磊老师与同济大学陈泳老师一起加入了干将路课题研究计划，三方团队对设计研究进行了更具整体性与协同性的深化，并编著完成本书。

东南大学建筑学院　张应鹏团队

　　团队由张应鹏教授领衔，以东南大学建筑学院 2017 级 12 位研究生与 2019 级 9 位研究生为主要设计成员，对 3.7 公里长的干将路古城区段展开缝合与复兴的城市设计。学生以分组形式对干将路区段进行研究，协同完成整体设计，成果在第十六届威尼斯国际建筑双年展中展出。

张应鹏
ZHANG YINGPENG

九城都市建筑设计有限公司总建筑师，东南大学建筑学院教授。曾获中国建筑学会建筑创作大奖，中国勘察设计协会优秀设计一等奖，亚洲建筑师协会荣誉奖，江苏省优秀建筑设计一等奖等多个奖项。

2017 级研究生后排从左到右分别为：
关芃、黄锵、刘志现、岳凯、任宇、赵启凡、桑甜、崔峻通、陈婷、信子怡、孙嘉昕、徐心菌
GUAN PENG、HUANG QIANG、LIU ZHIXIAN、YUE KAI、REN YU、ZHAO QIFAN、SANG TIAN、CUI JUNTONG、CHEN TING、XIN ZIYI、SUN JIAXIN、XU XINHAN

2019 级研究生后排从左到右分别为：
周晓晗、张琳惠、彭舒妍、迟铭、李玲娇、顾宇、眭格瑞、沈隆、卫运韬
ZHOU XIAOHAN、ZHANG LINHUI、PENG SHUYAN、CHI MING、LI LINGJIAO、GU YU、SUI GERUI、SHEN LONG、WEI YUNTAO

苏州大学建筑学院　孙磊磊团队

　　团队由孙磊磊教授及苏州大学硕士研究生组成。孙磊磊教授团队在建筑设计及其理论、城市更新、历史环境保护更新等领域成果颇丰。承担国家级、省部级科研课题10余项，在国内外核心期刊发表论文40余篇，出版专著编著4部，获中国建筑学会建筑设计奖、江苏省优秀勘察设计奖、江苏省紫金奖等。

孙磊磊
SUN LEILEI

苏州大学教授，博士生导师，荷兰代尔夫特理工大学访问学者。任苏州大学建筑学院院长助理，中国历史文化名城苏州研究院副院长，中国建筑学会民居建筑学术委员会理事，《中国名城》青年编委会副主任。

李冰楠
LI BINGNAN

徐泽华
XU ZEHUA

秦英斌
QIN YINGBIN

潘福林
PAN FULIN

郑兴
ZHENG XING

陈荣山
CHEN RONGSHAN

马逸
MA YI

李诗吟
LI SHIYIN

同济大学建筑与城市规划学院　陈泳团队

　　团队由陈泳教授及同济大学硕士研究生组成。陈泳教授团队多年来致力于城市更新与设计，近年来关注历史地段复兴与步行街区建设。主持国家自然科学基金课题4项，发表学术论文60余篇，出版个人专著1部、合著2部，完成40余项重点城市设计与建筑设计项目，并10余次获得国家级与省部级设计奖项。

陈　泳
CHEN YONG

同济大学建筑与城市规划学院教授，博士生导师。中国城市科学研究会历史文化名城委员会城市设计学部副主任委员，中国城市规划学会城市设计学术委员会委员，中国建筑学会城市设计分会理事，丹麦皇家建筑学院与美国得克萨斯大学访问教授。

齐　越
QI YUE

宋丘吉
SONG QIUJI

王一初
WANG YICHU

内容简介

苏州干将路古城区段，是于20世纪90年代初拓宽改造、横贯苏州古城区东西方向上的重要交通干道，解决了当时苏州古城区迫在眉睫的地下综合市政管网问题。但时过境迁，面对当下新旧交织的城市图景，如何应对快速交通横穿历史城区所带来的诸多问题，也已成为历史空间更新迭代的重要议题。全书以现状与问题为研究的切入点，通过提出在现状道路上建设一条架空连廊的空间策略，一方面以立体分层的方法解决街道中车行与人行的交通分流问题，同时也让原本过宽、过大的交通道路再次回归传统的空间尺度与街巷肌理之中，形成一条具有"街道上的街道"与"街道中的园林"等多种空间特征与生活场景、传统而又极具现代都市气息的真实空间版"姑苏繁华图"。

本书结构清晰，现场调研翔实，并且以实际可建设为研究目的，以学术与工程并行的双重研究视野，探讨了传统城市风貌保护与当代空间活力重塑的双重命题，为存量空间更新与历史空间复兴提供了具体、深刻而独到的启发。本书可供建筑师、规划师及相关从业者参考，也可供传统城市文化研究者，尤其是城市设计与城市更新的设计与研究者参考。同时，还可供广大古城空间爱好者及社会公众参阅与批评。

图书在版编目（CIP）数据

重塑姑苏繁华图：苏州干将路古城区段缝合与复兴
策略研究 / 张应鹏，孙磊磊，陈泳著. —南京：东南
大学出版社，2023.6
　　ISBN 978 - 7 - 5766 - 0764- 2
　　Ⅰ.①重… Ⅱ.①张… ②孙… ③陈…Ⅲ.①城市道
路-旧路改造-研究-苏州 Ⅳ.①TU984.191
　　中国国家版本馆CIP数据核字(2023)第099849号

重塑姑苏繁华图——苏州干将路古城区段缝合与复兴策略研究
Chongsu Gusu Fanhuatu —— Suzhou Ganjianglu Gucheng Quduan Fenghe Yu Fuxing Celüe Yanjiu

著　　　者	张应鹏　孙磊磊　陈　泳	
责 任 编 辑	戴　丽	
责 任 校 对	子雪莲 ·	
书 籍 设 计	皮志伟	
责 任 印 制	周荣虎	
出 版 发 行	东南大学出版社	
社　　　址	南京市四牌楼 2 号（邮编：210096　电话：025-83793330）	
网　　　址	http://www.seupress.com	
电 子 邮 箱	press@seupress.com	
经　　　销	全国各地新华书店	
印　　　刷	上海雅昌艺术印刷有限公司	
开　　　本	787 mm×1092 mm　1/8	
印　　　张	39.75	
字　　　数	570千字	
版　　　次	2023年6月第1版	
印　　　次	2023年6月第1次印刷	
书　　　号	ISBN 978-7-5766-0764-2	
定　　　价	368.00元	

本社图书若有印装质量问题，请直接与营销部联系，电话：025-83791830。